Gut führen!

Friedrich Mautsch / Jan Metzger

Gut führen!

Was Führungskräfte erfolgreich macht

1. Auflage

Schäffer-Poeschel Verlag Stuttgart

Bibliografische Information der Deutschen Nationalbibliothek

Die Deutsche Nationalbibliothek verzeichnet diese Publikation in der Deutschen Nationalbibliografie; detaillierte bibliografische Daten sind im Internet über http://dnb.dnb.de abrufbar.

Print:	ISBN 978-3-7910-4483-5	Bestell-Nr. 10327-0001
ePub:	ISBN 978-3-7910-4484-2	Bestell-Nr. 10327-0100
ePDF:	ISBN 978-3-7910-4485-9	Bestell-Nr. 10327-0150

Friedrich Mautsch, Jan Metzger
Gut führen!
1. Auflage, April 2019

www.schaeffer-poeschel.de
service@schaeffer-poeschel.de

Produktmanagement: Dr. Frank Baumgärtner
Lektorat: Elke Renz, Stutensee
Satz: Olga Amann

Inhaltsverzeichnis

Einführung

»Führen – das ist eine Einladung:
Der Führende gibt einen Impuls,
der Geführte entscheidet, wie er folgt.«
(Tango-Weisheit)

Neulich bei einer kleinen, noch sehr jungen Video-Produktionsfirma in Bremen: Ein stillgelegtes Hafengelände rottet vor sich hin. Start-up-Ambiente im Industriebau. Große Räume, kahle Wände, einfache Arbeitstische mit Workstations. In jedem Raum junge Menschen bei der Arbeit: Schneiden, Schreiben, Konzeptionsbesprechung, Drehen mit dem Handy. Hier werden Videos für andere junge Menschen im Netz gemacht.

»Ich bin selbst immer wieder überrascht«, sagt einer der Gründer und Chefs der Firma, selbst gerade jenseits der 30, »wie wichtig für unser junges Team eine klare Führung ist.« Und das gerade in den heutigen digitalen Zeiten: Jeder arbeitet eng und selbstständig an seinem Produkt, hat viel Eigenverantwortung und steht gleichzeitig mit seiner ganzen Person, oft sogar mit dem Gesicht in der Öffentlichkeit des Netzes. Der nächste Shitstorm lauert um die Ecke. Da muss die Firma Schutz und Orientierung bieten. Da müssen die Chefs einen klaren Kompass haben und hinter ihren Leuten stehen, wenn es ungemütlich wird. Da muss immer wieder der Zusammenhalt in einem Team von Solisten gesucht und gefunden werden. Da muss auch einmal gesagt werden: ›Leute, hier geht es jetzt lang!‹«

Das Start-Up in Bremen ist nicht nur sehr jung, es wächst auch schnell und ist sehr erfolgreich.

Erst das Zusammenspiel von maximaler Freiheit, von Selbstverantwortung des Einzelnen in seiner Rolle und von guter Führungsarbeit schafft die Voraussetzungen für Exzellenz und Erfolg. Gerade in jungen, innovativen Unternehmen haben Führungskräfte eine große Verantwortung und eine äußerst wichtige Rolle.

Diesen Jungen ist dieses Buch gewidmet – und auch den alten Hasen, die schon seit vielen Jahren in ihrer Firma arbeiten, oft in einer komplexen und schwer zu durchschauenden Organisation. Mit Chefs, die nicht immer das Gelbe vom Ei sind. Mit Mitarbeitern, von denen sich ein Teil in die innere Kündigung verabschiedet hat. Mit Kollegen, die gern ihre Ellbogen einsetzen, um selbst voranzukommen, anstatt zu kooperieren. Gerade die Älteren sind heute doppelt gefordert: Mit den bekannten Mühen der analogen Welt zurechtzukommen und gleichzeitig all das Unbekannte der digitalen Welt zu verarbeiten und zu meistern. Das ist ein harter Job.

In der neuen und in der alten Arbeitswelt ist gewiss manches unterschiedlich. Das Entscheidende jedoch bleibt immer gleich: Menschen arbeiten zusammen mit Menschen. Das ist nicht einfach. Es kann aber auch leicht und sehr schön sein.

Ein paar Beobachtungen, die wir in den zurückliegenden Jahren immer wieder gemacht haben, ziehen sich wie ein roter Faden durch unsere Arbeit mit Organisationen:

- **Gute Fachleute sind nicht immer gute Führungskräfte.** Es gehört zu den großen Irrtümern zum Thema Führung, zu glauben, dass ein guter Fachmann, also ein Spezialist auf seinem Gebiet, auch automatisch eine gute Führungskraft ist. Die Folge dieses Irrtums ist oft großes Leid bei allen Beteiligten – auch bei der Führungskraft selbst, die in einen ›falschen Film‹ geraten ist.
- **Kritik schadet oft mehr als sie nützt.** Es gehört zu den großen Fehlern von Führungskräften, dass sie häufig destruktive Kritik an den ihnen anvertrauten Menschen üben. Sie treiben ihre Mitarbeiter auf diese Weise in die Abwehr und machen so genau die Veränderungen unmöglich, die sie eigentlich gerne bewirken wollen. Sie verhindern selbst, was sie erreichen möchten.
- **Ein noch schlimmerer Fehler ist Gleichgültigkeit.** Führungskräfte schenken ihren Mitarbeiterinnen und Mitarbeitern[1] häufig keine Beachtung – weder ihrem Arbeits- und ihrem Sozialverhalten noch der Bedeutung, die sie als Menschen für den Betrieb haben. Im schlimmsten Fall führt dies bei den Mitarbeitern zum völligen Verlust der Orientierung an den Zielen des Betriebs und zum Verlust von Motivation und Leistungsfähigkeit.
- **Führungskräfte stehen sich häufig selbst im Weg.** Zu den großen Belastungen, unter denen Führungskräfte leiden, gehören sehr oft persönliche Merkmale und Muster wie z. B. ihr eigener Perfektionismus: Sie können sich nicht mit dem begnügen, was ihre Mitarbeiter an Leistung zeigen, sondern sie glauben, diese Leistungen ständig noch steigern zu müssen. Sie können nicht einfach mit dem arbeiten, was sie vorfinden, sondern sie fantasieren sich in eine andere, ideale Mitarbeiterwelt.

Die großen Irrtümer, die gängigen Fehler und die häufigen Belastungen – wie in einem Seegebiet voller verborgener Riffe und unsichtbarer Untiefen gilt es, diese Hindernisse

1 Wir sind uns bewusst, dass Belegschaften aus Frauen und aus Männern bestehen – in manchen Organisationen sind die einen in der Mehrheit, in manchen die anderen. Wir verwenden in diesem Text in den meisten Fällen eine geschlechtergerechte Sprache. Wo dies nicht der Fall ist, bitten wir die Leserinnen und Leser, sich das jeweils anderer Geschlecht mitzudenken. Führungskraft/Führungskräfte – Worte, die hier besonders häufig vorkommen – sind zum Glück geschlechtsneutral (anders als die Wirklichkeit, in der immer noch die Mehrheit der Führungskräfte Männer sind).

zu umsegeln. Dazu gehört, in der Führungsrolle wie auf dem Meer, viel Können und viel Wissen.

Warum uns dieses Thema so interessiert:

Fritz Mautsch hatte viele Jahre lang ein Beratungsunternehmen in Köln. Als sich abzeichnete, dass er in den Ruhestand gehen würde, gab es Gespräche unter Kollegen, die lange mit ihm gearbeitet haben, wie man die Essenz seiner Erfahrung als Coach und als Lehrer bewahren und weitergeben könne. Daraus entstand die Idee für dieses Buch. Bis aus der Idee Wirklichkeit wurde, vergingen drei Jahre, wurden ungezählte Bahnkilometer zurückgelegt, viele Gespräche geführt und noch mehr Mails geschrieben. Dafür, dass daraus tatsächlich ein Manuskript wurde, danken wir Heike Scherholz, die das Projekt die ganze Zeit lang begleitet hat.

»Gut führen!« ist im Dialog zwischen einem erfahrenen Berater (Fritz Mautsch) und einem exponierten Medienmanager (Jan Metzger) entstanden. Über viele Jahre haben wir immer wieder in diesen Rollen zusammengearbeitet und waren dabei aus zwei unterschiedlichen Blickwinkeln mit denselben Fragen und Problemen konfrontiert:

- Warum geht in Unternehmen so vieles schief?
- Warum befinden sich so viele Mitarbeiter in der inneren Kündigung?
- Warum sind so viele Chefs einsam und kraftlos?
- Warum nehmen Erschöpfung und Burn-out zu?

Diese Frage stellen sich jeden Tag zahllose Führende in vielen Unternehmen – genauso übrigens wie ihre Mitarbeiterinnen und Mitarbeiter, die mit ihnen entweder gerne zusammenarbeiten oder eben unter ihnen leiden.

An vielen Stellen haben wir auch gute und gelingende Führungsarbeit gesehen und uns dann gefragt:

- Was macht eine gute Führungskraft zu einer guten Führungskraft?
- Welche Haltung zeichnet sie aus?
- Welches Wissen und welches Können braucht sie?

Es gibt in der Tat einige Grundregeln und vor allem es gibt immer wiederkehrende Muster in Organisationen. Würden alle Beteiligten sie kennen, wäre ihr Arbeitsleben sehr viel leichter. Aus dieser Erkenntnis wächst die nächste Frage – die nach dem Führungshandwerk:

- Was sind diese Grundregeln und Muster, die man kennen sollte?
- Welche Instrumente sollten Menschen beherrschen, die in komplexen Organisationen erfolgreich arbeiten wollen?
- Kann man das Werkzeug erwerben, das man dafür braucht?

Wissen für Führungskräfte und Wissen für Mitarbeiter – darum geht es im Folgenden. Alle Beteiligten sollten die Gesetze einer gelingenden Zusammenarbeit in einer Organisation kennen. Denn jeder trägt an seinem Platz Verantwortung für den Erfolg seiner Firma. Und jeder kann an seinem Platz etwas dafür tun, dass es ihm dabei gut geht und er ein wirksames, erfülltes Arbeitsleben hat.

Wir sind davon überzeugt und haben es an vielen Stellen gesehen, dass gute Führungskräfte in einem Unternehmen einen entscheidenden Unterschied dann ausmachen, wenn sie klar und nachvollziehbar führen. Wenn sie ihre Rolle kennen und bei ihren Mitarbeitern ebenfalls für Sicherheit und Rollenklarheit sorgen. Wenn sie ihre Mitarbeiter respektieren und eine Bindung zu ihnen aufbauen. Wenn sie ihnen Freiheit und Verantwortung geben.

Wie das geht? Darauf geben wir in diesem Buch Antworten. Antworten, die wir in vielen Jahren der Praxis erprobt haben – und von denen wir wissen, dass sie im betrieblichen Alltag funktionieren. Dies ist ein praxisnaher Wegweiser für eine aufgeklärte, menschliche und klare Führungskultur in Zeiten rascher Veränderungen. Denn gute Führungsarbeit ist möglich und sie ist überraschend unkompliziert.

1 Führen in digitalen Zeiten

Führungsarbeit beginnt mit den kleinen Dingen. Zum Beispiel mit dem täglichen Kontakt. Die Führungskraft wird die Mitarbeiterinnen und Mitarbeiter regelmäßig zu Meetings versammeln – z. B. morgens früh um zehn, nur kurz, zehn Minuten im Stehen: »Was liegt an?« – »Was ist gestern gut gelaufen?« – »Was ist schiefgelaufen?« – »Was machen wir heute?« – »Wer ist heute nicht da?«. Zehn Minuten, eine Viertelstunde zur Kontaktaufnahme. Oft ist aus der traditionellen »Sitzung« eine beweglichere »Stehung« geworden.

Im Laufe der Woche gibt es dann vielleicht zweimal ein längeres Meeting: Eine Stunde, maximal eineinhalb Stunden, mit Agenda oder ohne Agenda. Eine Agenda ist wichtig, wenn bestimmte operative Ziele erreicht werden sollen. Treffen ohne feste Agenda können aber auf andere Art und Weise auch produktiv sein: »Was gibt es heute zu besprechen?« lässt Raum für Kreativität und auch für sonst verborgene Themen, Sorgen und Frustrationen.

Es ist anspruchsvoll, ein Meeting mit selbstbewussten und kreativen Mitarbeitern zu leiten. Gerade, wenn man mit Kreativen arbeitet, ist die richtige Mischung aus Struktur und offener Aussprache extrem wichtig. Wenn man ihnen in einem Meeting zu viel Struktur vorgibt, dann rebellieren sie gerne und sagen, hier könne man keine Ideen einbringen, alles sei schon (»von oben«) festgelegt. Wenn man zu viel offene Aussprache zulässt, dann mäandert das Gespräch oder es verläuft im Kreis und am Ende hat man keine Ergebnisse. Die größte Aufgabe beim Führen einer Gruppe mit sehr viel Kreativität oder Kreativen ist es, die optimale Balance zwischen Freiheit und Struktur hinzukriegen. Eine Führungskraft, der das gelingt, kann mit einem starken Team erstaunliche Ergebnisse erreichen.

Mit der neuen Generation, die jetzt in den Beruf geht, hat sich Vieles verändert. Den jungen Menschen sind andere Dinge wichtig: Sie fahren lieber Fahrrad oder Zug, anstatt sich für Autos zu interessieren. Sie nutzen Laptops und Smartphones statt klassischer Medien. Sie orientieren sich nicht mehr an der traditionellen Technik, sondern an der neuen digitalen. Das ist ein großer Wandel, auch für die Unternehmen.

Was verändert das in Bezug auf Führung?

Diese jungen Leute sind sehr gut ausgebildet. Sie haben während des Studiums gelernt, selbstständig zu arbeiten. Sie arbeiten gerne mit anderen zusammen. Bei ihnen kann man die Pferde laufen lassen: Sie anleiten, ihnen gelegentlich über Hindernisse helfen, aber im Prinzip kann man sie laufen lassen. Sie brauchen viel Freiraum – und Führungskräfte sollten ihnen diesen Freiraum geben. Die jüngere Generation weiß schon, wo es langgeht.

Das heißt, Kontrolle spielt heute eine geringere Rolle als Vertrauen. Vertrauen entsteht dort, wo es Bindung gibt, untereinander und zu dem jeweiligen Vorgesetzten. Kontrolle wird dadurch nicht völlig überflüssig, entscheidend wird aber soziale Kontrolle, d.h. Kontrolle durch Kommunikation. Sichtkontrolle, wie früher, funktioniert sowieso nicht mehr. Kein Chef kann heute alles lesen und alles verstehen. Was bleibt, ist eine gewisse Plausibilitätskontrolle – der Rest ist Vertrauen.

Kann es sein, dass in dieser jungen Generation eine Art von Führen möglich wird, die früher eine mehr oder weniger entfernte Zielvorstellung war? Führen durch Bindung und Vertrauen? Lassen sich Teams so bauen, dass sie anfangen, eine eigene Dynamik zu entwickeln und von alleine zu laufen?

1.1 Wo wir herkommen: Die militärische Führung

Die meisten Menschen verbinden mit Organisationen automatisch Hierarchien. Sie definieren ihren Platz in der Organisation über ihren Platz in der Hierarchie. Sie erleben Führung als Hierarchie, von oben nach unten.

Strukturen sind notwendig, damit Prozesse – individuelle wie gemeinsame – gesteuert ablaufen können. Das Organigramm und damit Hierarchien wird es wahrscheinlich immer geben. Wie Hierarchie ausgeübt wird – da gibt es in verschiedenen Betrieben und Betriebskulturen große Unterschiede. In allen kommt es jedoch darauf an, für gemeinsame Ziele zu sorgen. Das ist eine der großen Führungsaufgaben. Es kommt darauf an, individuelle Ziele zu bündeln, damit sich alle an ein Ziel binden können. Das wird leichter, wenn man mit Menschen gut umgehen kann und weiß, wie sie reagieren und welche Bedürfnisse sie haben. Schwieriger ist es für Führungskräfte, die einem alten Führungsideal anhängen: Kästchendenken, jeder arbeitet in seiner Einheit, niemand darf etwas mit einer anderen Einheit machen, ohne vorher mit dem Chef zu sprechen.

Dieses Führungsprinzip kommt aus der militärische Ordnung: Ab-Teilungen, die nebeneinanderstanden, Befehl und Gehorsam. Nach dem Krieg, in den 1950er-Jahren, wurde in Deutschland dieses Führungsprinzip überall propagiert. Es gab eine Reihe von Veröffentlichungen, deren Autoren hohe Offiziere in der Wehrmacht waren. In ihren Büchern haben sie den autoritären Führungsstil häufig maskiert, indem sie aus Pflicht und autoritärer Führung »Verantwortung« gemacht haben, die man delegieren könne.

In Wahrheit kann man weder Führung noch Verantwortung delegieren: Verantwortung entsteht, wenn Menschen Befugnisse und Entscheidungskompetenz haben. Schon bei Kindern kann man beobachten, wie in Menschen der Wunsch entsteht, für das, was sie tun, auch die Verantwortung zu übernehmen.

Nach dem Krieg wurden alle, denen ohnehin noch die Kriegserfahrung in den Knochen steckte, für ihre Führungsarbeit quasi militärisch weitergebildet. Personalchefs, Ausbildungsleiter und Personalentwickler verfuhren meist nach dem Motto: Man muss den Leuten auf die Finger schauen. Das Einzige, was funktioniert, ist Kontrolle. Fehler kann man nicht einfach durchgehen lassen. Diese Vorstellungen hatten eindeutig etwas Autoritäres und Militärisches.

1.2 Führen über Bindung

Führen über Bindung hingegen knüpft an der Existenz urmenschlicher Bedürfnisse an. Das Bindungsbedürfnis ist bei allen Säugetieren angeboren. Sie wollen sich binden, weil sie genetisch bereits im Mutterleib »wissen«, dass sie sonst nicht überleben können. Die Bindung an die Mutter ist die stärkste Bindung überhaupt. Das Bindungsbedürfnis lässt im zunehmenden Erwachsenenalter natürlich nach, aber es hat immer eine große Bedeutung.

In den 1960er- und 1970er-Jahren gab es viele Berater und Manager, die dachten, dass es jenseits des militärischen Führungsstils etwas anderes geben müsse. Die mussten sich dann schon mal von den Altvorderen fragen lassen: Haben Sie Ihre Mitarbeiter überhaupt noch im Griff?

Aber war »im Griff haben« noch die passende Kategorie? Ging es nicht eher um gute Zusammenarbeit?

Die Transaktionsanalyse, die nach dem Zweiten Weltkrieg aus den Vereinigten Staaten nach Deutschland kam, lehrt, wie man mit Menschen auch anders umgehen kann. Sie fokussiert darauf,

- welche Bedürfnisse Menschen haben,
- welchen Hunger sie haben, z. B. Hunger nach Zuwendung (Strokes) und Stimuli oder Hunger nach Strukturierung,
- dass Menschen, so wie sie sind, in Ordnung sind (wenn auch nicht unbedingt das, was sie tun),
- dass alle Menschen denken können,

- dass Menschen sich entscheiden können und auch meistens entscheiden wollen, wenn sie für Fehlentscheidungen nicht bestraft werden.

Das ist ein anderes Menschenbild. Das Ziel der Transaktionsanalyse war Autonomie – Autonomie in Beziehungen. Es ging nicht um »Ich, ich, ich«, sondern um »Ich und Du«. Eric Berne, der Begründer der Transaktionsanalyse, sprach von Bewusstheit (Berne, 2001): Wir müssen lernen, bewusst zu werden, zu reflektieren, was wir tun. Wir müssen auch an die Folgen dessen denken, was wir tun. Es ging um Kreativität und Wertschätzung, Vertrautheit und Nähe – englisch » intimacy« – und es ging um Bindung. Das war die Berne'sche Definition von Autonomie.

Autonomie – in klassischen Organisationen war es nicht ganz leicht, zu erklären, was der Nutzen dieses Konzepts für den Führungsalltag sein sollte. Für ein neues Menschenbild waren nicht alle zu gewinnen. Führungskräfte waren als Multiplikatoren die wichtigste Zielgruppe, denn sie konnten solche Veränderungen weitertragen.

Die **Transaktionsanalyse in Organisationen** bietet dafür eine **Reihe von Konzepten** an, die sich im Folgenden für das Führen als nützlich erwiesen haben:

Rollen: Häufig ist die Ursache von Konflikten, dass Rollen unklar sind. »Rolle« ist dabei definiert als die Summe von Erwartungen an eine bestimmte Position. Wenn die Erwartungen an diese Position den Beteiligten nicht bekannt sind, dann handelt jeder nach Gutdünken, die Führungskräfte, die Mitarbeiter untereinander, beide miteinander. Missverständnisse und Konflikte sind dann unvermeidlich. Mehr zum Thema Rollen in Kap. 6.

Verträge: Das wichtigste Führungsinstrument in Organisationen sind Verträge oder Vereinbarungen. Welche Rollen haben wir? Welche Rolle habe ich und welche Rolle hast du? Welche Erwartungen bestehen also an eine bestimmte Aufgabe? Das muss zunächst beschrieben werden, dann müssen wir es untereinander abstimmen und schließlich treffen wir aus diesen Rollen heraus miteinander Vereinbarungen. Diese Verträge müssen fortlaufend überprüft und gegebenenfalls immer wieder erneuert werden: Weil sich Aufgaben und Erwartungen verändern – und damit die Funktion von geschlossenen Verträgen –, sind sie in der Regel nicht länger als ein halbes oder ein Jahr gültig. Das Konzept »Vertrag« wird in Kap. 10 im Kontext mit Verhandlungen vertieft.

Bindung: »No contract without contact« – mache keine Vereinbarung, wo du nicht zuerst Kontakt aufgenommen hast[2]. Wirksame Vereinbarungen sind ohne Kontakt nicht

2 Die Autoren bitten darum, das gelegentliche, an das Publikum gewandte »Du« als Hilfe zur Selbststeuerung und nicht als Respektlosigkeit aufzufassen.

möglich. Ob eine Arbeitsgruppe oder eine Sitzung: Ganz gleich, was hinterher im Protokoll steht, eingehalten wird eine Vereinbarung nur, wenn es vorher eine Bindung gegeben hat. Das bedeutet, dass beide Seiten sich explizit und gegenseitig verpflichten, das Vereinbarte zu tun. Auf das Thema Bindung geht Kap. 7 ausführlich ein.

Systemisches Denken oder »Denken in Auswirkungen«: Systemisches Denken ist eine integrative Denkweise, die alle Einzelaspekte eines Systems (einer Organisation) miteinander verknüpft und zu einem Ganzen zusammenfügt. Ohne Systemorientierung fehlt uns die Motivation, genau zu untersuchen, wie die verschiedenen Teile der betrieblichen Organisation sich wechselseitig beeinflussen. Weil das Systemdenken alle Systemteile fordert, werden wir ständig daran erinnert, dass das Ganze mehr sein kann als die Summe der Einzelteile.

Was uns daran hindert, systemisch zu denken, ist, zu glauben, man selbst sei die andere Person. Aber: Ich bin ich und du bist du. Wir sind aufeinander angewiesen, wir führen Dialoge, verhandeln unsere Konflikte und kooperieren. Das bedeutet: Ich denke nicht für dich, ich fühle nicht für dich, sondern ich versetze mich in deine Situation und versuche, deine Gefühle zu verstehen. Ich entscheide nicht für dich. Ich spreche und handle nicht für dich. Ich trenne zwischen mir und dir. Ich trenne auch zwischen dem Menschen und seinem Problem, statt dem Irrtum anheimzufallen, der Mensch sei ein Problem. Ich bin loyal meinem Arbeitgeber gegenüber, engagiere mich für meine betriebliche Position, verwechsle aber nicht meine Position mit meiner Identität.

Hinderlich für systemisches Denken ist das Erklären von Ereignissen beziehungsweise Ergebnissen: »Der Mitarbeiter erledigt seine Arbeit nicht, weil er innerlich gekündigt hat«. Solche Erklärungen mögen in sich wahr sein, aber sie lenken unsere Aufmerksamkeit von den langfristigen Veränderungsmustern ab, die hinter den Ereignissen stehen, und sie verhindern, dass wir die Ursachen dieser Muster begreifen. Bedrohungen für Organisationen ebenso wie für Gesellschaften gehen nicht von plötzlichen Ereignissen aus, sondern von langsamen, schleichenden Prozessen.

Zusammenfassend: Soziale, genauso wie menschliche Systeme sind im Gegensatz zu technischen Systemen immer komplex. Technische Systeme sind höchstens kompliziert. Man kann sie konstruieren und beherrschen. Soziale und menschliche Systeme kann man weder verlässlich konstruieren noch wirklich beherrschen. Sie sind:

- vernetzt und rückbezüglich
- unüberschaubar
- eigendynamisch
- intransparent
- nicht streng determiniert, sondern Reaktionen erfolgen nach Wahrscheinlichkeiten

- instabil: Veränderungen zeigen plötzliche Nichtlinearitäten und Brüche im Wirkungsverlauf

Mehr zur Arbeit in komplexen Systemen in Kap. 11.

Ziele: Was willst du? Die Frage nach dem Zielen ist immer die Wichtigste. Oft müssen Ziele in einem gemeinschaftlichen Prozess entstehen, weil viele ihre Ziele alleine nicht formulieren können. In der militärischen Ordnung war die Definition von Zielen nicht vorgesehen. Die Leute wurden an eine Stelle gestellt und hatten zu gehorchen. Was die Strategie, was die Ziele waren, wo man sich gemeinsam hinbewegte, wurde in der Regel nicht weiter erklärt. Führung über Ziele kam erst später. Wichtig in Bezug auf Ziele ist, dass – damals wie heute – das Formulieren von Zielen im Grunde genauso ist wie ein Schuss: Du kannst das Ziel nicht genau sehen. Du hast allenfalls eine Vermutung, wo es ist. Vielleicht geht der Schuss erst einmal vorbei, ist zu hoch oder zu flach. Das bedeutet, wir müssen immer wieder überprüfen, ob wir unser Ziel auch erreichen. Das ist das Problem von Zielvereinbarungen: Man kann im Grunde immer nur Verträge über eine nächste Etappe schließen. Der Aufwand für jährliche Zielvereinbarungsgespräche ist groß, denn es müssen ohnehin fortlaufend Korrekturen angebracht werden. Das Thema »Ziele« taucht an vielen Stellen des Buches wieder auf, zusammenfassend in Kap. 13.

1.3 Digital trifft analog – das Führen in gemischten Teams

In viele Organisationen ist inzwischen ein neues Verständnis von Führung eingesickert: Sie begreifen sich selbst als lebende Organismen, als bewegliche und lernende Systeme. In diese Systeme kommen jetzt neue Mitspieler, die Angehörigen der ersten »digitalen« Generation.

Menschen im Alter von 20, 25, 28 Jahren leben vernetzt. Sie sind dauernd in Verbindung mit Freunden und Bekannten oder auch mit ihrem Professor in einer anderen Stadt. Diese jungen Leute sind daran gewöhnt, zusammenzuarbeiten, sich auszutauschen, miteinander verbunden zu leben und zu arbeiten. Diese Generation möchte in höherem Maße als frühere Generationen selbstständig arbeiten können und Verantwortung für ihre Arbeit tragen. Junge Leute, die in einer digitalen Welt aufgewachsen sind und vernetzt leben, haben eine andere Vorstellung von Arbeit und sie haben andere Potenziale.

Dies verändert die Voraussetzungen von Führung in Organisationen: In den alten Zusammenhängen ging es in der Regel um Führen über Ziele und es ging auch um Kontrolle. Im besten Fall war es darüber hinaus ein wesentliches Anliegen, Bindung und Vertrauen herzustellen. Das allein machte Führungsarbeit schon anspruchsvoll.

Ein gemischtes Team mit verschieden sozialisierten Mitarbeiterinnen und Mitarbeitern so zu bauen, dass es eine eigene Dynamik entfaltet, ist eine noch schwierigere Entwicklungsaufgabe: Die Älteren sind es nicht gewohnt, über weite Strecken alleine zu laufen. Sie benötigen Tuchfühlung, um sich sicher zu fühlen. Sie tun sich schwer mit der kürzeren Halbwertszeit von Zielen, gar mit agilem Arbeiten, das in kurzen Etappen plant und ständige Richtungsänderungen zulässt. Genau das aber – alleine zu laufen und bewegliche Arbeitsweisen – sind die Bedürfnisse von Jungen.

Führungsaufgaben stellen sich deshalb neu: Mehr als früher müssen sie mehrere Generationen in einem Führungskontext integrieren.

Nehmen wir an, ein Abteilungsleiter hat in seiner Gruppe ein paar ältere Damen und Herren um die 55, eine(n) oder zwei mittleren Alters und dann noch einige 30-Jährige. Einfache sachliche oder funktionale Autoritäten schaffen nicht mehr automatisch Bindung zu allen Mitgliedern der Gruppe. Eine solche Gruppe kann nur führen, wer individuelle Verträge macht:

- Wer kann was besonders gut?
- Was braucht jeder Einzelne von mir?
- Was brauche ich von jedem Einzelnen?

Das erfordert eine persönliche beiderseitige Abstimmung. Es setzt Integrationsfähigkeit und Integrationsbereitschaft zwischen Führenden und Geführten voraus. Ziele spielen dabei weiter eine große Rolle. Denn die Menschen müssen sich auf irgendetwas einigen können, was sie innerhalb eines bestimmten Zeitraums erreichen wollen.

Gleichzeitig ist zu beobachten, dass in gemischten Teams neue Friktionen entlang der Generationslinien auftreten.

Wenn beispielsweise Instrumente eingesetzt werden, die dem neuen Führungskontext möglicherweise besser entsprechen, rufen diese Widerstand hervor. Ein kurzer Check-in nach Arbeitsbeginn, eine »Stehung« statt der traditionellen »Sitzung«? – »Das geht nicht«, ist die Reaktion. Veränderte Rituale erfordern Überzeugungsarbeit. Die fällt leichter, wenn sie etwas Spielerisches hat. Beispielsweise kann der Chef seine Führungskräfte fragen: »Wer würde morgendliche Kurzbesprechungen einmal ausprobieren und dann berichten?« Es gibt immer die eine oder andere Führungskraft, häufig unter den Jüngeren, die dazu bereit ist, etwas auszuprobieren. Ihr Vorschlag im eigenen Team erzeugt dann erst einmal Widerstand bei den Mitarbeitern: »Was soll das denn?« Die Führungskraft muss dann durchsetzen, dass das neue Ritual wenigstens einmal getestet wird: »Das machen wir jetzt mal einen Monat lang. Wenn das nichts taugt, ändern wir es wieder.« Diejenigen, die es probieren, machen nach einem Monat dann oft sehr gute Erfahrungen und wollen das neue Instrument nicht wieder aufgeben.

Sehr unterschiedlich sind die Reaktionen auch in Bezug auf die Gestaltung der Arbeitsplätze: Die Älteren sind kleine Büros gewohnt. Sie tun sich schwer mit Teamflächen. Und Home-Office? Große Skepsis sowohl bei Mitarbeitern als auch bei Vorgesetzten.

Neue technische Möglichkeiten erlauben neue Formen des Arbeitens und der Zusammenarbeit.

Menschen wollen Dinge, die sie privat längst selbstverständlich nutzen, auch im Beruf haben. Das geht so weit, dass einige sagen: Warum kann ich nicht gelegentlich an meinem PC einen Tag von zu Hause für die Firma arbeiten? Ich brauche auch nicht immer ein Einzelzimmer: Ein Schreibtisch in einem größeren Büro genügt mir, denn ich arbeite häufiger zu Hause oder unterwegs. Viele arbeiten im Zug oder beantworten abends ihre E-Mails, ohne dass sie dafür extra bezahlt würden. Unternehmen müssen lernen, die heutigen Arbeitsbedingungen zu berücksichtigen und auch zu nutzen. Das erfordert nicht nur Flexibilität, sondern auch ein großes Maß an Verständnis dafür, wie Menschen arbeiten und unter welchen Bedingungen sie am liebsten und am besten arbeiten.

In vielen Unternehmen ist dabei die Gleichzeitigkeit des Ungleichzeitigen mit den Händen zu greifen: Hier Mitarbeiter, die mühelos auf Teamflächen arbeiten, die viel über elektronische, digitale Verbindungen regeln und die zunehmend mobil so leistungsfähig sind wie im Büro. Dort Mitarbeiter, die genau dies nicht wollen, weil sie mit den digitalen Arbeitswerkzeugen nicht aufgewachsen sind. Sie fühlen sich abgehängt, zur Seite gedrängt und rebellieren massiv gegen die neuen Anforderungen. Sie wollen nicht auf Teamflächen arbeiten, sondern lieber Einzelbüros haben, wo sie abgeschottet sind wie früher. Sie empfinden neue Arbeitsweisen als eine Bevorzugung der Jungen. Sie wollen von ›nine to five‹ da sein und nicht auch noch abends und am Wochenende irgendwelche Aufgaben übernehmen. In den Unternehmen erleben wir – wie in der Gesellschaft – eine digitale Spaltung: Hier sind die *Digital Natives*, die spielerisch und selbstverständlich mit den digitalen Möglichkeiten umgehen, dort sind die *Digital Immigrants*, die sich all das mehr oder weniger mühevoll aneignen, aber dann gibt es eben auch diejenigen, die sich bei der Arbeit in der Fremde fühlen, die nicht mehr mitmachen wollen und massiv rebellieren.

Vielerorts sind innere Kündigungen und Vorruhestandsangebote die Folgen. Zunehmend kann man beobachten, dass Mitarbeiter sich schon ab Mitte 40 in den Ruhestand wünschen, weil sie unter diesen Bedingungen nicht mehr arbeiten wollen. Sie haben das Gefühl, dass sie nicht mehr mitkommen und wollen gehen. Wenn man sie nach ihren Gründen fragt, dann sagen sie: »Ich bekomme keine Zuwendung mehr.« – »Für bestimmte neue Positionen komme ich gar nicht mehr infrage.« – »Es werden nur noch die Jungen genommen.« Sie fühlen sich abgeschoben. Eine Führungskraft berichtet von einem Erlebnis, bei dem eine Mitarbeiterin bei ihr im Büro gestanden habe: »Ich möchte Ihnen gerne etwas Persönliches sagen. Jedes Mal, wenn Sie davon sprechen, die jungen Leute müssten eine größere Rolle im Unternehmen spielen, dann gibt uns Älteren das einen Stich. Das ist jedes Mal eine Kränkung.« Der Führungskraft war das vorher nicht bewusst – und sie versuchte zu verstehen, was das für ihr eigenes Handeln bedeute: »Es ist sehr wichtig, aktiv dafür zu sorgen, dass der Wert aller Beteiligten in einem Team jederzeit zum Tragen kommt.«

Stattdessen wird Älteren häufig nahegelegt, zu gehen. Es gibt Unternehmen, da bekommen alle Mitarbeiter ab dem 53. Lebensjahr einen Brief vom Vorstand: »Sie können in den frühzeitigen Ruhestand gehen, wir bieten Ihnen eine großzügige Abfindung an.« Ein Berater berichtet, was ein zuständiger Personalentwickler dazu sagte: »Für viele ist das eine große Kränkung. Da schuftest du hier 20, 25 Jahre und dann kriegst du einen Brief: Eigentlich könntest du jetzt auch gehen.« Er selbst habe das Angebot angenommen und sich neu orientiert. Die Kränkung aber sei geblieben. Andere hätten das Angebot nicht angenommen – seitdem aber wenig Lust, zu arbeiten. Denn sie hätten es ja schriftlich: »Eigentlich hast du hier nichts mehr verloren.«

Vorruhestandsregelungen, wie es sie in vielen Firmen gibt, sind also ein zweischneidiges Schwert – was die Motivation der Beteiligten angeht, aber auch im Hinblick auf eine gute Mischung in den Teams. Denn tatsächlich machen Führungskräfte immer wieder die Erfahrung, dass die besten Teams – also diejenigen, die über sich selbst und über die Summe ihrer einzelnen Fähigkeiten hinauswachsen – die gut gemischten sind: Wo alte Hasen dabei sind, die aber auch Lust haben, neue Tricks zu lernen. Und wo Junge dabei sind, die nach vorne drängen: »Lasst uns das doch mal probieren.«

Dabei sind die beschriebenen Unterschiede zwischen der analogen und der digitalen Generation nur eine Dimension von mehreren: In wirklich gut gemischten Teams arbeiten Ältere und Jüngere, Frauen und Männer, Menschen unterschiedlicher sozialer und kultureller Herkunft, mit unterschiedlichen Lebensentwürfen und sexuellen Orientierungen. Es gibt eine Reihe von Untersuchungen, die belegen, dass in unserer heutigen globalisierten und digitalisierten Arbeitswelt die »Diversität«[3] von Teams der Schlüssel zum Erfolg von Unternehmen ist. Diese Unterschiedlichkeit zu managen ist eine neue

3 Die gängigen Dimensionen von Diversität sind: Kultur (Ethnie), Alter, Geschlecht, sexuelle Orientierung, Behinderung, Religion (Weltanschauung).

und komplexe Anforderung an die Rekrutierung und die Führung von Mitarbeiterinnen und Mitarbeitern.

> Es gibt wohl kaum eine Branche, in der Unterschiedlichkeit unter so hohem öffentlichen und finanziellen Druck gemanagt werden muss wie im Profi-Fußball. Spieler aus aller Herren Länder sollen nicht nur dieselben Regeln einhalten und eine gemeinsame Spieltaktik verfolgen, sondern sie sollen als Mannschaft geradezu ein gemeinschaftliches Gesamtkunstwerk sein. An einen Trainer stellt das die allerhöchsten Management-Anforderungen: »Ich kann einen Deutschen nicht gleich ansprechen wie einen Südamerikaner oder umgekehrt«[4], so die Erfahrung von Niko Kovac, Trainer des deutschen Rekordmeisters FC Bayern München. »Ein Südamerikaner ist grundsätzlich viel empfindsamer oder auch verletzbarer, was z. B. Kritik angeht. Deutsche Spieler wollen auch nicht kritisiert werden, aber sie sind oft sachbezogen. Südamerikaner sind dagegen eher personenbezogen, bei ihnen würde ich Kritik eher nicht vor versammelter Mannschaft üben, sondern lieber unter vier Augen.« Dazu kommt noch das junge Alter der Spieler, die häufig noch keine gefestigten Persönlichkeiten sind und, gerade wenn Geld und Ruhm im Spiel sind, seltsame Verhaltensweisen entwickeln. Außerdem sind sie natürlich unterschiedliche Menschen mit unterschiedlicher Sozialisation, Bildung, dem je eigenen familiären Umfeld und einer jeweils speziellen Position in der Mannschaft. In der Bayern-Kabine, so Kovac, könne man lernen, »dass Empathie wichtig ist. Dass man Spieler mal fragt, wie es ihnen geht, dass man mal nicht über Fußball spricht. Und Führung ist heute noch wichtiger als zu meiner Spielerzeit: Man muss Autorität und ein klares Auftreten haben, aber den Menschen auch Wertschätzung und Anerkennung zeigen.«

Aus einer guten Mischung kann sich eine Dynamik entwickeln, die dann zu großartigen Ergebnissen führt. Eine solche Zusammenarbeit in gemischten Teams erfordert allerdings auch Neugier und Lernbereitschaft von allen Beteiligten. Und sie erfordert Geduld und Weitsicht auf der Seite der Führungskräfte.

Es ist wichtig, eine Sache dabei zu verstehen: Unterschiede in einem Team machen Arbeit, schaffen Konflikte – aber für die Wirksamkeit und die Leistungsfähigkeit eines Teams sind sie von größter Bedeutung.

> Um es mit einem weiteren Bild aus dem Sport zu illustrieren: In einem Ruder-Achter gibt es unterschiedliche Rollen, die von unterschiedlichen Charakteren besetzt werden. Es gibt Charaktere, die bis an die Schmerzgrenze gehen, also am Ende des

4 Interview mit Niko Kovac in der Süddeutschen Zeitung, 17. August 2018

Rennens wirklich zusammenbrechen und nicht mehr können. Und es gibt Menschen, die diese Schmerzgrenze nicht ertragen wollen, ihre Stärke ist vielleicht Stetigkeit oder taktische Übersicht. Das lässt sich nicht trainieren, das ist eine Charakterfrage. Sehr erfolgreiche Boote zeichnet aus, dass sie homogen sind in Bezug auf ihren Siegeswillen und dass sie heterogen sind in Bezug auf die unterschiedlichen Rollen im Boot. Die Unterschiedlichkeit von Personen in einem Boot ist sehr wichtig. Jeder muss die Rolle finden, die zu seinem Charakter passt: Der eine will unbedingt auf dem Schlagplatz sitzen, weil er den Rhythmus und den Ton angeben möchte. Ein anderer ist der größte Kämpfer im Boot und reißt alle anderen mit. Die Aufgabe des Trainers ist es, mit seiner Autorität dafür zu sorgen, das am Ende jeder auf dem Platz sitzt, der im Interesse des gesamten Bootes am besten ist. Das muss verhandelt werden, sodass am Ende alle gewinnen.

Ein solches Geschick ist nicht allen gegeben. Unter Führungskräften gibt es Spalter und es gibt Integrierer:

Spaltende Führungskräfte interessieren sich nicht besonders für die einzelnen Personen. Manchmal fängt das beim Personalchef an, der Jurist ist und sich eher für juristische Fragen interessiert und wie er vor dem Arbeitsgericht gewinnt. Das hat Auswirkungen auf die Mitarbeiter. Diese fragen sich dann, warum sie sich für ihre Arbeit so sehr interessieren sollen, wenn sich ihr Chef nicht wirklich auch für sie interessiert. Desinteresse ist nichts anderes als Mangel an Bindung.

Andersherum ist Bindung am besten mit Interesse zu übersetzen. Integrierende Führungskräfte interessieren sich für ihre Mitarbeiter und wissen, dass es in ihrem Team ganz unterschiedliche Befindlichkeiten und Fähigkeiten gibt. Sie haben gelernt, diese miteinander ins Spiel zu bringen. Dies ist auch eine organisatorische Aufgabe, denn Austausch entsteht nicht von allein, sondern muss organisiert werden. Die Führungskraft darf nicht warten, bis die Mitarbeiter vielleicht miteinander reden und arbeiten, sie muss aktiv dafür sorgen, z. B. indem für bestimmte Aufgaben Tandems aus Älteren und Jüngeren gebildet werden.

Es kommt also auch darauf an, diejenigen für Führungsaufgaben zu finden, die dafür sorgen, dass unterschiedliche Mitarbeiter lernen, wirklich zusammenzuarbeiten. Das ist nicht nur eine Frage der Ausbildung und der Weiterbildung, sondern bereits eine Frage der Auswahl. Schon im Bewerbungsgespräch muss darauf geachtet werden, ob die betreffende Person in der Lage ist, Teams zusammenzuführen. Dabei hilft es, wenn Führungspositionen auf Zeit vergeben werden können. Denn wie jemand sein Team wirklich steuert, erfährt man erst im Alltag und nach einiger Zeit.

Führen in digitalen Zeiten ist anspruchsvoll. Es geht weit über die Anforderungen eines herkömmlichen Führens nach Zielen hinaus – wobei es Ziele ja weiterhin ebenfalls gibt. Im Ergebnis ist Führung heutzutage aufwändiger und schwieriger geworden.

Und trotzdem bleiben ein paar Dinge immer gleich: Die Prozesse von Protest, Widerstand und Trauer, die mit Veränderungen verbunden sind. Und vor allem die Bedeutung von Bindung an sich selbst, an Menschen und an Ziele. Bindung ist und bleibt der wichtigste Klebstoff, der eine kleine Gruppe oder eine große Organisation zusammenhält und gut funktionieren lässt. Daran ändern auch die digitalen Zeiten nichts.

2 Teams führen

Es ist nicht dasselbe, ein Team zu führen und ein Team zu managen. Was ist der Unterschied?

Management ist in erster Linie ein betriebswirtschaftlicher und organisatorischer Vorgang. Es geht dabei darum, Prozesse zu planen: Ziele, Termine, Einsatz von Menschen. In solchen Prozessen werden Entscheidungen getroffen, zirkulieren Informationen zwischen allen Beteiligten, werden Meilensteine abgearbeitet – ein Prozess muss gesteuert und kontrolliert werden. Hier treffen sich Management und Führung, denn Kontrolle erfordert Kommunikation.

Führung hingegen hat etwas mit der inneren Haltung anderen Menschen gegenüber zu tun: Eine gute Führungskraft achtet darauf, dass sie kontinuierlich im Kontakt mit den Personen steht, die mit ihr oder für sie arbeiten. Und sie achtet außerdem darauf, dass Führung auch dann funktioniert, wenn sie delegiert wurde und andere betrifft. Das Hauptmerkmal von Führen ist also der Kontakt zwischen demjenigen, der die Führungsverantwortung hat, und denjenigen, die geführt werden.

Der Kontakt beginnt damit, dass man einander morgens begrüßt. Es gibt Führungskräfte, die gehen erst einmal durch die Büros ihrer Mitarbeiter, sagen ›Guten Morgen‹ und nehmen Kontakt auf: ›Wie geht's?‹, ›Ist das und das erledigt?‹. Oder sie rufen alle beteiligten Personen zu einem kurzen Meeting zusammen, das eher zwanglos und informell ist. Dabei geht es nicht nur darum, sachliche Informationen zu bekommen, sondern auch darum, alle Beteiligten wieder miteinander in Kontakt zu bringen. So sollte jeder Tag beginnen. Und eigentlich sollte er auch so enden – nämlich damit, dass man sich verabschiedet und nicht jeder einfach seinen Arbeitsplatz verlässt.

Mit Begrüßen und Verabschieden ist es natürlich nicht getan. Das bewusste Aufnehmen und Trennen von Bindungen begleitet eine gute Führungskraft durch den ganzen Tag. Zeitmangel ist kein Argument gegen einen sorgsamen Umgang mit der Bindung zu den Mitgliedern des Teams, sondern eher ein Zeichen dafür, dass die Führungskraft Bindung nicht für notwendig hält. Führung ist aber nicht nur die Arbeit an der Sache, sondern eben auch die Arbeit mit den Mitarbeitern.

> Vom alten Chef eines großen Bau-Unternehmens erzählt man sich folgende Geschichte: Immer, wenn einer auf der Baustelle Geburtstag hatte, sei er mit seinem Fahrer persönlich vorbeigekommen. Für jeden hatte der alte Chef eine Karteikarte. Da stand drauf, wer es ist, wann er geboren wurde, und ebenso, dass er Frau und

zwei Kinder hat. Er hat dann kurz mit dem Mitarbeiter gesprochen und ihm gratuliert. Mittlerweile hatte der Sohn die Firma übernommen. Die Poliere der Firma trauerten immer noch ihrem alten Chef hinterher: »Das war für uns immer ein Erlebnis, wenn er kam. Ganz anders als der Sohn heute.« Der Sohn ist Universitätsprofessor und leitet zusätzlich das Unternehmen – eher mit wissenschaftlichen Methoden, eben wie eine moderne Organisation. Er hat keine persönlichen Kontakte und Bindungen an die Poliere mehr, die wichtigsten Leute auf jeder Baustelle. Damit ist nicht gesagt, dass Bindungen bei einem Führungsstil, der nicht mehr althergebracht patriarchalisch ist, verloren gehen müssen. Sondern es betont, wie wichtig es ist, dass Manager ihre Sache nicht nur fachlich gut machen, sondern auch Spuren bei den Leuten hinterlassen, die für sie arbeiten. Solche Führungskräfte tragen die Mitarbeiter in ihrem Herzen. Der alte Bauunternehmer hatte seine Firma nach dem Krieg mit acht Leuten gegründet. Mittlerweile waren es 3.500 – und sie trugen ihn immer noch in ihrem Herzen. Führung ist auch der Kampf um die Herzen der Mitarbeiter: Wie kann ich ihr Herz für die Firma und für ihre Arbeit gewinnen?

Bindung ist in allererster Hinsicht eine Frage von Haltung. Und sie macht viel Arbeit. Denn Bindung muss sich ständig neu beweisen. Es ist nicht damit getan, dass der Mitarbeiter weiß: Irgendwie interessiert sich der Chef schon für mich. Er muss dies auch erleben. Das Wissen darum muss ständig erneuert und gefüttert werden. Es ist wie in jeder Beziehung: Nicht nur private Beziehungen müssen immer wieder erneuert werden, sondern auch die Beziehungen zu Freunden und die Beziehungen am Arbeitsplatz. Um diese Erneuerung muss man sich jeden Tag neu kümmern. Es geht darum, miteinander und mit der Aufgabe in Kontakt zu sein.

2.1 Erste Schritte einer neuen Führungskraft

Die erste Empfehlung an eine neue Führungskraft: Ändere erst einmal gar nichts. Beobachte und lerne.

Rede mit den Leuten, gehe zu ihnen und lasse dir erklären, wie sie arbeiten. Verschaffe dir zunächst einmal einen Überblick über die Abteilung. Selbst auf die Gefahr hin, dass man annehmen könnte, du wolltest die Mitarbeiter kontrollieren: Interessiere dich für das, was die Leute tun – aber verändere erst einmal nichts. Wenn du feststellst, dass etwas verändert werden muss, dann mache es zum Thema eines einzelnen Mitarbeiters oder der gesamten Gruppe. Aber gehe sehr behutsam dabei vor. Denn bisher haben alle gut und richtig gearbeitet. Nur du selbst siehst das vielleicht anders.

Eine neue Führungskraft fing an, in der Leitung einer großen und renommierten Redaktion zu arbeiten. Sie kam von außen und kannte dort niemanden. Und niemand dort kannte sie. Ihr Programm, um dort anzudocken und die Leitung zu übernehmen, war einfach: Bindung, Bindung, Bindung. Nachdem sie sich in einer großen Redaktionskonferenz vorgestellt hatte, in der ihr die neuen Kolleginnen und Kollegen auch eine Reihe von persönlichen Fragen stellten, tat sie – noch vor ihrem eigentlichen Arbeitsbeginn – einige Tage lang nichts anderes, als sich in die Schlussredaktion zu setzen, wo alle wichtigen Tagesentscheidungen getroffen werden, und zuzuschauen: Wie werden Themen geplant, wie laufen die Gespräche mit den Reportern, wie ist die Zusammenarbeit der Redakteure, wie arbeitet die Produktion, welche Konferenzen gibt es, wie ist der Ton, wie arbeitet die große Gruppe über den Tag hinweg zusammen? Es ging dem Neuen vor allem darum, zu verstehen, wie das Produkt entsteht. Und gleichzeitig darum, Kontakt aufzunehmen. Dass er tagelang neben den Schlussredakteuren saß, warf durchaus auch Fragen auf: Was macht der da? Was will er von uns? Will der uns kontrollieren? Aber indem die neue Führungskraft nur fragte und zuhörte – und keinesfalls irgendwelche eigenen schlauen Ratschläge gab – war schnell klar, dass sie nur zum Lernen gekommen war. Als sie dann einige Wochen später den Job antrat, gehörte zu ihren Aufgaben der Dienstplan – also einzuteilen, wer wann welchen Job macht. Das ist in jeder Redaktion eine heikle Aufgabe, denn hier geht es nicht nur um professionelle Rollen und die damit verbundenen Fähigkeiten, sondern auch um die private Lebensplanung, um Freizeit und um persönliche Wünsche. Auch hier Schritt 1: Zuhören, Bindung schaffen. Der Neue führte deshalb in den ersten Wochen mit fast jeder einzelnen Person in der Redaktion ein Kennenlerngespräch. Danach war er bei allen angekommen. Der Rest ergab sich und war glatt und einfach – bis hin zu späteren Veränderungen in Abläufen und Personal, die dann natürlich auch ein Thema wurden.

In den berühmten »ersten 100 Tagen« geht es darum, dass die neue Führungskraft eine persönliche, stimmige Autorität aufbaut. Einerseits. Andererseits kann auch einiges dafürsprechen, Grausamkeiten gleich am Anfang zu begehen. Wenn es um Fragen der Organisationsstruktur geht, um das Vergrößern, Verkleinern oder Zusammenschließen von Abteilungen oder um die Neubesetzung einer Stelle, dann sollte man das am besten schnell tun. Es hat keinen Sinn, das offensichtlich Notwendige lange hinauszuzögern oder nur darüber zu sprechen. Eine neue Führungskraft sollte sich bei derart heiklen Maßnahmen möglichst gut beraten lassen und dann beherzt die Veränderung vornehmen – auch wenn das für die jeweils Betroffenen manchmal grausam ist.

Eine neue Führungskraft sollte dabei von Anfang an darauf achten, dass sie ehrlich zu ihrem Team ist. Dazu gehört auch, dass sie bereit ist, Dinge zu sagen oder zu tun, die andere als Kränkung erleben. Das kann schmerzhaft sein – aber es hat eine starke Wirkung in Bezug auf das Vertrauen zur neuen Führung. Es kostet gewiss Überwindung, ein neues Team mit dem zu konfrontieren, was nicht in Ordnung ist und wie es anders gehen sollte. Aber es schafft, wenn man es gut hinbekommt, auch eine starke Bindung.

Insgesamt trägt ein Klima der Aufrichtigkeit und der Ehrlichkeit zu einer stimmigen Autorität der Führungskraft bei. Dazu gehört, dass diese für einen kontinuierlichen Austausch unter den Mitarbeitern sorgt: Auge in Auge, nicht nur über Mails, über Schriftsätze oder Botengänge. Ob sich jemand persönlich stellt, wenn etwas Unangenehmes mitzuteilen ist, das spürt man erst, wenn man sich dabei in die Augen sieht. Erst der Austausch von Angesicht zu Angesicht sorgt dafür, dass sich zwei Menschen wirklich begegnen.

Diese Art von Kontakt braucht keine großen Konferenzen. Es reichen dafür kurze Augenblicke, manchmal nur ein Lächeln oder auch ein ärgerlicher Blick, sodass der andere Bescheid weiß, wie die Dinge stehen. Der informelle Plausch an der Kaffeemaschine ist dafür wichtig – wo sich Menschen über alles Mögliche unterhalten können, auch über ihren Chef. Oder die gemeinsame Kaffee- und Mittagspause. Man hat beobachtet, dass Menschen weniger gestresst sind, wenn sie die Gewohnheit gemeinsamer Pausen haben. Kündigungen werden seltener, wenn das Gemeinsame, der Zusammenhalt eine wichtige Rolle spielen und nicht nur die Arbeit an der Sache.

Es ist wichtig, dass die Mitarbeiter die Führungskraft als gerecht erleben: Jeder Mensch im Unternehmen ist etwas Besonderes. Ein Gefühl von Gerechtigkeit entsteht dann, wenn die Führungskraft den Mitarbeitern nicht mit persönlicher Sympathie oder Antipathie begegnet, sondern jeden tatsächlich auch als etwas Besonderes betrachtet. Natürlich sind einem manche sympathischer als andere. Im Alltag des Betriebs darf das aber keine Rolle spielen, sonst entsteht schnell ein Gefühl von Ungerechtigkeit und Willkür. Oft gibt es dafür gar keine materiellen Belege – es reicht das Gefühl, ein Kollege werde bevorzugt, sitze dem Chef dauernd auf dem Schoß, sei der Lieblingsmitarbeiter. Eine Führungskraft sollte ihre Mitarbeiterinnen und Mitarbeiter daher ohne Sympathie und Antipathie führen, sondern stattdessen ihren jeweils eigenen Wert und ihre Rolle für das Unternehmen wertschätzen. Denn irgendeinen Grund wird es schließlich dafür geben, dass diese Person hier arbeitet.

2.2 Kann man lernen, ein Team zu führen?

Ob eine Führungskraft Erfolg hat, ist in erheblichem Maße eine Frage des Talents. Das ist das Fazit nach vielen Jahren des Beobachtens und der Erfahrung. Was aber ist Talent?

Talent ist in der Regel das Ergebnis von Sozialisation, also der frühen Erfahrungen in der Herkunftsfamilie: Wie bin ich aufgewachsen? Habe ich bereits innerhalb des Familiensystems, unter den Geschwistern eine Führungsrolle übernommen? Haben mich die Eltern darin immer wieder bestärkt? Habe ich mir diese Rolle erworben, indem ich mich für das Wohl der Familie eingesetzt habe, oder hatte ich die Rolle eines Außenseiters? Woher derartige Fähigkeiten tatsächlich kommen, lässt sich natürlich nicht wirklich rekonstruieren. Es spricht aber vieles dafür, dass sie sich schon in ganz frühen Lebensjahren entwickeln.

Talent ist das Eine. Als Führungskraft erfolgreich zu sein, erfordert allerdings ebenfalls die Bereitschaft, zu lernen.

Wir lernen intuitiv durch das Beobachten anderer, durch Vorbilder und Modelle, durch eigenes Erleben und die daraus resultierende Lebenserfahrung. Führungskräfte sollten aber auch gezielt lernen, um ihren Aufgaben gerecht zu werden. Ihre Kernaufgabe ist es, ein System zu führen. Wenn man darin gut sein will, erfordert das einiges Spezialistenwissen: Wie funktioniert ein System? Wie sind die Wirkungskräfte innerhalb des Systems und wie wirkt dieses nach außen? Welche Rolle hat derjenige, der ein solches System leitet? Dies ist Handwerk und kann geschult werden.

Schließlich lernt eine Führungskraft durch die bewusste Weiterentwicklung ihrer eigenen Persönlichkeit: Jeder Mensch hat blinde Flecken, die er bei sich selbst nicht sehen kann. Durch eine gute Ausbildung und durch kontinuierliche Supervision können sie sichtbar gemacht werden. Man kann bewusst mit ihnen arbeiten und man kann sie verändern:

- Worauf muss ich bei meinem eigenen Verhalten vor allem achten?
- Was kann ich besonders gut und sollte es deshalb auch möglichst oft einsetzen?
- Wo liegen meine Schwierigkeiten und meine Schwächen? Kann ich sie in bestimmten Situationen auch zu einem Vorteil, zu einer Ressource, zu einer Stärke machen?

Es ist gleichermaßen interessant und hilfreich, durch Supervision, Rückmeldung und Selbsterfahrung herauszufinden, was die Themen sind, mit denen man sich besonders schwertut, und für eingeübte, möglicherweise hinderliche Verhaltensmuster bewusst Alternativen zu erlernen.

Eine typische Situation: Männer sprechen häufig nicht gerne über ihre inneren emotionalen Prozesse, etwa über eigene Bedürfnisse und Emotionen. Sie sind da zurückhaltend und zeigen nach außen lieber Stärke. Es kann aber eine Situation kommen, in der genau das andere sinnvoll und vielleicht auch für den Prozess notwendig ist. Eine reflektierte Führungskraft springt dann über ihren Schatten – und sagt vielleicht so etwas wie: »Also, ehrlich gesagt, ich habe auch Angst, dass das schiefgeht.« Das ist jetzt nicht sehr weitgehend, aber es genügt, um ganz bewusst eine Verbindung zu anderen herzustellen, die möglicherweise ebenfalls solche Ängste haben. Das, was die männliche Führungskraft selbst als Schwäche empfindet, weil sie es so gelernt hat – »ein Junge hat keine Angst« usw. – wird plötzlich zu einer Stärke, weil es eine vielleicht für alle überraschende Bindung zu anderen herstellt. So etwas kann aber nur tun, wer seinen blinden Fleck kennt. Im Kern geht es um die Fähigkeit der Selbstreflexion. Sie gehört zum zentralen Repertoire einer Führungskraft.

Allerdings ist sie – beobachtet man die Ergebnisse – nicht sehr weit verbreitet. Viele Führungskräfte wissen nicht wirklich, was sie tun, was sie bei anderen auslösen, welche Wirkung ihr Auftreten hat. Sie wundern sich dann, dass Mitarbeiter beleidigt sind, dass sie sich zurückziehen, dass sie Widerstand leisten oder aggressiv werden. Sie wundern sich, dass Dinge nicht funktionieren, eben, weil die Mitarbeiter keine Bindung an ein Ziel oder an die Führungskraft entwickeln konnten.

Führungskräfte ab einer bestimmten Ebene sollten deshalb, zumal wenn sie viel Personalverantwortung haben, immer wieder einen persönlichen Berater in Anspruch nehmen – als Hilfe, um ihre Fähigkeit zur Selbstreflexion zu stärken.

> Ein Berater berichtet, dass er vieles über sich selbst erst erfahren habe, nachdem er Supervision genommen habe – bei erfahrenen Therapeuten, Führungskräften oder Beratern, die ihn bei seinen Seminaren beobachteten. »Mit einem habe ich mich sogar getraut, zu vereinbaren, dass er in Anwesenheit aller Teilnehmer kommentiert, was ich gerade tue. Ich wusste, wie gut er darin war, Dinge so zu formulieren, dass ich nicht gekränkt wurde oder in den Augen der Teilnehmer einen Ansehensverlust erlitt. So bekam ich dann auf einmal in der laufenden Veranstaltung zu hören, dass ich etwas gemacht habe, das problematisch sei.« Solche Verfahren sind natürlich heikel und setzen viel Vertrauen und eine große, eigene Sicherheit voraus. Sie sind aber auch extrem wirkungsvoll, um das eigene Verhalten zu reflektieren und zu verändern.

Die Arbeit mit Menschen kann man nicht planen und berechnen wie die mit Daten. So wichtig Daten sind, damit wir unsere Arbeit effektiv, zielorientiert und erfolgreich machen können, so wenig können sie menschliches Verhalten tatsächlich erfassen. Dafür ist der Mensch zu komplex und zu wenig berechenbar (selbst wenn sich dies im Zeitalter von »Big Data« gerade zu ändern scheint). Das ist das Besondere an der Arbeit mit Menschen – es bleibt immer ein Geheimnis übrig. Und die Fähigkeit, Interesse in einem Menschen zu wecken und eine Bindung herzustellen, ist eine besondere Kunst.

Eine Führungskraft kann nie wissen, was in einem Team als nächstes passiert. Sie arbeitet in einer sich ständig verändernden Landschaft. Jeder Tag kann Überraschungen bringen. Ein Team zu führen ist deshalb wie Surfen: Auf dem Brett bleiben, immer wieder die Balance finden, navigieren. So zu arbeiten muss man erst einmal lernen. Oft geht das nur, indem man zunächst dauernd herunterfällt.

Eine Führungskraft ist aber den Winden und Wellen seines Teams nicht einfach nur ausgeliefert. In jedem Team gibt es Regeln, Vereinbarungen, gegenseitige Verpflichtungen. Für den Zusammenhalt innerhalb eines Ordnungssystems zwischen Menschen ist es wichtig, dass sich die Beteiligten auf solche Vereinbarungen und Regelungen verständigen und sich dann auch darauf verlassen können. Zu den Aufgaben einer Führungskraft gehört es, darauf zu achten, dass die Regeln eingehalten werden. Gute Führungskräfte zeichnen sich dadurch aus, dass sie großzügig sind, wenn das möglich ist – dass sie aber grundsätzlich dafür sorgen, dass die Regeln des Betriebs eingehalten werden – ob Betriebsvereinbarungen, Tarifverträge, persönliche Vereinbarungen oder solche im Team. Sie sind die Wächter über die Ordnung des Unternehmens.

2.3 Die unsichtbaren Geschäftsprozesse

Eine gute Führungskraft entwickelt mit der Zeit eine größere Bewusstheit für ihre Arbeit und für ihre Rolle. Sie versteht das Führen ihres Teams als einen bewussten – quasi handwerklichen – Arbeitsprozess mit Mitarbeitern. Gleichzeitig setzt sie ihre durch Beobachtung, Rückmeldungen und Lebenserfahrung erworbene Intuition ein.

Denn das Geschehen in Teams ist komplex. Neben den sichtbaren Prozessen in einem Unternehmen gibt es stets auch so etwas wie einen unsichtbaren Geschäftsprozess. Er findet neben der sachlichen Ebene auf verschiedenen emotionalen Ebenen statt – vor allem auf der Beziehungs- und auf der Bedürfnisebene. Diese liegen unsichtbar unter den sachlichen Prozessen, sind für das Geschehen im Team aber entscheidend. Das ist der Grund, warum Dinge aus oft unerfindlichen Gründen gut funktionieren oder schlecht oder eben auch gar nicht.

Entscheidend ist in der Regel die Stabilität von Beziehungen am Arbeitsplatz: Jeder hat Beziehungen zu seinen Kolleginnen und Kollegen, aber diese sind nicht immer gleich. Mal ist eine Beziehung stabil, dann am nächsten Tag wieder instabil oder sogar abgebrochen. Viele Menschen halten eine Bindung nicht dauerhaft aufrecht. Man hat bei ihnen dann das Gefühl, dass man sich auf diese Person nicht wirklich verlassen kann: »Der kommt schon wieder mit seiner schlechten Laune ...« Für gute Ergebnisse im sachlichen Geschäftsprozess ist die Stabilität der emotionalen Bindung zwischen Mitgliedern des

Teams aber sehr wichtig. Sie verleiht Sicherheit gegenüber anderen Menschen und ermöglicht das Erreichen von Ergebnissen.

Die Führungskraft hat hier eine Schlüsselrolle. Sie ist für ihre Mitarbeiter eine sichere Basis. Diese möchten sich darauf verlassen können, dass der Chef sein Verhalten nicht von seinen persönlichen Launen abhängig macht – sondern vielmehr weiß, was seine Rolle ist: Nämlich für den Kontakt im Team zu sorgen und die Arbeit im Fluss zu halten. Ein Teil seiner Arbeit besteht darin, Bindungen und Kommunikation intakt zu halten.

Bindungen und Kommunikation intakt zu halten, ist eine Daueraufgabe. Wie beim Jonglieren muss man dabei ständig mehrere Bälle gleichzeitig in der Luft halten: Man muss zunächst gemeinsame Ziele bestimmen. Das ist noch relativ einfach, weil es dafür meistens geregelte Verfahren gibt. Man macht regelmäßige Klausuren, es sind Wirtschaftspläne zu machen oder Ähnliches. Das bekommt man auf einer sachlichen Beratungsebene in der Regel gut hin. Für Respekt zu sorgen, ist etwas ganz anderes: Gegenseitiger Respekt entsteht in der Diskussion im Team. Dort passieren unterhalb der sachlichen Beratungsebene viele unterschiedliche Dinge gleichzeitig. Dabei kommt es darauf an, dass die Führungskraft die Signale richtig liest, aber auch die richtigen Signale aussendet, die dafür sorgen, dass alle respektvoll miteinander umgehen – die Führungskraft mit allen Mitgliedern des Teams, aber auch die Mitglieder des Teams untereinander. Für gegenseitigen Respekt in einem Team zu sorgen, erfordert insofern permanente, filigrane Interventionen, die den Prozess am Laufen und in der Balance halten. Wenn jemand aus der Rolle fällt oder der Chef/die Chefin selbst aus der Rolle gefallen ist, dann gilt es, das wieder zu korrigieren. Dafür ist viel Beobachten nötig, Feinsteuerung, ein ständiges Bemühen um Zusammengehörigkeit. Neben den »harten« Gesprächen am Tisch sind auch »weiche« Kontakte wichtig: Vor einer strategischen Klausur etwa, bei der es um Ziele und um Geld geht, ist es möglicherweise sinnvoll, am Abend vorher gemeinsam in Ruhe an einem schönen Ort zu Abend zu essen – und dann erst am nächsten Tag zu arbeiten. Gegen das Organisieren von informellen Kontakten gibt es häufig Einwände aus dem Team: »Müssen wir das denn wirklich machen? Wir haben noch so viele andere Verpflichtungen an dem Tag« usw. Es ist also nicht wirklich praktisch und in der konkreten Umsetzung unbequem. Trotzdem sind derartige informelle Rituale enorm wichtig für den sozialen Kitt in einem Team – der zwar in der Regel vorhanden ist, aber der natürlich auch immer wieder droht, auszutrocknen und Risse zu bekommen. Die Führungskraft muss immer wieder dafür sorgen, dass er geschmeidig bleibt.

Führungskräfte sollten die Fähigkeit haben, in ihrem Team eine sichere Basis für alle zu schaffen. Berater kennen die Situation: Sie arbeiten mit einer Gruppe, deren einzelne Mitglieder sich möglicherweise nicht einmal kennen. Wie gelingt es, ein Dutzend Personen schon am ersten Tag dazu zu bringen, dass sie miteinander reden, sich untereinander austauschen – so, als würden sie sich schon lange kennen? Es ist für jeden, der vorne steht, wichtig, zu lernen, eine Gruppe, die aus einzelnen Personen besteht, die sich mehr oder weniger gut kennen, zusammenzuführen und diesen Zusammenhalt für die Dauer des gemeinsamen Prozesses aufrechtzuerhalten. Was nicht ausschließt, dass es auch Konflikte gibt. Aber dann haben die Beteiligten so etwas wie eine sichere Basis. Sie wissen: »Wir können uns aufeinander verlassen. Bei allen Unterschieden ist niemand persönlich in Gefahr. Unterschiede, egal welche, sind okay.« Es kommt darauf an, dass die Mitglieder einer Gruppe oder eines Teams in Kontakt miteinander sind, dass sie menschlich miteinander in Verbindung stehen – denn davon hängen letztlich gute Ergebnisse ab.

Dabei ist das Team als Team gemeinsam zuständig für die Bearbeitung seiner Themen. Das ist nicht die alleinige Verantwortung der Führungskraft. Jeder hat dazu etwas beizutragen. Und jeder hat dazu Unterschiedliches beizutragen – aus einer professionellen Perspektive, aber auch aus seiner persönlichen Befindlichkeit heraus. Im Team treffen unterschiedliche Sachkompetenzen, aber auch unterschiedliche Charaktere und Temperamente aufeinander. Insofern leisten alle in ihrer Unterschiedlichkeit einen Beitrag. Die Führungskraft hat die andauernde Aufgabe, für diese Unterschiedlichkeit einen Rahmen und eine sichere Basis zu schaffen, damit die Stärken aller Beteiligten auch tatsächlich zusammenspielen können und persönliche Differenzen, wo nötig, geklärt werden.

Wird das Team von allen Beteiligten als sichere Basis empfunden, dann nimmt auch die Qualität des Dialogs im Team zu: In jeder Beziehung, so auch in jeder Arbeitsbeziehung, gibt es Irritationen, Missverständnisse und Interessenkonflikte. In der Sicherheit einer stabilen, dauerhaften Bindung zwischen Führungskraft und Mitarbeitern werden diese leichter zurückgemeldet und gelöst – was wiederum der Qualität der Arbeit zugutekommt.

Beziehungen und Bindungen am Arbeitsplatz sind aber nicht die einzigen »verborgenen Geschäftsprozesse«. In jedem Team gibt es darüber hinaus eine unsichtbare Ordnung.

Jede Gruppe hat eine ganz bestimmte Struktur. In der Regel hat sie eine große Ähnlichkeit mit der Struktur einer Familie – der ersten Struktur, welche die meisten von uns kennenlernen. Das bedeutet, dass in einer Gruppe nicht alle identische oder ähnliche Beziehungen zueinander haben können, sondern dass die Beziehungen in der Gruppe auf eine bestimmte Art und Weise strukturiert sind. Führungskräfte spielen in dieser Struktur in der Regel eine wichtige, weil Struktur gebende Rolle. Wie kommt das?

Menschen sind soziale Wesen. In Gesellschaften entstehen Rangordnungen. Schematisch gesprochen hängt die jeweilige Rangposition davon ab, wie groß der Beitrag des

Einzelnen für die Gesamtheit ist. Wer den größten Beitrag für die Gesamtheit leistet, bekommt von den anderen den höchsten Rangplatz (manchmal »Alpha« genannt) zugewiesen. Derjenige, der den geringsten Beitrag für die Gruppe leistet, bekommt den geringsten Rangplatz zugewiesen. Da sich Gruppen ständig verändern, werden die Ränge häufig neu ausgefochten. Bei Rangplatzkämpfen gibt es übrigens keinen Unterschied zwischen Männern und Frauen. Auch Frauen führen sehr heftige, zuweilen aggressive Rangplatzkämpfe aus. Da wir soziale Wesen sind und uns in sozialen Systemen zurechtfinden müssen, sind Rangplätze etwas Notwendiges.

Es gibt also neben der äußeren hierarchischen Ordnung in jeder Gruppe auch eine innere soziale Ordnung. Beide müssen nicht identisch sein, sondern können voneinander abweichen. So kann es z. B. sein, dass der sogenannte »Alpha«, also derjenige mit dem höchsten sozialen Rangplatz, nicht der formale Vorgesetzte ist. Das führt natürlicherweise zu Konflikten: Der »Alpha« vertritt eher die Interessen der Gruppe, die er führt, also die seiner Kollegen – die Führungskraft dagegen steht für die Interessen der Organisation und der Geschäftsleitung. Das kann zu einem andauernden Spannungsverhältnis führen – muss es aber nicht. Denn es kann sich daraus auch eine Zusammenarbeit entwickeln, dann nämlich, wenn beide ihre jeweiligen Rangplätze akzeptieren, wenn also Respekt entsteht: »Du bist mein Chef und ich respektiere, dass du mein Chef bist.« – »Und ich trete nicht mit dir in Konkurrenz um deinen Rangplatz in der Gruppe.« Wer dieses Wechselverhältnis zwischen unterschiedlichen sozialen Rangplätzen bzw. den daraus resultierenden sozialen Rollen in einer Gruppe und dem Ordnungssystem einer Organisation kennt und klug nutzt, hat ein zusätzliches, sehr wirkungsvolles Instrument zum Führen eines Teams.

> Eine gute Illustration des Prinzips parallel wirksamer Ordnungen sind professionelle Fußballteams: Im Fußball sind Rangplätze für jeden sichtbar und akzeptiert. »Führungsspieler«, von denen es manchmal zwei oder sogar drei geben kann, werden hervorgehoben. Sie haben einen großen Einfluss auf ihre Mitspieler, die sich wiederum dafür einsetzen, dass das Team insgesamt gewinnt. Wenn die Trainer oder die Manager zu diesen Führungsspielern einen guten Kontakt haben, dann können sie über diese Personen das Team wirksam führen.
> Die soziale Ordnung innerhalb eines Teams wird aber nicht nur durch die Leistung und den Beitrag zum Gruppenerfolg definiert. Teams haben außerdem oft auch eine unsichtbare Ordnung, die einer Rangfolge unter Geschwistern ähnelt: Man kann immer wieder beobachten, dass Leute, die möglicherweise gar nicht die großen Leistungsträger sind, dennoch einen hohen sozialen Stellenwert im Team genießen – ganz einfach, weil sie so lange dabei sind. Sie haben viele der jüngeren Team-Mitglieder schon immer begleitet und sind deshalb so etwa wie ältere Geschwister.

Führungskräfte oder auch Mitglieder eines Teams, die dieses Prinzip verstehen, in ihrer Gruppe erkennen und sich entsprechend verhalten, machen sich das Leben sehr viel einfacher. Oft gibt es in Teams unerklärliche Konflikte zwischen hierarchisch gleichrangigen Führungskräften. Wenn man genauer hinsieht, stellt man fest, dass diese Konflikte meist zwischen später Dazugekommenen und älteren Mitgliedern des Teams stattfinden, die schon länger dabei sind. Die Älteren wollen sich von den Jüngeren ungern etwas sagen lassen bzw. sie akzeptieren nicht einmal deren hierarchische Gleichrangigkeit. In der unsichtbaren Geschwister-Reihenfolge – die dem gleichen Chef untersteht und die (nur) der Form nach hierarchisch gleichrangig ist – sind sie die älteren, also höherrangigen Geschwister. Junge Team-Mitglieder, die dieses Prinzip verstehen, können leicht den Test machen: Sie sollten einmal bei einer passenden Gelegenheit einem gleichrangigen, aber älteren Kollegen demonstrativ ihren Respekt bezeugen. Sie werden feststellen, dass das Ergebnis frappierend ist: Es kommt vor, dass die Zusammenarbeit, die bis zu diesem Moment unangenehm und schwierig war, plötzlich sehr viel leichter und produktiver wird. Die Anerkennung der informellen »Geschwister-Rangfolge« kostet wenig – und ist eine extrem wirkungsvolle Intervention.

Eine gute Führungskraft sieht in ihrem Team also nicht nur die Arbeitsteilung und die dazugehörigen Funktionen der Mitarbeiter – also den Mitarbeiter als »Ressource«. Wer ein Team nicht nur managen, sondern die Menschen im Team wirklich führen will, muss seinen Blick auch für die unsichtbare Ordnung im Team schärfen: Rangplätze, informelle Führerschaft, persönliche Eigenheiten und Fähigkeiten. Daraus ergibt sich ein komplexes Wirkungsgeflecht aus Beziehungen, Rollen und Fähigkeiten, die einander überlagern. Erst wer auch die unsichtbare Ordnung im Team kennt, kann alle Beteiligten mit ihren Stärken miteinander wirkungsvoll ins Spiel bringen. Das Ergebnis ist in der Regel viel mehr als die bloße Addition von einzelnen Personen und ihren Fähigkeiten – ein gut geführtes Team wächst über sich selbst hinaus.

2.4 Umgang mit verborgenen Themen und Konflikten

So, wie es in jedem Team unsichtbare Geschäftsprozesse gibt, so wirken in jedem Team übrigens auch verborgene Themen. Eine gute Führungskraft schafft in ihrem Team deshalb bewusst Räume, in denen die unsichtbaren »Nicht-Themen« ausgetragen werden können. Bindung zwischen Führungskraft und Team entsteht auch über das Wissen dessen, was in einem Team unter der Oberfläche geschieht.

Dazu gehört zunächst einmal, das die Führungskraft sich selbst die Zeit zum Beobachten nimmt – sich zurücklehnt, zuhört, sich anschaut, welcher Film im Team gerade läuft. Damit verborgene Themen stattfinden können, kann man neben den normalen Sitzungen, die von einer Agenda gesteuert werden, Konferenzen ohne Agenda einführen. Hier kommen Dinge außerhalb der Tagesordnung zur Sprache: Wie geht es, was läuft, was läuft nicht so gut, wo sind Schwierigkeiten, wo gab es vielleicht eine Kränkung, wo bin ich jemandem auf den Fuß getreten, wo gibt es einen Konflikt? ...

Gespräche über Nicht-Themen oder Flurfunk-Themen dienen der sozialen Hygiene im Team und schaffen Bindung zwischen seinen Mitgliedern. Die verborgenen Themen zu adressieren, gelingt allerdings nur, wenn nicht zu viel Druck im Team ist, Zeitdruck oder Druck durch die Führungskraft.

Mal mehr, mal weniger verborgen sind Konflikte im Team. (Mit den Grundlagen von Konflikten und ihrer Bedeutung in Organisationen beschäftigt sich ausführlich Kap. 8.) Hier muss die Führungskraft nach Lage entscheiden, welche Rolle sie spielen will – mittelbar beteiligt durch Steuerung der Konfliktlage oder die der Schiedsinstanz.

Zu den einfacheren Fällen gehören in der Regel spontan auftretende Konflikte, die z. B. am Konferenztisch hochspringen. Sie sind meist auch am Tisch lösbar. Viel schwieriger zu bearbeiten sind tiefer gehende Konfliktlagen, die hinter den Kulissen stattfinden. Hier hat die Führungskraft eine steuernde Rolle. Gute Führungskräfte haben in solchen Situationen sowohl den Einzelnen im Blick als auch das gesamte Team. Das heißt, ihre Interventionen laufen auf unterschiedlichen Ebenen ab: Sie nimmt einerseits Einfluss auf einzelne Personen, die am Konflikt beteiligt sind, anderseits schaut sie darauf, was dann im System passiert. Es kann sein, dass sie danach auf weitere Personen dieser Konfliktlage zugehen muss und weitere Impulse gibt – und dann wieder schaut, was im Team passiert. Konfliktlösungen finden also sinnvollerweise nicht in offenen Feldschlachten am Konferenztisch statt, sondern in einem Prozess, in dem immer wieder Impulse ins System hineingegeben werden.

Nach Lage können auch externe Berater hilfreich sein, die ohne eigene Anteile am System die Konfliktparteien miteinander in Kontakt bringen, das gegenseitige Verstehen fördern und Vereinbarungen über den zukünftigen Umgang miteinander herbeiführen. Die Botschaft der Führungskraft ist dann: »Ich habe als Führungskraft eine Verantwortung dafür, dass wir den Konflikt lösen, aber ich bin nicht als UNO-Friedenstruppe zwischen euch unterwegs. Die Lösung des Konflikts ist eure eigene Verantwortung – ihr selbst müsst dafür arbeiten. Wir machen euch also ein Angebot, nämlich, dass ihr zusammen mit einer externen Beratung den Konflikt bearbeitet. Danach kommt ihr zu mir und wir schauen, wie weit wir gekommen sind.« Es ist wichtig, dass die Einzelnen ihre Verantwortung für ihre Beziehung zu anderen in der Gruppe kennen und auch behalten. Es ist nicht nachhaltig, zwei Leute an einen Tisch zu setzen und ihnen wie früher im Kindergarten zu sagen: »Ihr vertragt euch jetzt, gebt euch die Hand.« Das wird nicht funktionieren. Vielmehr müssen beide ihre Haltung ändern, damit Bewegung in den Konflikt kommt. Eine Führungskraft achtet darauf, wie sie auf die Beteiligten Einfluss nehmen oder die Rahmenbedingungen verändern kann, sodass sie sich verständigen müssen – ohne ihnen die eigene Verantwortung dafür abzunehmen. Die Führungskraft kann sich nicht an ihrer Stelle auseinandersetzen.

Konfliktlösung im Team ist ein komplexes und sich ständig weiterbewegendes Geschehen. Hier gilt nicht »1 + 1 = 2« – und damit ist das Thema dann erledigt. Vielmehr arbeitet die Führungskraft mit Intuition. Sie sollte eine Nase dafür entwickeln, was als Nächstes das Richtige sein könnte.

In gut funktionierenden Teams und bei guten Führungskräften – wo also eine sichere Basis vorhanden ist und ausreichend Bindungen gepflegt werden – geschieht die Regelung von Konflikten häufig intuitiv und sozusagen nebenbei. Dort, wo es anders ist, stinkt der Fisch in der Regel vom Kopf her – das heißt, die verantwortliche Führungskraft vermag es nicht, für Sicherheit und Bindung zu sorgen.

In jeder Organisation gibt es Teams, die bekannt für häufige Konflikte sind. Wenn man genauer hinsieht, wird man meistens feststellen, dass hier ein Vorgesetzter arbeitet, der z. B. nicht für Respekt sorgt – zum einen, weil er selbst nicht respektvoll gegenüber seinen Mitarbeitern handelt, zum anderen aber auch, weil er nicht dafür sorgt, dass bei den Mitarbeitern untereinander Respekt herrscht. Solche Teams sind für eine Organisation eine Quelle andauernden Ärgers. Oft hilft es nur, die entsprechende Führungskraft von ihrer Position zu entfernen.

> Eine Führungskraft berichtet davon, wie schwierig, langwierig und frustrierend die Lösung eines solchen Problems sein kann: »Drei Jahre lang habe ich versucht, einen Teamleiter, der nach alter Gutsherrenart herrschte, von seinem Posten zu entfernen. Er konnte Dinge wie Bindung und Sicherheit in seinem Team nicht etablieren, weil er selbst keinen Sinn dafür hatte, weil er selbst anders dachte, fühlte und handelte. Er sorgte weder für Respekt noch für Zusammengehörigkeit. Das alles hat ihn überhaupt nicht interessiert. Dann ist er endlich in den Ruhestand gegangen und eine neue Führungskraft hatte die Chance, im Team eine andere Kultur einzuführen.«

Man sieht einem Team von außen an, wie die verantwortliche Führungskraft arbeitet. Häufig wiederkehrende Konflikte und Probleme haben in aller Regel und zuallererst mit den Führungskräften selbst zu tun. Eine gute Führungskraft ist in der Lage, eine gute Mischung und eine Balance im Team herzustellen. Bei einer schlechten Führungskraft wird es immer wieder knallen und Verluste geben.

2.5 Klare Kante – konfrontieren statt kritisieren

Eine Führungskraft muss klar und ehrlich sein, wenn es um Dinge geht, die nicht verhandelbar sind. Es ist richtig und in Ordnung, wenn sie sagt: »Darüber kann ich mit Ihnen nicht verhandeln. Das bitte ich Sie zu akzeptieren und zu tun.« Führungskräfte schwächen sich enorm, wenn sie dauernd daran denken, was Mitarbeiter enttäuschen oder ärgern könnte. Führung kostet auch Mut. Entscheiden kostet Mut. Es ist enorm wichtig, dass Führungskräfte lernen, Entscheidungen zu treffen, und nicht nur daran glauben, dass sie alles auf kooperative Weise oder über Verhandlungen regeln können. Vor einer Entscheidung sollten sie alle Argumente gehört haben. Aber dann gehört es zu ihrer Rolle, dass sie aus ihrer eigenen Verantwortung heraus eine Entscheidung treffen. Das verleiht wiederum ein hohes Maß an Sicherheit – ihnen selbst, aber auch ihren Mitarbeitern: Eine klare Haltung, eine klare Entscheidung, auch im Konflikt zum Team, bekommt die Führungskraft als Respekt und Anerkennung doppelt zurück. Die Wirkung von Klarheit und Ehrlichkeit ist manchmal erstaunlich.

Klarheit in der Haltung sollte eine Führungskraft dabei nicht verwechseln mit zerstörender Kritik. Es gibt einen Unterschied zwischen Kritisieren und Konfrontieren. Kritik ist häufig verbunden mit Vorwürfen und Abwertung. Bei den meisten Menschen ist sie mit negativen Gefühlen verbunden. Professionelles Konfrontieren ist etwas völlig anderes: »Konfrontieren« bedeutet nicht »streiten«, sondern »Front machen« – sich einander gegenüberstellen. »Ich stelle mich dir. Und ich bitte dich, dass du dich mir stellst.« Es geht um eine respektvolle Konfrontation, die nach Möglichkeit aus einer Bindung heraus geschieht.

Vorhandene Bindungen sind wie feines Porzellan – sie zerbrechen sehr leicht. Manchmal reicht dafür ein einziges abwertendes Wort und sofort entsteht ein Bruch. In unserer Gesellschaft, in Firmen und auch in Familien gibt es ein hohes Maß an abwertender Kommunikation. Es wird nicht in einem konstruktiven Sinne kritisiert – respektvoll »konfrontiert« – sondern man lästert über andere bis hin zum Rufmord. Man wertet in Gesprächsrunden andere Leute ab. Man redet vor anderen abschätzig über seinen eigenen Chef. Diese Abwertungsstrategien sorgen dafür, dass entweder gar keine Bindung entstehen kann oder dass sie dort, wo es sie gab, abgebrochen wird. Konflikte entstehen erst dort, wo Bindungen unterbrochen sind. Solange die Beteiligten im Kontakt zueinander stehen, haben sie vielleicht Meinungsverschiedenheiten oder unterschiedliche Interessen, aber noch lange keinen richtigen Konflikt. Meinungsunterschiede können wir auf eine gute Weise austragen. Ist aber die Bindung unterbrochen, dann gibt es einen Machtkampf: Jeder will den anderen durch irgendein Argument überzeugen, weil er glaubt, dass dieser die schlechteren Argumente hat. So funktioniert abwertende Kommunikation. Dabei ist es einfach, Bindung innerhalb kürzester Zeit auch wieder neu entstehen zu lassen. Meistens hilft schon, wenn einer der Beteiligten sagt: »Es tut mir leid, ich glaube, ich habe dich gerade verletzt oder gekränkt. Das wollte ich nicht, das ist mir so rausgerutscht.«

Professionelles Konfrontieren bedeutet, dass man sein Gegenüber nicht als Person bewertet, sondern mit beobachtbarem Verhalten konfrontiert: »Ich habe das und das gesehen, ich habe das und das gehört oder gelesen.« Es kann durchaus wirkungsvoll sein, dass man sich dazu auch persönlich äußert: »Das hat die und die Gefühle bei mir ausgelöst ...«, »ich habe mich darüber geärgert« oder »ich war enttäuscht«. Auch das erfordert wieder Mut, denn die Führungskraft exponiert sich – mit einer Ich-Botschaft – als Person. Wichtig ist, dass dann der nächste Schritt kommt: »Ich möchte in Zukunft das und das. Ich möchte, dass wir das neu überlegen oder neu formulieren.« Von der Konfrontierung mit einem Tatbestand gibt es einen Übergang zu einer neuen Zielsetzung und damit zu zukünftigem Handeln. Neues Spiel, neues Glück.

Es gibt Menschen, denen es leichtfällt, zu konfrontieren. Und es gibt andere, für die ist es eine Lernherausforderung, zu sagen, was passiert ist und was sie stattdessen gerne haben möchten – aus dem Dunst von Verärgerung und Bewertung herauszutreten und auf die Fakten zu schauen: Was habe ich gesehen? Was habe ich gehört? Ihnen kann es helfen, wenn sie sich auf derartige Gespräche vorbereiten und sich vorher überlegen, was sie sagen wollen. Denn auch Konfrontieren kann man lernen und trainieren.

2.6 Die Bedeutung von persönlicher Autorität

Es lässt sich immer wieder beobachten, dass Menschen ganz einfach und selbstverständlich anderen Menschen folgen. Diese fordern nicht etwa Gefolgschaft ein, sondern sie besitzen eine natürliche persönliche Autorität. Oft hat das mit der Sache oder mit ihrer fachlichen Kompetenz gar nicht viel zu tun. Es ist einfach eine Fähigkeit. Aber was für eine Fähigkeit ist Autorität eigentlich?

Das ist schwer zu erklären. Wahrscheinlich sind es mehrere Komponenten:

Die Person kann das Schutzbedürfnis anderer befriedigen: Das beginnt mit der Körpersprache: Stimmlage und die Art und Weise, wie jemand spricht, das Aussehen und die Körpergröße haben einen Einfluss. Ist jemand kräftig und stabil, steht er fest auf der Erde? Körpersprache vermittelt sehr viele Botschaften im Hinblick auf Verunsicherung oder Sicherheit.

Die Person ermöglicht Vertrauen: Zwar weiß auch sie nicht immer, wie Dinge funktionieren, aber sie geht ehrlich damit um. Ehrlichkeit paart sich bei ihr mit Zuversicht: Vielleicht läuft etwas schief und die Beteiligten haben Angst. Sie verspricht: Das ist lösbar, das kriegen wir hin. Intuitiv fühlt man sich bei dieser Person gut aufgehoben.

Das mag eine Annäherung an den Begriff der persönlichen Autorität sein. In jedem Fall ist hier sehr viel unbewusste und nonverbale Kommunikation mit im Spiel. Man könnte auch sagen: Natürliche Autorität ist etwas Magisches, hat ein Geheimnis.

> Fast jeder hat als Kind Bilder von persönlicher Autorität gespeichert, aus einer Zeit, in der man für die Autorität von Älteren sehr empfänglich ist. Hier ist eine solche Kindergeschichte, die das Wesen persönlicher Autorität gut illustriert: »Ich war in einer katholischen Jugendgruppe der Pfarrei. Am Wochenende sind wir oft mit der Straßenbahn bis zur Endhaltestelle gefahren und sind von dort aus gewandert. Über Nacht haben wir dann auf der Wiese eines Bauern oder in der Nähe eines Baches Zelte aufgeschlagen. Eines Tages, an einem Sonntag, haben wir uns auf dem Heimweg verirrt. Es hatte den ganzen Tag und die Nacht vorher geregnet und mittlerweile war es schon dunkel geworden. Alle merkten, dass wir uns verlaufen hatten, dass wir nicht mehr auf dem richtigen Weg zur Haltestelle waren. Man spürte richtig, wie bei allen die Angst hochkroch. Da blieb dieser junge Mann, der unser Leiter war, stehen und sagte: ›Kommt mal her. Wir haben uns verlaufen. Aber ich verspreche euch, ich bringe euch heute Abend sicher nach Hause‹. Ganz einfache Worte. Und da merkte ich, wie die ganze Angst plötzlich wegging. Wir haben natürlich nach kürzerer Zeit auch jemanden gefunden, der uns den Weg gezeigt hat.« Solche Erlebnisse können dann zu inneren Modellen für persönliche Autorität werden – dafür, wie man als Erwachsener Menschen führt, für die man Verantwortung übernommen hat.

Nun kommt es aber häufig vor, dass jemand, der eine unbestrittene Autorität als Fachmann ist, eine Führungskraft wird – und plötzlich seine Autorität verliert. Was passiert da?

Hier kommt das Thema »Rolle« ins Spiel: In der neuen Situation hat nicht mehr die *fachliche Rolle* die entscheidende Bedeutung, sondern er hat eine andere Rolle, eine *Führungsrolle* übernommen. Es wird also ein Rollenwechsel notwendig.

Ein Rollenwechsel ist ein enorm wichtiger und für viele sehr schwieriger Lernprozess (Einzelheiten dazu in Kap. 5 »Entwicklung der Führungspersönlichkeit«). Wenn die Person der Fachmann bleibt, der sie in ihrer alten Rolle war, und versucht, dies in der neuen Führungsrolle weiter zu leben, dann verliert sie ihre persönliche Autorität als Chef. Natürlich muss ein Chef wissen, worum es geht. Aber er muss nicht der beste Fachmann sein.

Der Rollenwechsel impliziert eine Veränderung der inneren Einstellung: In der neuen Rolle ist die Person ein Lernender. Nicht umsonst spricht man von den ersten 100 Tagen – man muss erst ein Gefühl für die neue Rolle bekommen. Die Frage ist: Wie präsentiere ich mich in meiner neuen Rolle? Präsentiere ich mich gegenüber erfahrenen Leuten als Lernender und ermögliche damit vielleicht auch das Entstehen von Sympathie, weil ich von ihnen lernen möchte? Oder tue ich so, als wäre ich schon der Fachmann für Führung, der ich im ersten Moment in einer neuen Umgebung noch gar nicht sein kann? Das durchschauen Menschen relativ schnell.

Wie gewinnt man also durch eine stimmige persönliche Autorität die Herzen der Leute? Persönliche Autorität entsteht auch durch Glaubwürdigkeit in der Rolle. Sie entsteht im Kontext einer Vielzahl von Bedürfnissen im Team, durch bewussten Umgang mit den eigenen Einstellungen und dem eigenen Verhalten, in ständigen Rückkopplungsprozessen zwischen Führungskraft und Mitarbeitern.

2.7 Fünf Kriterien für gute Teamführung

Ein Team zu schmieden, das mehr ist als eine Addition von Individuen, ist ein Dauerprozess. Kein Team ist stabil, denn immer wieder kommt jemand neu hinzu und jemand anderes verlässt das Team. Auf fünf Dinge kommt es an, wenn man aus einer Gruppe ein Team schmieden will:

- **Gemeinsame Ziele:** Was haben wir vor? Eine Profimannschaft will das Spiel gewinnen. Das ist unser gemeinsames Ziel. Und wehe, wenn es Saboteure gibt oder wenn jemand nicht richtig mitmacht. Das bekommt die Mannschaft schnell raus. Das Ziel muss dabei natürlich erreichbar sein.
- **Gegenseitiger Respekt:** Es gibt nichts Zerstörerisches zwischen Menschen als mangelnder Respekt, gegenseitiges Sich-abwerten, die anderen nicht ernst zu nehmen, die Unwahrheit zu sagen.
- **Das Gefühl von Zusammengehörigkeit:** Zusammengehörigkeit ist ein angeborenes Bedürfnis, das wir im Idealfall als Kind in der Familie erleben konnten. Zusammengehörigkeit muss in einem Team immer wieder neu erzeugt werden.
- **Teamführung:** Ein Team zu führen, ist nicht dasselbe wie das Führen von Einzelpersonen. Hier kommt es auf Wechselwirkungen an und auf gemeinsame Prozesse.
- **Problem- und Konfliktlösung:** In jedem Team gibt es ständig Probleme und Konflikte. Eine Führungskraft gibt Lösungen nicht vor, sondern erarbeitet sie immer wieder mit den Mitgliedern des Teams. Sie hört darauf, wie sich die Team-Mitglieder eine Lösung vorstellen.

Letztlich erfordert Führen eine eigene Expertise. Führen ist ein Beruf.

3 Die Kultur einer Organisation

Was ist die Kultur einer Organisation? Zunächst ist das ein abstrakter und diffuser Begriff. Er hat zahllose Berater dazu verführt, Unternehmen im Detail zu analysieren: Welche Elemente machen ihre Kultur genau aus? Was sind ihre destruktiven Teile, was ihre positiven? Wie kann man ihre Kultur verändern?

Eine genaue Analyse hat gewiss ihren Wert – aber sie taugt nicht für die Arbeit mit Führungskräften. Als Berater von Führungskräften braucht man eine Definition, die in der Praxis anwendbar ist, indem sie etwas über das Verhalten von Menschen in Organisationen sagt.

Als in der Praxis brauchbar hat sich folgende Definition erwiesen: Die Kultur einer Organisation ist ein Set typischer Verhaltensabläufe, die in bestimmten Situationen stimuliert werden und dann gewohnheitsmäßig, geradezu selbstverständlich und meist unreflektiert vollzogen werden. Sie ist sozusagen der Autopilot einer Organisation.

> Bei der Betrachtung von Unternehmenskulturen fällt auf, dass sie sehr stabil und schwer veränderbar sind. Sehr oft sind sie geprägt von den Pionieren der Organisation, die ein bestimmtes Produkt hatten oder eine bestimmte Idee, wie dieses Produkt in den Markt gebracht werden kann. In vielen Firmen ist das inzwischen lange her – aber die Kultur bewahrt diese Geschichte der Organisation auf: Nixdorf gehört schon seit Jahrzehnten zu Siemens – und trotzdem trifft man dort immer noch Menschen, die von Nixdorf sprechen. Oder Fußballvereine: Beim 1. FC Köln könnte man alle Gebäude abreißen, den Vorstand entlassen, die Spieler auswechseln und das Ganze mit neuen Spielern und einem neuen Management neu aufbauen – es bliebe immer noch der 1. FC Köln.

Die Erinnerung – und damit die Kultur – wird durch das Erzählen von Geschichten überliefert und immer wieder neu gefestigt: Die Menschen erzählen sich Geschichten von früher, was damals geschah und was früher wichtig war. Die Neuen werden durch diese Geschichten in die Kultur eingeführt und in sie aufgenommen. Dadurch entsteht kulturelle Stabilität. Deren Kehrseite ist übrigens das Risiko, dass sie irgendwann in Gegensatz gerät zu den Anforderungen der Umwelt – dann geht das Unternehmen unter.

Natürlich sind es nicht nur Geschichten, die Kultur transportieren, sondern es sind auch konkrete Verhaltensweisen: Jungen Leuten, die neu in ein Unternehmen kommen, wird kaum jemand Vorträge über die Vergangenheit und die Kultur des Hauses halten. Sie beobachten bei den Älteren, was hier üblich ist und was nicht. Wie machen die es? Wie verhalten sie sich in bestimmten Situationen? Wie reagieren sie hier und wie da? Aus diesen Beobachtungen übernehmen die Jüngeren die für sie passenden Anteile in ihr eigenes Verhalten. Anhand dessen, was man im Zuge seiner Sozialisierung in einem solchen Organismus lernt, könnte man wohl alle Merkmale der dort herrschenden Kultur beschreiben. Kultur bildet sich also auch am Vorbild der älteren und erfahrenen Kollegen. Dazu kommen dann gewiss noch die Geschichten und die Mythen, die jede Organisation hat. An ihnen wärmt man sich auch noch viele Jahre später, auch wenn sie in der Gegenwart gar keine aktive Rolle mehr spielen.

3.1 Kulturelle Merkmale von Organisationen

Wenn die Kultur einer Organisation so etwas wie ihre DNA ist, die deren Autopiloten steuert, dann hat sie eine sehr große Bedeutung – und Führungskräfte sollten sie gut kennen.

Es gibt **eine Reihe von kulturellen Merkmalen einer Organisation**, die man beobachten kann:

- **Was ist das in der Firma erfolgreiche Verhalten?** Wofür werden Mitarbeiter befördert und wofür nicht? Dafür, dass jemand sich z. B. nach oben hin besonders gut anpasst? Dafür, dass jemand ein exzellenter Ingenieur ist? Oder dafür, dass er einer bestimmten Partei angehört? Es gibt Behörden, in denen ändern Mitarbeiter bei einem politischen Wechsel an der Spitze um ihrer Karriere willen ihre Parteizugehörigkeit. Welches Verhalten erfolgreich ist, spricht sich in der Firma herum.
- Wie geht das Unternehmen mit **Geld** um? Gibt es Aufstiegsmöglichkeiten, die mit Geld verbunden sind? Gibt es eine eigene Karriere für Menschen, die fachlich kompetent sind, aber nicht in der Hierarchie weiterkommen – fördert man sie und werden sie für ihr Spezialistenwissen besonders bezahlt?
- Wie geht ein Unternehmen mit **Macht** um – mit vertikaler Macht in der Organisation, aber z. B. auch mit der Macht zwischen Zentral- und Außenstellen?
- Welche **Rituale** sind zu beobachten, an die man sich zu halten hat, will man nicht gegen die guten Sitten des Unternehmens verstoßen?
- Wie geht das Unternehmen mit **Risiken** um? Ist es bereit, Menschen zu unterstützen, die Risiken eingehen? Oder muss vorher nach Möglichkeit alles genau ausgerechnet werden?
- Wie geht das Unternehmen mit **Querdenkern** um? Behandelt man sie als Störenfriede? Oder heißt man sie willkommen, weil sie vielleicht zu neuen Geschäftschancen beitragen?
- Wie geht man in der Firma mit **Misserfolg** um? Was passiert, wenn z. B. ein Projekt nicht erfolgreich war, abgebrochen wird, wenn eine Strategie nicht funktioniert?

- Wie geht ein Unternehmen mit **schlechten Nachrichten** um – mauert es oder klärt es auf? Und wie geht es mit langanhaltenden Krisen um – defensiv oder offensiv?
- Wie ist der Umgang mit **Konflikten**? Kehrt man sie unter den Teppich und leugnet sie? Oder werden sie offensiv gelöst?
- Wie steht es mit **Anerkennung und Kritik**? Wie wird kritisiert – konstruktiv oder destruktiv, herabsetzend, abwertend?
- **Wie wählt eine Firma Mitarbeiterinnen und Mitarbeiter aus?** Hat man ein systematisches Auswahlverfahren etabliert oder sucht man eher nach Gefühl – und im Ergebnis solche, die ähnlich sind und zu den Führungskräften oder zur Organisationskultur passen?
- Wie geht man in der Firma mit **Betriebsräten oder Personalräten** um? Hält man sie für überflüssig oder werden sie als wichtiges Instrument zur Vertretung des Personals geschätzt?
- Wie geht die Organisation mit **Kunden** um? Schätzt man sie oder stören sie eher? Wie mit **Politikern**, die z. B. bei regional orientierten Betrieben eine besondere Rolle spielen? Und wie mit der **Konkurrenz** – wird sie bekämpft, soll sie ausgetrickst, gar vernichtet werden oder orientiert man sich an ihr? Respektiert und ehrt man sie, weil sie auch einen guten Job macht?
- Was sagt schließlich der **äußere Auftritt** über die Kultur eines Unternehmens – wie wirken Gebäude und wie die Außendarstellung z. B. in Prospekten, im Netz oder durch einen Messestand?

In all diesen Dingen manifestiert sich die Kultur eine Organisation. Führungskräfte sollten diese Merkmale kennen und sie bewusst beobachten, denn in diesem Kontext spielt sich ihre Arbeit ab. Wie sie ihre Arbeit tun, das hat gleichzeitig großen Einfluss auf diese Kultur. Und ggf. gehört es auch zu ihren Aufgaben, die Kultur ihrer Organisation zu verändern – um die Ziele der Organisation beser zu erreichen und ihre Zukunft zu sichern.

3.2 Bilder schaffen Bindung

Wie geht eine Führungskraft mit der Kultur um, die sie im Unternehmen vorfindet? Wie kann sie wirkungsvoll in dieser Kultur handeln, wie kann sie Einfluss nehmen auf etwas, das sich vordergründig gar nicht so deutlich zeigt?

Vielleicht kann man die Kultur eines Unternehmens mit ihren Merkmalen beschreiben oder zum Teil sogar berechnen. Was eine Führungskraft für ihre Arbeit aber vor allem braucht, ist ein *Bild* von der Kultur ihres Unternehmens: Ein Bild, wie die Organisation ist und ein Bild, wie sie vielleicht sein sollte. Bilder kann man sich erzählen. Man kann sie abspeichern. Man kann sich an ihnen orientieren. Bilder sprechen unsere Herzen und unsere Kreativität an. Willy Brandt hat einmal ein Bild für Deutschland geprägt: »Wir wollen gute Nachbarn sein, nach innen und nach außen.« Das ist die Art von Bildern, die eine Kultur beschreiben und beeinflussen können. Solche Bilder stiften für alle Beteiligten Sinn und Zusammenhalt.

In unserem marktrationalen System wird das, was Kultur ausmacht, häufig wenig beachtet. Man könnte es als das Weibliche beschreiben – im Sinne des weiblichen Anteils in jedem Menschen: schützend, fürsorglich, integrierend, zusammenhaltend, Verbundenheit herstellend, respektvoll, wertschätzend, dankbar für Mitarbeit.

> Berater sind darauf trainiert, zu beobachten und schnell zu merken, wie die Kultur einer Organisation ist: »Ist es dort, wo ich hinkomme, emotional warm oder eher kühl? Ich habe mir angewöhnt, mich bei einem neuen Kunden nicht gleich an der Rezeption zu melden, sondern mich erst einmal hinzusetzen und die Situation auf mich wirken zu lassen ... Wie ist der Empfangsbereich eingerichtet – freundlich oder eher sachlich? Wie kommen die Leute rein, wie gehen sie raus? Werden sie am Tresen bedient? Heißen mich die Personen am Empfang willkommen oder eher nicht? Helfen sie mir, den Weg zu finden, wenn er kompliziert ist? Ich will emotional erfassen, wie das Gebäude ist, wie sich die Menschen in diesem Gebäude bewegen und was das über die Kultur sagt, die hier herrscht.« Wenn man seine Sinne dafür erst einmal geschärft hat, stellt man fest: Es gibt sehr große Unterschiede in Organisationen, von sehr freundlich bis eiskalt und unpersönlich. Das hat man in Bruchteilen von Sekunden erfasst. Und es ist vielleicht genau das, was eine gute Unternehmenskultur ausmacht – dass man intuitiv erfasst: Hier geht es freundlich zu.

Bei der Kultur einer Organisation geht es im Kern wieder um Bindung. Sie ist es, die unterschiedliche Menschen in ganz unterschiedlichen Rollen und Funktionen in einem Unternehmen zusammenhält. Weil sie die Kultur der Organisation miteinander teilen, können sich die Leute aufeinander verlassen. Oder, um es auch hier mit einem Bild zu sagen: Die Kultur einer Organisation ist wie ein unsichtbarer Kokon um ein Unternehmen herum, in dem sowohl formelle als auch informelle Prozesse dafür sorgen, dass die Mitarbeitenden ein gemeinsames Verständnis von dem haben, was sie im Unternehmen tun. Alle Beteiligten kommen mit ihren unterschiedlichen Hintergründen zur Arbeit. In der Organisation begeben sie sich in deren Kultur und verhalten sich – meistens, nicht immer – wie diese es von ihnen erwartet.

Das Modell einer Organisationskultur ist insofern eine Ergänzung der harten, betriebswirtschaftlichen Modelle, die in einem Unternehmen ebenso notwendig sind: orientierende Kriterien wie Ziele, Wachstum, qualitative und quantitative Entwicklung. Ein Unternehmen braucht auch ein gutes Management und nicht nur Menschen, die gut mit der Unternehmenskultur umgehen können.

3.3 Dysfunktionale Kulturen

Die Kultur einer Organisation hat einen wichtigen Anteil an ihrem Erfolg. Es gibt aber natürlich auch dysfunktionale Organisationskulturen. Da Kulturen vielfältig und weitgehend unsichtbar sind, ist es nicht einfach, ihren dysfunktionalen Anteilen auf die Spur zu kommen.

Ein Berater, der mit den Führungskräften eines Unternehmens arbeitet, ist zunächst auf Hypothesen angewiesen:

- Eine Hypothese dafür, warum eine Organisation nicht gut funktioniert, könnte beispielsweise sein, dass die Mitarbeiter qualitativ und quantitativ mehr Anerkennung brauchen. Man hört dann Sätze wie: »Stimmt, ich arbeite wie ein Verrückter, aber mein Chef anerkennt das überhaupt nicht. Der ist relativ gleichgültig mir gegenüber. Ich verdiene zwar so viel Geld, dass ich damit meine Familie ernähren kann, aber ...«
- Eine andere Hypothese könnte sein, dass die Rollen im Unternehmen nicht geklärt sind oder dass sie nicht eingehalten werden. In solchen dysfunktionalen Kulturen ist es üblich, dass die Strukturen, die im Organigramm stehen, nicht gelebt werden, weil ständig jeder jede Ebene überspringt. Hier wäre zu klären, in welchen Strukturen und Rollen eigentlich gearbeitet werden sollte. Vielleicht ist ja auch das Organigramm falsch.
- Eine weitere Hypothese könnte sein, dass in der betreffenden Kultur Ideen und kreatives Verhalten unerwünscht sind: Was passiert, wenn Mitarbeiter mit ungewöhnlichen Ideen kommen? Trauen diese sich überhaupt, kreative Ideen zu äußern? Oder geht alles nach Schema F, sodass Kreativität und Innovation keine Chance haben?

Das Gemeinsame an diesen drei beispielhaften Hypothesen bei der Suche nach Elementen einer dysfunktionalen Kultur ist, dass sie dieselbe Frage stellen: Wonach herrscht in der Organisation der größte Hunger? Worin besteht der größte Mangel?

Indem er Steine ins Wasser wirft und Reaktionen beobachtet, kann der Berater seine Hypothesen in Bezug auf die Kultur einer Organisation verifizieren oder verwerfen. Hat er herausgefunden, wo der Hund begraben liegt, beginnt die eigentliche Arbeit: Kultur bewusst zu machen und ihre dysfunktionalen Anteile zu verändern.

3.4 Die Kultur einer Organisation verändern

Kulturen von Organisation sind langlebig und stabil. Sie sind Geschichte und kollektives Gedächtnis der Beteiligten und sie lassen sich nicht per Dekret oder durch gemeinsamen Beschluss ohne Weiteres verändern. Berater und Führungskräfte schauen deshalb auf der Suche nach dysfunktionalen Anteilen einer Organisationskultur nach dem größten Mangel in einer Organisation. Aus diesem entsteht die Forderung nach einer Kulturveränderung, danach, den Mittelpunkt einer Kultur zu verschieben. Diese Forderung wird in der Regel von der Mehrheit der Beteiligten, die gut mit dem Status Quo leben, nicht geteilt. Der Wunsch nach Veränderung in Organisationen entsteht bei einer kritischen Masse von Beteiligten erst durch Mangel, Not und daraus resultierendem Druck von außen oder von innen (vgl. Kotter 2011 – »burning platform«).

Wie kann man also eine Kultur beeinflussen, die dysfunktional geworden ist? Wo setzt eine Führungskraft an, die erkennt, dass es im Unternehmen so nicht weitergehen kann? Die aber gleichzeitig erkennt, dass sie sich im Kokon einer gewachsenen Kultur befindet, in dem sich die meisten der Beteiligten gut zurechtfinden und wohlfühlen?

Wenn sie am Mangel ansetzt, dann muss sie zunächst fragen und zuhören: Was vermissen die Mitarbeiter? Welchen Dingen trauern sie nach? Aus dem, was Mitarbeitern in ihrer Kultur fehlt, kann man die Dynamik eines Kulturtransfers für bestimmte Merkmale einer Organisationskultur entwickeln. Externe Berater können dabei helfen, ein bestimmtes Kulturmerkmal wie z. B. Wertschätzung oder das Konzept von Bindung in einer bestehenden Kultur zu etablieren.

Wenn man einen solchen Prozess in Gang setzt, erlebt man immer wieder, dass einige das sehr dankbar aufgreifen, dass Dinge anfangen, anders zu funktionieren, dass neue Spuren gelegt werden. In der Organisation beginnt ein Gespräch darüber, wie wichtig das Engagement für und die Bindung an Ziele ist. Oder wie wichtig es ist, in Projekten zusammenzuarbeiten und die Rivalitäten zwischen verschiedenen Abteilungen wenigstens für diesen Zeitraum beiseite zu lassen. Aus solchen Erfahrungen entsteht eine Kulturveränderung.

Um solche Prozesse in Gang zu setzen, arbeiten Berater beispielsweise mit Rollenspielen: Jemand übernimmt die Rolle des Chefs und die anderen sind in dieser Szene die Mitarbeiter. Sie erzählen dem fiktiven, also ungefährlichen Chef in aller Offenheit, welchen Führungsstil sie von ihm erwarten. Dieser hört sich das an und macht sich Notizen, nimmt aber nicht Stellung. Es kommt vor, dass einige Teilnehmer, die z. B. in ihrem Alltagsleben selbst Führungskraft sind, es nicht ertragen, dass derartige Erwartungen – oder eigentlich: Forderungen – an sie gerichtet werden. Sie beginnen sofort, zu rechtfertigen, warum dieses oder jenes nicht geht. Andere zeigen ein höheres Maß an Gelassenheit. Sie hören sich an, was gesagt wird, und versuchen herauszufinden, was den Mitarbeitern fehlt. Sie wollen in der Gemeinschaft, für die sie da sind und in der sie arbeiten, einen gemeinsamen Lernprozess starten. Ein solches Rollenspiel ist ein Beispiel dafür, wie man die Bedürfnisse in einer Organisation in Bezug auf Führung, auf Zusammenarbeit und auf das Zusammenleben der Beteiligten herausfinden kann – als erster Schritt einer Veränderung der Kultur.

Es ist allerdings häufig auch der Fall, dass in der Organisation überhaupt kein Mangel empfunden wird. Die Mitarbeiter schätzen die Dinge, wie sie sind. Da draußen aber hat sich die Welt verändert und stellt andere Erwartungen an die Organisation. Wie können Führungskräfte ihre Mitarbeiterinnen und Mitarbeiter trotzdem dazu bewegen, sich auf Veränderungen einzulassen?

Man kann es auf die sachliche Art versuchen: Zahlen, Fakten, rationale Argumente, warum es wichtig ist, sich mit der Notwendigkeit von Veränderungen – und auch der Veränderung der Unternehmenskultur – zu befassen. Meist ist das nicht sehr erfolgreich. Argumente nerven – sie aktivieren nicht. Hier können externe Berater eine gute Rolle spielen, wenn sie das Mandat haben, zu provozieren: »Eigentlich solltet ihr genauso weiterarbeiten wie bisher, das hat doch gut funktioniert. Warum etwas verändern?« Oder: »Ihr vermisst Anerkennung, sagt Ihr. Aber es ist doch nichts passiert: Ihr seid immer noch da und kriegt euer Geld. Wo ist das Problem?« Oder: »Ihr sagt, die Strukturen seien unklar, Entscheidungen dauerten zu lange. Gut, aber bisher habt ihr das Chaos doch auch überlebt, oder? Also macht doch einfach weiter.« Ein Berater kann so lange provozieren, bis Protest entsteht. Widerstand aktiviert – und daraus entsteht die Bereitschaft, über Veränderungen nachzudenken und darüber miteinander ins Gespräch zu kommen.

Was geschieht, wenn Organisationen in eine Krise geraten?

Die Verantwortung von Führungskräften ist es – ganz allgemein gesprochen – in einer Situation von immerwährender Unsicherheit für Sicherheit zu sorgen. In einer Krise gehört zu dieser Verantwortung, dass ein Chef – ob Besitzer einer Firma oder ein verantwortlicher Manager – seinen Leuten klar sagt: »Was wir zurzeit tun, funktioniert nicht mehr. Der Absatz geht runter, die Zahlen sind schlecht, bald werden wir Leute entlassen müssen. Wir müssen jetzt anfangen, etwas anders machen. Das ist ungewohnt, das tut weh. Das bricht mit ganz vielem, was wir hier gemacht haben. Aber es ergibt einen Sinn, denn daraus ergeben sich neue Chancen und das Unternehmen kann sich wieder stabilisieren.« Das ist eine einfache Botschaft, die jeder verstehen kann. Wenn die Toilette brennt, sollte man nicht sitzen bleiben.

Das Gefühl der äußeren Krise übersetzt sich in der Organisation für viele in eine innere, in eine persönliche Krise. Bestimmte Jobs werden nicht mehr gebraucht, neue entstehen. Was macht man mit Menschen, die in ihren alten Positionen nicht mehr gebraucht werden und in den neuen auch nicht? Wird es betriebsbedingte Kündigungen geben? Der Umgang mit Befürchtungen ist eine große Herausforderung für alle Ebenen des Unternehmens.

Es ist viel verlangt, die Konflikte, die sich daraus ergeben, anzunehmen oder die Schmerzen, die damit verbunden sind, gar zu mögen. Aber genau das ist die Aufgabe. Es gibt in jeder Organisation einige Menschen, die das aufgrund ihrer Persönlichkeitsstruktur können. Die in Krisenzeiten für Zuversicht und für Lösungen stehen. Sie werden im nun beginnenden Veränderungsprozess eine Schlüsselrolle spielen, weil sie den anderen Sinn vermitteln: Veränderung ist notwendig und kann funktionieren.

Veränderungsprozesse haben mit einer Unzahl praktischer Fragen zu tun – aber eben ganz wesentlich auch mit der Kultur einer Organisation, die sich nicht ohne weiteres von A nach B transportieren lässt. Kulturveränderung ist das Bohren von dicken Brettern. Man braucht dazu viel Ausdauer, Geduld und Zeit.

Womit sich die Frage nach dem notwendigen Tempo von Veränderungen stellt: Wie viele große Unternehmen z. B. in der IT-Branche sind in den vergangenen 20 Jahren sang- und klanglos verschwunden, weil sie die Notwendigkeit der Veränderung zu spät erkannt haben und – man könnte auch sagen: aus Gründen, die in ihrer Kultur lagen – zu lange geleugnet haben? Wenn Veränderungen zu lange hinausgezögert werden, droht der Zusammenbruch, eine Disruption bis hin zur Pleite.

> Oft sind es die Gründer und Besitzer, die sich bis zuletzt dagegen sperren, ein Modell aufzugeben, das zu seiner Zeit brillant war – inzwischen aber nicht mehr funktioniert. Ein Berater erinnert sich an eine Firma, die große Computer für Behörden baute. Irgendwann aber besaßen die meisten Behörden diese riesigen Apparate. Junge Führungskräfte in der Firma sagten: »Warum bauen wir jetzt keine Personal Computer? Andere machen das, warum nicht auch wir?« Ihr Chef, der Eigentümer der Firma, sperrte sich jahrelang gegen diese Idee. Irgendwann stand das Unternehmen kurz vor dem Konkurs und der Mann war nicht mehr tragbar. Man gründete dann eine Stiftung und er wurde Chef dieser Stiftung. In die Firma selbst kam ein neues Management und hat andere Organisations- und Produktionsstrukturen aufgebaut. Die Firma begann, neue Produkte herzustellen.
> So kann der Schöpfer und Eigentümer eines Unternehmens selbst zur größten Gefahr für seine Firma werden. Oft sind die Unternehmensführungen das eigentliche Problem, weil sie nicht loslassen können.

Andererseits lassen sich Veränderungen, deren Notwendigkeit einmal erkannt wurde, auch nicht beliebig schnell durchsetzen. Zwischen Veränderungsdruck und Kulturträgheit ist das Timing entscheidend.

Organisationskulturen verlangsamen Veränderungen. Ist die Notwendigkeit einer Veränderung aber erst einmal erkannt, dann wird in vielen Betrieben plötzlich auf das Tempo gedrückt. Dahinter liegt die Illusion, dass Veränderungen nur effektiv und rational geplant und gesteuert werden müssten, dann gingen sie auch schnell. Kulturell gebundene Veränderungsprozesse brauchen aber ihre Zeit – was dazu führen kann, dass die Veränderungen, die uns herausfordern, schneller sind als der Veränderungsprozess, der ihnen begegnen soll – und dass die Organisation am Ende doch scheitert.

Gibt es Abkürzungen? Kaum – denn man ist darauf angewiesen, die Veränderungsprozesse mit konkreten Menschen in ihren kulturellen Zusammenhängen zu organisieren.

Dabei kann die Veränderung von Strukturen helfen, den Prozess zu beschleunigen – das Sein in der Organisation, welches das Bewusstsein der dort Arbeitenden prägt. Der Dialektische Materialismus hatte Recht, als er sagte: »Das Sein bestimmt das Bewusstsein.« Wenn sich das Sein verändert, nämlich die tatsächlichen Bedingungen, unter denen Menschen arbeiten, dann verändert sich mit der Zeit auch ihr Bewusstsein. Appelle an den guten Willen der Beteiligten sind in der Regel wirkungslos, wenn sie nicht von der normierenden Kraft des Faktischen begleitet werden: Strukturen und Rollen verändern, damit die weichen Faktoren wie Orientierung und Gewohnheit den neuen Mustern allmählich folgen können. Am Anfang steht die Veränderung kleiner, praktischer Dinge, die einen Kulturwandel einleitet. Und daraus entsteht – ebenfalls mit der Zeit – eine Veränderung der Kultur. Eine Veränderung der Kultur steht *am Ende* eines Prozesses, nicht am Anfang.

Aber auch die ersten praktischen Veränderungen wollen erklärt sein. Der US-amerikanische Change-Experte H. P. Kotter (2011) spricht von der Notwendigkeit einer ›burning platform‹: Der Veränderungsdruck muss für alle spürbar werden. Wo er nicht spürbar ist, weil das Geld oder die Bequemlichkeit stimmen – »bis zum Ende meines Berufslebens wird es schon noch reichen, da komme ich noch dran vorbei ...« – dort bewegt sich nichts. Es muss also in jedem Fall erst einmal die Bereitschaft für Veränderungen entstehen. Dann kommen die organisatorischen Veränderungen – die Voraussetzungen dafür, dass Menschen anders arbeiten können.

> Um es am Beispiel eines digitalen Medienunternehmens zu schildern: Die Nutzungsgewohnheiten in der digitalen Medienwelt erfordern es auf der Seite der Produzenten, dass Fernsehen, Radio und Online eng zusammenarbeiten. Dafür müssen

> sie einer einzigen Leitung unterstehen – so, dass sie am Ende nicht mehr feindliche Stämme sind, die gegnerischen Häuptlingen gehorchen, sondern einen gemeinsamen Häuptling haben. Erst dann müssen sie nämlich auf ganz andere Art und Weise miteinander umgehen und arbeiten. Davor war die Logik: Jeder Stamm organisiert sich selbst und die schlechtesten Menschen leben im Nachbardorf. Das ist das klassische Kulturmodell in einer nach Sparten getrennten, in Silos aufgeteilten Organisation. Unter der neuen Organisation stellen alle fest, dass die schlechten Menschen aus dem Nachbardorf auch ihre Kinder lieben, gerne gut essen und sogar feiern können. Also, man lernt sich kennen und man ist plötzlich einer gemeinsamen Logik unterworfen. Eine wichtige organisatorische Voraussetzung dafür ist übrigens ein gemeinsames Budget – dass man gemeinsames Geld verwaltet und nicht mehr gegeneinander um Budgets kämpft. Danach dauert es immer noch sehr, sehr lange bis zu einer gemeinsamen Organisationskultur. Denn es braucht Zeit, bis diejenigen, die ja alle mit ihren eigenen Biografien, Geschichten und Kulturen in den Prozess hinein gegangen sind, anfangen, diese Kulturen miteinander zu vermischen und miteinander zu verändern.

Es ist insgesamt wichtig zu verstehen, dass Veränderungsprozesse neben der harten Seite von Zahlen, Fakten, veränderter Organisation und neuen Arbeitsabläufen auch kulturelle, also weiche Prozesse beinhalten. Menschen hängen an Dingen, die sie gewohnt sind, und es fällt ihnen sehr schwer, Dinge, an denen sie hängen, aufzugeben. Eine Organisationskultur, die von konkreten Menschen mit ihren real existierenden Vorstellungen getragen wird, lässt sich nur mit der Zeit bewegen. Es kann ein bisschen schneller oder ein bisschen langsamer gehen, je nachdem, wie gut die Prozesse organisiert werden. Aber Veränderungen, die in die Kultur einer Organisation eingreifen, werden immer Zeit brauchen, um die beteiligten Menschen an etwas Neues zu gewöhnen. Der Versuch, Abkürzungen zu gehen, also Veränderungen mit Hierarchie-Macht durchzusetzen, kann schlimmstenfalls Nachwirkungen haben, die im Ergebnis negativer und anhaltender sind als der Versuch, die Veränderungen gemeinsam zu durchleben, zu durchleiden und dann am Ende auch hinter sich zu lassen.

3.5 Die Wirkung der Jungen auf die Kultur einer Organisation

Jetzt kommt die »Generation Y« in den Beruf und fängt an, Organisationen zu prägen. Was ist ihre Wirkung auf Firmenkulturen? Was lässt sich an ihnen – im Unterschied zu den bisher tonangebenden »40/50-somethings« – beobachten?

Viele Menschen um die 30 sind heute im Beruf sehr selbstbewusst – denn sie sind gut ausgebildet, nach dem Studium im Ausland weltgewandt, sie sprechen Fremdsprachen.

Im Job sind sie auf der Suche nach einem Sinn: »Warum soll ich diesen Job machen? Ist es sinnvoll, was ich hier tue?« Als Berufsanfänger haben sie große Erwartungen an das Unternehmen, bei dem sie arbeiten, und auch an ihre persönliche Zukunft.

Sie haben also gute Voraussetzungen – und dennoch ist zu beobachten, dass sie häufig unzufrieden mit ihrer Situation sind: Unzufrieden, weil die Arbeit, die sie tun, nicht erfüllend ist. Oder, weil sie den Sinn ihrer Arbeit nicht erfassen oder nicht erklärt bekommen haben. Oder unzufrieden darüber, dass ihre eigenen Ideen im Job nicht gefragt sind. Sie vermissen, dass sie von ihren Führungskräften gefördert werden. Sie wollen trotz guter Gehälter ihre Aufstiegschancen sehen und erwarten Anerkennung für das, was sie tun. Viele von ihnen haben sich während des Studiums durchgekämpft, haben zahlreiche Praktika gemacht, mussten Geld verdienen. Manche sind auch überqualifiziert für das, was sie im Job dann tun. Wenn sie jetzt nach jahrelanger Ausbildung in den Beruf kommen, haben sie große Erwartungen, die schnell enttäuscht werden können. Die Qualität ihrer Ausbildung und das, was der Betrieb ihnen bieten kann, klaffen manchmal stark auseinander und deshalb werden sie mit der Zeit unzufrieden.

Die Bindung an ein Unternehmen ist bei den Jüngeren nicht mehr so stark ausgeprägt, wie das bei den Älteren noch der Fall war. Ihre Bereitschaft ist groß, das Unternehmen auch wieder zu verlassen und woanders hinzugehen, wenn ihre Erwartungen nicht in einem überschaubaren Zeitraum erfüllt werden. Die Älteren tragen immer noch das Unternehmen in Treue vor sich her, denken in Kategorien von Loyalität und Solidarität. Das ist bei jüngeren Mitarbeitern nicht mehr in der gleichen Weise zu beobachten.

Hier sind Führungskräfte besonders gefordert. Sie müssen sich dafür einsetzen, dass einerseits das Bestehende respektiert wird, wenn es funktioniert, und dass gleichzeitig das Neue durch die Jüngeren auch tatsächlich Eingang in die Kultur der Organisation finden kann.

30- bis 40-Jährige haben z. B. andere Ansprüche an die Work-Life-Balance. Sie wollen einen Ausgleich zwischen Arbeit und Familie finden. Das heißt aber auch, dass sie möglicherweise nicht immer an ihrem Arbeitsplatz arbeiten wollen, sondern dort, wo sie gerade sind – zu Hause, unterwegs im Zug, in Eigeninitiative und ohne dass der Betrieb es immer kontrollieren kann. Die alten Chefs wollen aber in der Regel noch ›Facetime‹, also sichtbare Anwesenheit, am liebsten auch innerhalb fester Arbeitszeiten, sonst ist es für sie keine Arbeit. Im Kern wollen sie die Kontrolle behalten. Die neue Generation dagegen sagt: »So, wie wir leben und arbeiten, ist Büro überall und Leistung ist auch überall.« Die Jungen arbeiten, wo sie arbeiten und bringen die Ergebnisse mit an ihren Arbeitsplatz.

Eine neue Generation, die mit den unendlichen Möglichkeiten des Netzes aufgewachsen ist, geht auch anders an Themen und an die Lösung von Problemen heran – spielerischer, mehr nach dem Prinzip von Versuch und Irrtum. Das kann mit einer Unternehmenskultur kollidieren, die das planbare, berechenbare Vorgehen schätzt und damit in der Vergangenheit erfolgreich war – aber möglicherweise in einer von Unsicherheit und Veränderung geprägten Zukunft nicht weiter erfolgreich sein kann. Dass man die Jüngeren im Unternehmen rechts und links von der ausgemessenen Mittellinie einfach einmal machen lässt – ausprobieren und testen, was geht, Grenzen verschieben – sollte deshalb ein akzeptierter Teil einer Organisationskultur sein, die auf Entwicklung und zukünftigen Erfolg setzt. Jüngere denken leichter ›outside the box‹, außerhalb der alten und bewährten Rahmenbedingungen – und das hilft, die Dinge in der Organisation in Bewegung zu halten.

Es gehört zu den Aufgaben von Führungskräften, diese unterschiedlichen Kulturen – das Vorhandene und das Neue – in der Organisation miteinander zu verbinden: Man kann Verabredungen für An- und Abwesenheit treffen. Man kann die Arbeit nicht über Zeit, sondern über konkrete Aufgaben oder Zielsetzungen kontrollieren. Oder man kann den Mitarbeitern auch einfach vertrauen, dass sie gute Arbeit machen wollen. Am Ergebnis wird man sehen, ob es passiert oder ob es nicht passiert.

Junge Leute sich im Unternehmen entfalten zu lassen, hat eine starke Wirkung auf die Kultur einer Organisation: Wenn die Jungen Einfluss haben, wird sich die Organisation automatisch stärker zur Jetztzeit öffnen als wenn weiter nur die Älteren bestimmen. Der Einfluss der Jungen ist insofern ein Mittel, um Unternehmenskulturen aktuell zu halten und so zu verhindern, dass sie abgehängt werden von dem, was um sie herum passiert.

Eine Möglichkeit, jungen Leuten im Unternehmen eine Bühne zu bauen und damit gleichzeitig Veränderung und Innovation ins Haus zu holen, ist das Gründen von internen Start-ups. Für ein bestimmtes Projekt stellt man ein Team zusammen, das zwar Teil der Organisation ist, aber ansonsten weitestgehend eigenständig arbeiten kann: Die Aufgabe ist definiert, die Lösungen und die Wege dorthin muss das Projekt selbst finden. Die Arbeitsbedingungen – von Arbeitszeiten bis hin zu Produktionsmethoden – richten sich nach den Anforderungen der Aufgabe und nach den Bedürfnissen bzw. Notwendigkeiten des jungen Teams, nicht nach den Gewohnheiten der Organisation. Das Projekt schafft sich sozusagen seine eigene kleine Unternehmenskultur, die sich von der sie umgebenden Kultur deutlich unterscheiden darf. Sie hat zwar Verbindungen in die bestehende Kultur hinein – Budgets, Berichtswege, persönliche Beziehungen –, aber sie hat gleichzeitig den Schutz und die Freiheit, eigene Wege zu suchen und zu gehen. Sie setzt dabei nicht bei dem an, was es »innen« an impliziten kulturellen Vorgaben geben mag, sondern sie konstituiert sich eher an »äußeren« Bedingungen: Bedürfnisse einer jungen Zielgruppe, Standards des Marktes, Ansprüche der jungen Team-Mitglieder an ihre Arbeit an und an ihre Arbeitsweise. Das Ergebnis ist eine Organisationskultur, die viel stärker der Gegenwart des äußeren Umfeldes als der Vergangenheit der Mutterorganisation verbunden ist. Mit der Zeit – und mit dem sich hoffentlich einstellenden Erfolg – stabilisiert sich das interne Start-up zu einer eigenen Einheit, die in der Gesamtorganisation ihren Platz und ihr eigenes Gewicht findet. Zu dieser Zeit hat sie längst eine Art »viraler« Wirkung entfaltet: Die jungen Team-Mitglieder stehen wegen ihrer »Privilegien« und ihrer unerhörten »Freiheit« unter starker Beobachtung aus der übrigen Organisation. Ihre Arbeitsmethoden werden – teils kritisch, teils bewundernd – von anderen beurteilt und auf Anwendbarkeit für ihre eigenen Prozesse im Unternehmen geprüft. Mitglieder des Start-up-Teams arbeiten parallel auch für andere Abteilungen oder wachsen nach ihrer Zeit im »Kindergarten« in andere Bereiche des Unternehmens hinein, übernehmen dort möglicherweise sogar prägende Aufgaben. Es findet also – je länger desto mehr – ein Austausch zwischen der tradierten und der neuen Organisationskultur statt: Der Virus des Start-ups gerät in die Blutbahn der Mutterorganisation. »Virale Veränderung« ersetzt keine systematischen Change-Prozesse im größeren Maßstab. Aber sie helfen, neue Standards in die bestehende Kultur einzuführen, diese für Veränderungen zu öffnen und deren Veränderungsprozesse zu unterstützen und zu beschleunigen. Spätestens dann, übrigens, wenn das interne Start-up seine volle Wirkung entfaltet hat und integriert wird, ist es an der Zeit, ein neues internes Start-up zu gründen!

Die Erfahrung der Älteren und die der Jüngeren miteinander zum Spielen zu bringen – das ist eine zentrale Aufgabe von Führungskräften, die sich um die Weiterentwicklung ihrer Unternehmenskultur bemühen. Wird dieser Austausch in einem Unternehmen bewusst organisiert und gefördert, dann bleibt dessen Kultur fast unmerklich im Fluss und kann sich weiterentwickeln – das beste Mittel gegen Krise und Disruption.

4 Führung und Ethik

Ethik hat für viele Führungskräfte einen Beigeschmack – so, als sei es ein Widerspruch, Macht auszuüben und gleichzeitig nach ethischen Maßstäben zu handeln.

Macht und Werte – beide gehören zu den Grundbedürfnissen des Menschen: Jeder möchte etwas zu sagen haben, sich durchsetzen, Einfluss nehmen – eben Macht ausüben. Und jeder möchte nach bestimmten Wertvorstellungen leben können, sich eins fühlen mit eigenen Werten oder mit den Werten seines Umfelds. Beides kann miteinander vereinbar sein, aber es kann eben auch miteinander in Konflikt stehen. Dann stellt sich die Frage: Auf welcher Seite bin ich eher zu Hause – auf der Seite der Macht oder auf der Seite der Ethik? Und im Fall eines Konflikts: Auf welche Seite werde ich gehen?

4.1 Persönliche Werte versus berufliche Rolle

Ethik nimmt den Menschen als Handelnden bzw. als Unterlassenden in den Blick. Ethische Maßstäbe versetzen ihn in die Lage, moralisch zu entscheiden und zu handeln.

Dafür genügen eigentlich einfache Maximen: »Was du nicht willst, das man dir tu', das füg' auch keinem andern zu.« Würden alle nach diesem alten Sprichwort handeln, dann wäre das Leben einfach und die Erde ein friedlicher Ort. Auch wenn sich fast niemand ständig nach solch göttlichen Idealvorstellungen richtet, so sind sie doch eine Orientierungshilfe. Kinder hält man dazu an, sie zu beachten, und Eltern sollten dazu ein Vorbild geben. Auch Vorgesetzte sind Vorbilder, Modelle für das Handeln im Unternehmen, an denen sich Mitarbeiter orientieren.

Die ethischen Maßstäbe der einzelnen Führungskraft sind dann gefragt, wenn es einen Konflikt zwischen ihren persönlichen Werten und ihrer Rolle in der Kultur des Unternehmens gibt. Jeder kann wunderbar über Werte philosophieren – sie zu praktizieren ist etwas anderes.

Trotzdem trifft man immer wieder auf Menschen, die sich für ihre persönlichen oder auch für professionelle Werte einsetzen. An diesen Menschen orientieren sich andere, indem sie sich in Erinnerung rufen: Wie würde diese Person jetzt handeln?

Wir brauchen solche Modelle, um uns in Konfliktsituationen zu orientieren. Denn natürlich gibt es immer wieder Konflikte zwischen den eigenen Werten und den Erwartungen in einer Organisation.

Selten sind das die großen moralischen Fragen – Korruption und Compliance, unethische Investments, Machtmissbrauch, Tolerierung von übergriffigem Verhalten u. ä. – viel häufiger geht es um das Verhalten in Alltagssituationen.

> Ein Berater erinnert sich, wie er als Seminarleiter während eines Trainings für Abteilungsleiter einmal zu einem Abendessen eingeladen war, an dem auch der Geschäftsführer teilnahm. Die Runde bestand ausschließlich aus männlichen Führungskräften. »Nach dem Essen begann mein Gegenüber, besagter Geschäftsführer, zotige Witze zu erzählen, die sich vor allem auf Frauen bezogen. Ich beobachtete, wie ein Teil der Männer darüber lachte, andere schauten verlegen weg, wieder andere schüttelte den Kopf. Insgesamt machten die meisten betretene Gesichter. Ich spürte, wie in mir Angst aufstieg: Eigentlich wollte ich etwas sagen, aber ich traute mich nicht und schämte mich gleichzeitig dafür. Ich merkte auch, dass ich wütend auf den Mann wurde. Am liebsten hätte ich ihm die Meinung gesagt.« Was der Berater aber auf keinen Fall wollte, war, diesen Vorgesetzten vor seinen Mitarbeitern zu konfrontieren: »Das hatte ich – trotz aller Abwehrmechanismen, trotz aller Emotionen – ziemlich schnell entschieden. Denn als Berater hatte ich ja auch eine Schutzfunktion. Ich wollte ihn nicht bloßstellen. Ich dachte, ich dürfe einer Führungskraft vor seinen Mitarbeitern einen solchen Gesichtsverlust nicht zufügen. Dafür war ich nicht da.« Um das zu vermeiden, entschuldigte sich der Berater damit, dass er noch telefonieren müsse, und verabschiedete sich. Anstelle einer direkten Konfrontation, die in dieser Situation falsch gewesen wäre, wählte der Berater eine indirekte Konfrontation, denn ihm war schon klar, dass sein früher Aufbruch ein Affront war. »Am nächsten Morgen beim Frühstück kam der Personalleiter, mit dem ich das Seminar vereinbart hatte, auf mich zu und berichtete, der Chef habe sich nach meiner Verabschiedung laut über mein Verhalten beklagt. Er gab dem Personalleiter vor seiner Abreise vom Seminarort noch am Abend deutlich zu verstehen, dass dies das erste und letzte Seminar mit mir gewesen sei. Ich hatte meinen Konflikt durch frühzeitiges Verlassen der Runde entschieden, mit dem Risiko, einen Kunden zu verlieren – und das war dann auch der Fall.«

Der Berater war in dieser Situation noch in einer vergleichsweise komfortablen Lage. Wie konnten sich aber die Angestellten diesem Vorgesetzten gegenüber in einem solchen Konflikt zwischen ethischer Haltung und Rolle verhalten: Sich nur innerlich aufregen? Möglichst frühzeitig das Abendessen verlassen? Ihren Chef offen konfrontieren? Ihn, um einen Eklat zu vermeiden, am nächsten Tag unter vier Augen ansprechen? Den Kollegen gegenüber die eigene Abscheu gegenüber einer solchen Art von Scherzen äußern? Sich auf Dauer einen neuen Arbeitgeber suchen, weil man in einer solchen Kultur der Frauenfeindlichkeit nicht mehr arbeiten will? Diese kurze Aufzählung zeigt bereits, dass es in Situationen, in denen die berufliche Rolle mit den eigenen ethischen Maßstäben in Konflikt gerät, eine Vielzahl von Optionen gibt. Jeder gerät in seinem Berufsleben in solche Rollenkonflikte, in denen er persönlich Stellung beziehen muss. Eine Regel für das richtige Verhalten kann man nicht aufstellen – aber jeder muss wissen, dass er nicht einfach mitlaufen muss, sondern dass hier eine ethische Entscheidung zu treffen ist.

4.2 Vermeidungsstrategien oder ›social defences‹

Die wachsenden globalen und komplexen Herausforderungen schaffen immer mehr Widersprüche, Unsicherheiten und Konflikte in Organisationen. In Konflikten zwischen der persönlichen Ethik und den betrieblichen Rollen entstehen typischerweise unterschiedliche Abwehr- und Vermeidungsmechanismen, um Gefühle wie Angst, Scham und auch Wut nicht zu spüren oder zu reduzieren. Solche ›social defences‹ (wie die Transaktionsanalyse sie nennt) sind ein sehr starker interner Mechanismus, der dafür sorgt, dass ich meine eigenen Gefühle nicht wirklich spüre – mich z. B. nicht schäme oder Peinlichkeit empfinde – oder sie zumindest so reduzieren kann, dass ich die Situation ertrage, auch wenn ich leide. ›Social defences‹ sorgen in der Folge dann natürlich auch dafür, dass ich bei mir selbst und auch im Unternehmen nichts verändere.

Man stelle sich eine Führungskraft vor, deren Hauptaufgabe das Management und die Führung der Mitarbeiter ihrer Abteilung ist. Sie steht zwischen der Geschäftsleitung und ihren Mitarbeitern, woraus sich zwangsläufig Widersprüche, Unsicherheiten und in der Folge auch mögliche Vermeidungsstrategien ergeben: Was hat es für mich für Folgen, wenn ich etwas – »gegen oben« oder »gegen unten« – unternehme? Kann ich mich so exponieren? Wie sieht mich mein Chef, wie sehen mich meine Mitarbeiter? Wird dadurch meine Position unterminiert? Welche Folgen hat mein Verhalten möglicherweise für die ganze Abteilung? Fast zwangsläufig setzen Abwehrmechanismen ein, um den inneren Druck zu verringern.

In vielen Unternehmen gehört es zur Kultur, dass man sich in der Hierarchie nicht »nach oben« beschwert, auch nicht als Führungskraft. Hierarchen halten auf diese Weise negatives Feedback von sich fern und schützen sich gegenseitig. Mitarbeiter beklagen sich immer wieder darüber, dass ihre Chefs keine Position gegenüber der Geschäftsleitung beziehen – vulgär: »keinen Arsch in der Hose haben.« Sie haben von ihren Führungskräften den Eindruck , dass diese nicht für das einstehen, was eigentlich richtig ist, sondern sich in übertriebener Weise anpassen. Hier wirken ›social defences‹ (s. a. Kap. 4.3).

Wer gegen die Kultur des Stillhaltens nach oben verstößt – also etwa für humane oder auch demokratische Werte in der Firma einsteht und damit eigentlich einen Beitrag zur

Verbesserung ihrer Kultur leistet –, der geht ein persönliches Risiko ein. Es gehört also Mut dazu.

Man kann beobachten, dass gute Mitarbeiter sich solche Verstöße gegen die herrschende Kultur eher erlauben können. Es ist wie früher in der Schule: Gute Schüler konnten sich bestimmte Dinge herausnehmen, die für schlechte Schüler nicht in Frage kamen. Wer also einen sehr guten Ruf hat als Mitarbeiter oder als Führungskraft, für den ist es einfacher, ein solches Risiko einzugehen. Wer Vertrauen genießt, der kann damit rechnen, dass der Schaden nicht allzu groß wird oder dass gar kein Schaden eintritt. Solche Menschen können sich in ethischen Fragen optimistisch und mutig verhalten, sie benötigen weniger ›social defences‹.

4.3 Selbststeuerung in ethischen Konflikten

Persönliche Werte auch im Widerspruch zu einer beruflichen Rolle zu vertreten – dieser Konflikt ist nicht einfach zu lösen. Die Situation erfordert zunächst einmal eine Diagnose:

- Wo sitzt meine Angst?
- Was ist das tatsächliche Risiko?
- Was sind meine treibenden Kräfte der Abwehr?

Dabei ist zu unterscheiden zwischen übertriebener und notwendiger Anpassung: Die eine folgt Gehorsamkeitsappellen im Gehirn, die vielleicht schon ganz früh als Kind übernommen wurden und die in diesem Moment gar nicht situationsangemessen sind. Die andere ist notwendig, damit wir überhaupt miteinander leben können – denn wir brauchen eine Passform, z. B. Regeln, nach denen wir arbeiten. Was genau also treibt mich an, meine Abwehrmechanismen hochzufahren – reale Gefahr oder alte Muster, die von der aktuellen Situation aktiviert werden? Was ist das Risiko und wozu bin ich in einer solchen Konfliktsituation bereit? Solche Fragen sollte man sich stellen, wenn die eigene Abwehr anspringt. Denn dieser Konflikt ist vielleicht nicht einfach zu lösen, aber er ist lösbar.

Hilfreich ist es, eine Situation zu schaffen, in der das Unaussprechbare, das ja diese Defence-Mechanismen stimuliert, besprochen werden kann. Das kann vielleicht erst einmal im privaten Raum geschehen, z. B. mit dem eigenen Partner. Es kann auch in einem Führungskräfte-Coaching geschehen, also in der Beratung mit einem in solchen Situationen erfahrenen Coach. Vielleicht braucht man auch eine Sitzung im Team, in der das gerade aktuelle ethische Dilemma auf geeignete Weise angesprochen wird (»Ich stehe gerade vor folgendem Problem ... kann mich jemand beraten?«). Ein solches Gespräch sollte allerdings gut vorbereitet sein. Man muss sich vorher überlegen, wie man den eigenen ethischen Konflikt auf eine konkrete, offene und kurze Weise, aber auch sehr wertschätzend und in der Ich-Form anspricht. Die Vorbereitung mit einem Gesprächspartner, an dem man konkrete Formulierungen erprobt, kann helfen.

In all diesen Situationen geht es darum, Raum für das Unaussprechbare hinter diesen Abwehr- und Vermeidungsmechanismen zu schaffen, um herauszufinden, welche Risiken tatsächlich bestehen.

Helfen kann in Situationen des Zweifels und der Widersprüchlichkeit auch die Definition oder die Neudefinition der eigenen Rollen und Aufgaben: Wofür bin ich eigentlich da? Gehört zu meiner Aufgabe, dass ich bestimmte Werte vertrete? Sind sie oder sollten sie Bestandteil meiner Rollenbeschreibung sein? Dabei geht es in der Tat nicht um Werte an sich, sondern darum, ob sie aus meiner Hauptaufgabe abgeleitet werden, also aus dem, wofür ich da bin und bezahlt werde.

Andererseits sollte man manchmal einfach auch ausprobieren, was geht: Oft haben Menschen mehr Spielräume, um ihre persönlichen Werte zu leben, als sie vermuten, weil sie in diesem Moment Angst haben. Diese Spielräume muss man dann allerdings auch nutzen. Man kann sich dabei unter Umständen auch auf ein betriebliches Leitbild beziehen, das z. B. von »Führen durch Vertrauen« handelt. In Entscheidungssituationen, in konkreten Sitzungen, in Verfahren gibt es häufig Spielräume, und seien sie noch so klein, die es erlauben, nicht generell erst einmal die Abwehrmechanismen hochzufahren.

Führungskräfte sollten sich dabei der Tatsache bewusst sein, dass sie immer auch Vorbilder sind, ob sie das wollen oder nicht. Die Mitarbeiter gucken immer auf ihre Führungskräfte, selbst, wenn diese gerade nicht anwesend sind. Eine Führungskraft sollte also wissen, welche Bedeutung sie in Bezug auf ethische Konflikte für ihre ganze Abteilung hat.

Es ist deshalb sehr wichtig, dass Führungskräfte ein Gespür dafür entwickeln, wo ethischen Positionen von ihnen erwartet werden. In Geschäftsleitungssitzungen kann es z. B. bei Personalfragen um einen Widerstreit zwischen dem Schutz von Kranken, sozial Schwachen oder wenig Leistungsfähigen und den operativen Interessen des Betriebs gehen. Verantwortliche sind dann in einem ethischen Konflikt: Sie sind für das Funktionieren des Unternehmens verantwortlich und müssen eigentlich sagen: »Diese Person hält uns nur auf. Sie richtet Schaden an. Welche Möglichkeiten haben wir, sie loszuwerden?« Als Verantwortlicher auch für die Kultur des Unternehmens sind sie jedoch gerade auch dieser verpflichtet. Und die Kultur erfordert es möglicherweise, zu sagen: »Wir erwarten Leistung, wir erwarten, dass die Leute ihren Job richtig machen. Wir schützen aber auch diejenigen, die ohne Schuld z. B. krank geworden und deswegen nicht mehr leistungsfähig sind.« In solchen Diskussionen sind alle Augen auf die Geschäftsleitung gerichtet: »Sagt der Chef jetzt, dass diese Person Schutz verdient, oder nicht?« Für die Kultur des Unternehmens macht es einen großen Unterschied, ob er diese zwei Sätze sagt: »Wir haben hier eine menschliche und soziale Verantwortung. Deswegen lasst uns hier eine Lösung finden.« Oder ob er diese Sätze eben nicht sagt. Gehe ich auf die dunkle Seite oder geh ich auf die helle Seite der Macht? Eine Führungskraft muss Intuition dafür entwickeln, welche Verantwortung sie in solchen Situationen für die Kultur ihrer Organisation trägt.

4.4 Kulturveränderung durch ethisches Verhalten

Durch einen bewussten und offenen Umgang mit ethischen Fragen kann sich die Kultur einer Organisation verändern. Führungskräfte können, indem sie für eine Sache einstehen, durch ihr persönliches Verhalten die bestehende Kultur bereichern – nicht zuletzt, weil sie von ihren eigenen Leuten beobachtet werden. Auch ein außenstehender Berater hat die Möglichkeit, neue Aspekte in die bestehende Kultur einzuführen

Oft kann aber auch schon das Handeln in Übereinstimmung mit geltenden Regeln die Beschäftigung mit ethischen Fragen auslösen. Wirtschaftskriminalität, Korruption, Betrug, Verstöße gegen betriebliche Ethikprogramme, das Belügen von Behörden – alle diese Dinge sind an der Tagesordnung. Für Führungskräfte liegt eine große professionelle Herausforderung in der Frage: Wie will ich in diesem Land, in dieser nationalen oder globalen Wirtschaft meinen Job machen? Dass andere sich falsch verhalten, kann keine Ausrede sein.

Berater erleben immer wieder, dass die Frage nach ethischem Verhalten nicht willkommen ist. Es gibt unterschiedliche Reaktionen darauf: »Ich habe schlechte Erfahrung mit ethischem Verhalten gemacht«, sagen die einen. »In einem Haifischbecken kann man damit nur scheitern. Das mache ich nicht mehr.« Andere sagen: »Für mich zählt das Ergebnis – nicht irgendwelche ethischen Überlegungen. Ich bin so erzogen worden und ich werde mein Verhalten nicht ändern.« Einige berichten aber auch, dass sie für ethische Normen interveniert haben – unter bestimmten Bedingungen: »Wissen Sie, ich konnte mir das erlauben, ich bin in diesem Betrieb eine sehr wichtige Person und ich darf deshalb bestimmte Dinge tun, die andere nicht tun dürfen.« Berater sollten, wenn die Lage es erfordert, Konflikte zwischen persönlichen Einstellungen und Anforderungen des Systems offen ansprechen: »Was vertreten Sie persönlich?« – »Vertreten Sie das System und interessieren sich nicht so sehr für die Menschen, die dort arbeiten?« – »Sind Ihnen ethische Fragen wichtiger als das Betriebsergebnis?« Es gibt offene oder verborgene Dilemmata und die sind – wenn überhaupt – nur zu klären, wenn sie offen angesprochen werden. Alles andere zahlt sich auf Dauer nicht aus.

Im Fall eines Konflikts zwischen Ethik und professioneller Rolle sollten Führungskräfte sich zwischen Vorfall und Reaktion Zeit nehmen und vielleicht in Gesprächen zunächst herausfinden, wie sie sich verhalten möchten – also nicht impulsiv reagieren, sondern eher Abstand gewinnen, um zu reflektieren, was jetzt sinnvoll zu tun ist. Das Verhalten in solchen Situationen ist für jede Führungskraft eine der großen Herausforderungen. Man kann es nicht durch Methoden erlernen, sondern es ist eher eine Frage von Erfahrung und Persönlichkeitsentwicklung.

Wegen ihrer Bedeutung für die Kultur der Organisation sollten ethische Fragen für Führungskräfte ein zentrales Thema sein. Ethische Entscheidungen und Prozesse sind Chef-Sache. Im besten Fall entsteht durch sie ein formelles oder informelles Regelwerk, an dem sich die Mitarbeiter und auch die Führungskräfte orientieren können.

Aber kann ein Einzelner überhaupt Einfluss nehmen auf die Veränderung einer Kultur, indem er für bestimmte humane Werte eintritt? Oder ist das aussichtslos? Es gibt die Erfahrung, dass einzelne Führungskräfte in aller Regel keinen Einfluss auf Veränderungen in der Kultur haben – es sei denn, sie sind ganz oben oder handeln mit anderen gemeinsam. Führungskräfte dürfen also auch nicht überoptimistisch sein.

Systeme unterliegen bestimmten Regeln – Gesetzen, Marktbedingungen, technologischen Entwicklungen. Menschen spielen aber natürlich immer eine besondere Rolle in einer Organisation. Am Ende kommt es auf die Balance an zwischen den Anforderungen der Organisation und dem Unverwechselbaren, das Menschen in eine Organisation hineinbringen können. Dafür gibt es keine festen, vorgegebenen Regeln, sondern es muss immer wieder neu bedacht und entschieden werden.

4.5 Ethisches Handeln wirkt langfristig und nachhaltig

Ethik hat Vorrang – dieses Primat des ›ehrbaren Kaufmanns‹ funktioniert in der globalisierten Wirtschaft immer weniger. Betriebliche, unternehmerische und kulturelle Aspekte der Organisation sind häufig genauso wichtig wie ethische Fragen. Wenn man in einer Organisation arbeitet, kann man in der Tat auch nicht mittragen, dass Ethik oder Moral immer an erster Stelle stehen müssen. Denn die Wenigsten wollen es auf sich nehmen, in einer globalen Welt, in der völlig unterschiedliche Wertvorstellungen herrschen, in der es eine Form von Kapitalismus gibt, die auf ethische Normen überhaupt keine Rücksicht nimmt, ihren Job oder die Jobs anderer aufs Spiel zu setzen.

Dennoch: Es ergibt keinen Sinn, nur den Zustand der Welt zu beklagen. Führungskräfte haben die Möglichkeiten, die Spielräume, das Recht und auch die Verpflichtung, dafür zu sorgen, dass ethische Grundsätze nicht völlig an Bedeutung verlieren. Sie können dazu beitragen, dass es mehr Betriebe gibt, bei denen Werte Teil der betrieblichen Kultur sind, die ethische Normen zu einem Teil ihres Programms machen.

Auch wenn dies global nicht spielentscheidend sein wird, geht es doch auch darum, dass eine Führungskraft morgens in den Spiegel schauen kann, dass sie sich vor ihre Leute stellen und Konflikte benennen kann: »Dies ist ein Beschluss der Geschäftsleitung. Aus geschäftspolitischen Gründen müssen wir das so machen.« – »Das können wir doch nicht tun.« – »Doch, das müssen wir machen. Ich habe versucht zu intervenieren, mit der Geschäftsleitung zu verhandeln, aber es hat nichts genützt. Ich kann nicht meinen Job aufgeben, nur weil ihr sagt, das können wir nicht tun.« Solche Gespräche machen den Konflikt und das Dilemma der Führungskraft deutlich: Folge ich dem Anspruch der Geschäftsleitung und setze ihn meinen Mitarbeitern gegenüber durch? Oder suche ich nach einer anderen Lösung?

Es gibt Dinge, die sind nicht verhandelbar. Das können persönliche Prinzipien sein, die ich für mich bestimmt habe, oder auch allgemeine moralische Prinzipien, die für alle gelten. Jeder – Führungskraft oder Mitarbeiter – sollte eine innere ethische Landkarte haben, mit deren Hilfe er oder sie sich durch das Berufsleben bewegt. Auch wenn es altmodisch klingt: Es gibt den Unterschied zwischen »anständig« und »unanständig«. Zur Verantwortung von Führungskräften gehört es, diesen Unterschied immer wieder zu markieren: »Nein, das tun wir nicht.« – »Das gehört sich nicht.« Und zur Verantwortung von Mitarbeitern gehört es, sich unethischen Anweisungen zu widersetzen: »Das geht gegen meine moralische Überzeugung.« – »Diesen Auftrag kann ich mit meinem Gewissen nicht vereinbaren.« Die rote Linie verläuft dabei nicht zwischen »legal« und »illegal« – sie verläuft zwischen »legal« und »legitim«. Die Grenzen des Anstands sollten bei jeder Entscheidung eine Rolle spielen.

Das Durchsetzen ethischer Normen ist meist nicht kurzfristig möglich, sondern erfordert einen langen Atem. Kurzfristig kann man scheitern, vielleicht auch ein zweites Mal. In der Zwischenzeit aber kann sich ein Thema etablieren, werden andere Wege gefunden. Was nur kurzfristig Vorteile verschafft, zahlt sich erfahrungsgemäß langfristig nicht aus, weder für die Führungskraft noch für das Unternehmen. Diskussionen um ethische Fragen wirken nachhaltig.

Führungskräfte werden auch dafür bezahlt, dass sie ethische Konflikte im Betrieb austragen und aushalten. Wer eine Führungsposition übernimmt und nicht zu seinen menschlichen und demokratischen Werten steht, der sollte sich prüfen, ob er oder sie als Führungskraft am richtigen Ort ist.

5 Entwicklung der Führungspersönlichkeit

Warum sind gute Führungskräfte gute Führungskräfte? Was benötigen sie dafür?

Nach vielen Jahren der Arbeit mit Menschen, die in Führungspositionen sind, lautet die Antwort: Sie benötigen Talent, sie müssen sich auf die Entwicklung ihrer Persönlichkeit einlassen und sie müssen bereit sein, während ihres ganzen Berufslebens viel Arbeit in ihre Führungsrolle zu stecken.

Viele Betriebe schicken neue Führungskräfte zuerst einmal zu Schulungen. Die Art von Persönlichkeitsentwicklung, die Führungskräfte in ihrer neuen Rolle benötigen, ist aber durch Schulung nicht ohne weiteres zu erreichen. Schulungen können bestimmte Verhaltensweisen trainieren. Wenn sich aber die Haltung oder das Menschenbild in Bezug auf die Mitarbeiter, die hinter einem Verhalten liegen, nicht gleichzeitig verändern, dann wird neu eingeübtes Verhalten nicht nachhaltig funktionieren. Jeder kennt den Gummiband-Effekt nach Schulungen: Man kommt mit den allerbesten Vorsätzen zurück an den Arbeitsplatz. Im betrieblichen Alltag sind diese allerdings nach wenigen Tagen wieder vergessen. Es gibt Untersuchungen, wonach lediglich bei der Hälfte der Führungskräfte, die in Trainings geschickt werden, anschließend in der Praxis eine Verhaltensänderung zu beobachten ist.

In Beratungssituationen hört man dann häufig, dass gestandene Fachleute sagen: »Ich habe nicht gewusst, was auf mich zukommt. Mein Führungsjob belastet mich sehr. Ich merke, dass Mitarbeiter plötzlich nicht mehr auf meine Fachlichkeit reagieren, sondern auf ganz andere Dinge, z. B. darauf, wie ich mit ihnen umgehe.« Es gibt Fälle, in denen neue Führungskräfte ihren Abteilungsleiterjob wieder aufgegeben haben, weil sie lieber als Experten arbeiten wollten. Führungsarbeit ist also ein eigener Beruf, den man lernen muss, nicht einfach die Fortsetzung einer Experten-Karriere.

Gute Führung ist dabei gewiss in bestimmten Grenzen lernbar. Das ist die gute Nachricht. Die schlechte: Ohne Talent wird niemand ein guter Chef oder eine gute Chefin (s. auch Kap. 2.2).

Talent ist also eine Voraussetzung, um in einer Sache – in diesem Fall Führung – wirklich gut zu werden. Talent ist häufig schon sehr früh angelegt und man kann es im Laufe eines Berufslebens weiter fördern. Aber der Mensch kann sich nicht komplett verändern. Wir sind durch unsere Sozialisation weitgehend festgelegt. Was vorhanden ist, wird in der Regel später weiter verstärkt. Für viele Führungskräfte ist daher in Bezug auf die neuen Anforderungen in ihrer Rolle eine echte Persönlichkeitsentwicklung notwendig. Diese wird nicht in Seminaren vermittelt, sondern sie braucht einen längeren Prozess und oft auch einen guten Coach.

Eine gute Führungskraft zu werden, hat nämlich – so kann man es auch nennen – etwas mit Herzensbildung zu tun. Man könnte Führung deshalb auch die Kunst des Herzens nennen. Um sie zu beherrschen, brauche ich zunächst eine bestimmte Einstellung zu meinem eigenen Herzen:

- Was tut mir gut?
- In welchen Situationen fühle ich mich wohl?
- Was hat mir an meinen eigenen Führungskräften gefallen?
- Welche Vorbilder hatte ich vielleicht in Lehrern, in meinen eigenen Eltern oder während der Ausbildung?

Hier trifft man bei sehr unterschiedlichen Menschen auf eine große Übereinstimmung: Diejenigen hinterlassen Spuren in uns, die sich wirklich für uns interessiert haben. Man trifft allerdings auch genügend Führungskräfte, die sich nicht wirklich für die Menschen interessieren, die sie führen. Ihr Fokus liegt stattdessen auf Kennziffern oder Zahlen, nach denen sie ihre Mitarbeiter beurteilen. Zahlen sind Management, sie müssen sein – aber Führung geht weit darüber hinaus.

5.1 Meine neue Rolle als Führungskraft

Die Übernahme einer Führungsrolle bedeutet nicht, dass jemand diese Rolle auch beherrscht. Persönlichkeit und Führungsrolle sind in der Regel nicht deckungsgleich (s. a. Kap. 6 Umgang mit Rollen), weswegen sich jede neue Führungskraft – will sie erfolgreich sein – über ihre Persönlichkeit und über ihre grundlegenden persönlichen Entwicklungsziele klar werden sollte.

Denn neben der fachlichen Kompetenz ist die **Persönlichkeit** einer Führungskraft der entscheidende Faktor, wenn es um das Erreichen von Zielen geht und um die Verantwortung für Mitarbeiterinnen und Mitarbeiter, also um den Umgang mit anderen Menschen. Unter ›Persönlichkeit‹ wird hier die einzigartige, unverwechselbare Eigenart des einzelnen Menschen verstanden, die nach außen wirken kann, wenn nicht Hemmungen und Blockaden sie daran hindern.

Die Frage an jede neue Führungskraft ist, welche persönliche Identität sie besitzt und welche persönlichen Eigenschaften sie für die Führungsarbeit befähigen:

- Woraus beziehe ich die Kraft, andere zu führen?

- Was ist das, was in meinen Äußerungen mitschwingt und bei anderen Resonanz auslöst?
- Wie organisiere ich diese Kraft und konzentriere sie auf das Wesentliche?
- Wie gehe ich mit der Balance zwischen meinen Zielen, meinen eigenen Bedürfnissen und meiner Zeit um?
- Wie lerne ich meine Rolle kennen – die Erwartungen meiner Chefs und die meiner Mitarbeiter?
- Und wie kommuniziere ich meine eigenen Erwartungen an andere?

Leitend bei der Erforschung dieser und ähnlicher Fragen sollte dabei eine Reihe von anzustrebenden persönlichen und sozialen Fähigkeiten sein:
- die Fähigkeit zu klarer Wahrnehmung und zur Reflexion (s. a. Kap. 5.3),
- Mut und Entscheidungsbereitschaft,
- die Fähigkeit, Verantwortung für die eigenen Gefühle, Urteile und Entscheidungen zu übernehmen,
- die Bereitschaft und die Gabe, die Realität so zu sehen, wie sie ist, das heißt,
  - anstehenden Problemen und Konflikten nicht auszuweichen, sondern ihre Lösung eigenständig anzupacken,
  - aus allen – auch aus unangenehmen und schmerzhaften – Erfahrungen zu lernen, sie nicht zu verdrängen, sondern sich durch sie weiterzuentwickeln,
- redlich und fair mit den Mitmenschen im Betrieb und den Kunden umzugehen.

Zur Redlichkeit in mitmenschlichen Beziehungen gehören vor allem Aufrichtigkeit, gegenseitiger Respekt, eine wertschätzende Haltung und die Bereitschaft, bei anderen Menschen eine selbstverantwortliche Einstellung zu fördern. Zur verantwortungsbewussten Selbststeuerung von Führungskräften gehört auch der weitgehende Verzicht auf zerstörerische Konkurrenz untereinander und auf Hierarchie- und Statusdenken. Führungskräfte sollen integrativ führen, sie sollen zusammenführen, nicht spalten.

Niemand bringt all das einfach mit in eine neue Führungsaufgabe. Viele dieser Fähigkeiten muss man sich mit der Zeit, mit der Erfahrung und mit der Arbeit an der eigenen Persönlichkeit erst noch erwerben. Das ist kein Mangel – vielmehr ist die Entwicklung der Persönlichkeit für Führungskräfte ein Teil ihrer Verantwortung in der neuen Rolle.

Wie wird man also ein guter Chef?

Vielleicht entscheidend ist, dass man es will. Man muss es wollen, ein guter Chef zu sein, und man muss daran glauben, dass man es auch werden kann. Es heißt ja, der Glaube versetze Berge. Es ist nicht der Glaube, der einen Berg versetzt – sondern es ist ein Mensch, der glaubt, dass er Berge versetzen kann: Er nimmt eine Schaufel und fängt an, zu graben.

Der Glaube ist die Aufforderung, etwas zu tun, das schwierig ist. Und vor allen Dingen ist er die Überzeugung, dass die Sache einen Sinn hat und dass man selbst sie möglich machen kann. Alle Seminare sind dann höchstens noch eine Unterstützung. Man kann in Seminaren nicht lernen, ein guter Chef zu werden. Man muss daran glauben, dass man ein guter Chef werden kann und dass man das dafür Nötige durch Erfahrung lernen kann.

Dieser Wille, eine gute Führungskraft zu werden, hat sehr viel mit der Liebe zum Beruf zu tun, mit der Wertschätzung zu den Menschen, mit denen ich zusammenarbeite und mit der Überzeugung, dass es der Betrieb, für den ich arbeite, wert ist, sich für ihn zu engagieren. Deshalb lohnt es sich, meine Arbeitszeit, meine Arbeitsenergie und meine Kräfte einzusetzen. Eine Führungskraft, die diese Haltung hat, genießt in der Regel eine natürliche Autorität und kann ihre Mitarbeiter auch fordern: »Seht her, ich setze mich für diese Firma ein – dann darf ich das auch von euch erwarten.«

Ein guter Chef zu sein, bedeutet sehr viel persönlichen Einsatz, sehr viele qualvolle Stunden, in denen man sich auch mit Dingen herumschlagen muss, die einem lästig sind. Und das heißt nicht, dass es immer gut endet und man stets erfolgreich ist. Aber auch Scheitern ist in Ordnung – man kann etwas daraus lernen.

Im Ergebnis sind es nicht die Kenntnis und die Anwendung von Führungsmethoden, die eine gute Führungskraft oder einen guten Manager vor allem ausmachen. Erst das Zusammenfügen von Talent, Selbsterfahrung, Führungswissen, Supervision und Coaching macht es möglich, dass neue Führungskräfte – im Rahmen ihrer jeweiligen Führungsebene und Unternehmenskultur – ihre Ziele entwickeln und verwirklichen können.

5.2 Fühlen und denken

Wir sind nicht in jeder Beziehung selbst verantwortlich für unser Schicksal. Aber wir sind dafür verantwortlich, wie wir uns mit der Realität um uns herum auseinandersetzen – und zwar sowohl emotional als auch kognitiv. Das hört sich leichter an, als es ist.

Fühlen und denken gehören zusammen, auch im Alltag von Organisationen und von Führungskräften. Sie gehören zusammen – oft gehen sie aber auch durcheinander: Gefühle verursachen Komplikationen. Das klare Denken wird getrübt. Deshalb einige grundlegende Anmerkungen zur Bedeutung von Fühlen und Denken in Organisationen:

Reflexionsfähigkeit ist eine wichtige Voraussetzung für jede Führungskraft. Nicht alle Menschen beherrschen diese Fähigkeit in jeder Situation. Alle Menschen können aber denken – auch die, die manchmal glauben, sie könnten es nicht.

Vielleicht haben sie als Kinder zu häufig Sätze gehört wie: »Mach dir mal keine Gedanken« oder »... wenn du schon anfängst zu denken«. Vater oder Mutter haben ihnen nicht die ›Erlaubnis‹ gegeben, zu denken – etwa durch die Botschaft: »Ich bin glücklich, wenn du viel denkst und deine Gedanken auch äußerst«. Sie haben eher die Botschaft bekommen: »Jetzt hör mal auf zu denken«. Es können also sehr frühe blockierende Äußerungen, also praktisch ›Denkverbote‹, gewesen sein, die Menschen – vor allem unter Stress – ein Leben lang daran hindern, klar zu denken und ihre Gedanken zu äußern.

Jeder hat schon Situationen erlebt, in denen Menschen – man selbst oder andere – keine klaren Gedanken mehr fassen konnten. Als Führungskraft oder auch als Berater kann man Menschen, die in bestimmten Situationen glauben, dass sie nicht denken können, dabei helfen, wieder klare Gedanken zu fassen. Man hat verschiedene Interventionsmöglichkeiten, wenn man beobachtet, dass das Denken gerade blockiert ist:

- Man kann sich oder anderen einfach Zeit lassen – denn natürlich kann die Person denken, nur eben nicht in diesem Augenblick. Ein möglicher Dialog in einer solchen Situation: »Dazu fällt mir nichts ein.« – »Macht ja nichts. Muss ja nicht jetzt sein. Nehmen Sie sich Zeit und schreiben Sie mal auf, was Ihnen vielleicht doch noch einfällt. Dann reden wir morgen darüber.«
- Man kann Menschen durch Nachfragen oder durch einen Dialog dazu zu bringen, weiterzudenken und das auch zu äußern: »Wie meinen Sie das?« – »Fällt Ihnen dazu noch mehr ein?«
- Man kann jemandem ausdrücklich die ›Erlaubnis‹ geben, zu denken und das Gedachte auch zu sagen – ohne dass er sofort Widerspruch oder Kritik dafür erntet.

Man sollte also nicht lockerlassen, sondern davon überzeugt bleiben, dass die Person, die man vor sich hat, selbstverständlich in der Lage ist, zu denken.

Negative Prophezeiungen, frühe Verbote oder Einschärfungen sorgen bei vielen Menschen für Blockaden, die man erkennen muss, um sie bearbeiten zu können. Führungskräfte brauchen eine Ausbildung, um derartige Dinge bei sich oder bei anderen zu erkennen und damit umzugehen.

Während das Denken, die kognitive Seite der Arbeit, in Organisationen im Allgemeinen erwünscht ist, tun sich Organisationen im Umgang mit Gefühlen oft schwer. Bei der Arbeit mit Führungskräften hört man dann Sätze wie: »Gefühle haben bei uns keine Bedeutung« oder »Wir können doch nicht auch noch auf die Gefühle der Menschen Rücksicht nehmen«.

Das Thema Gefühle ist aber für Führungskräfte wichtig – denn Gefühle sind eine machtvolle Realität, auch in Organisationen.

Gerade dort haben Gefühle den Ruf, Komplikationen hervorzurufen. Man denke an Eifersucht unter Kollegen, wenn z. B. jemand anderes mehr Geld verdient. Wir müssen aber in der Zusammenarbeit mit anderen bereit sein, auch auf unsere und auf deren Gefühle zu achten: Wut, Trauer, Angst, Widerstand und auch Freude. Wir müssen bereit sein, unsere Emotionen auch zu zeigen. Erfahrungsgemäß fällt das Frauen leichter als Männern. Andersherum wird das Zeigen von Gefühlen bei Männern von Kindheit an weniger akzeptiert – entsprechend fällt es ihnen schwerer. Besonders Männer der älteren Generation haben Angst vor ›diesem Unbekannten‹ in sich. Denn Gefühle können beängstigend sein. Sie können eskalieren und enorme Schäden anrichten, bei einem selbst oder im Zusammenwirken mit anderen. Gefühle sind nicht von vornherein etwas Wunderbares. Sie sind wie die Wellen auf dem Meer: Sie können sehr groß und dann wieder kleiner werden. Sie können wohltun und sie können zerstören. Wenn aber keine Gefühle mehr da sind, haben wir ein echtes Problem: Wir erleben uns nicht mehr als Menschen.

Wer andere Menschen führt, muss seine und die Gefühle anderer kennenlernen. Für Führungskräfte ist es dabei wichtig, diese Gefühle angemessen ausdrücken zu können. Dazu gehört, dass sie ihre eigenen Impulse steuern können – also nicht nur impulsiv reagieren, sondern sich die Zeit nehmen, um zu reflektieren, wie man im Kontext der eigenen Rolle etwas Bestimmtes vermitteln will. Die Standard-Entschuldigung »Ich bin halt so« ist keine. Niemand hat einen Freifahrschein, sich auszuleben, auch Führungskräfte nicht.

Fußballtrainer sind ein gutes Beispiel: Die guten unter ihnen können mit den Gefühlen ihrer Spieler umgehen und zeigen auch selbst Gefühle. So halten sie ihre Truppe zusammen und bringen sie möglicherweise sogar zu Spitzenleistungen. Wieder andere sind gute Fachleute, aber das Anführen des Rudels, das immer auch mit Emotionen zu tun hat, kriegen sie nicht so gut hin.

Solche Unterschiede kann man auch zwischen Männern und Frauen beobachten: Es gibt Männer, die nicht gern mit Frauen zusammenarbeiten – zu viel Dynamik, damit können sie nicht umgehen. Viele Männer haben Angst vor Frauen und deren Gefühlen. Beziehungsthemen sind für Männer ebenfalls oft fremd. Sie reden nicht gern über Beziehungen. Sie reden lieber über Dinge, die man sieht, aber nicht über etwas, das man nicht sehen kann. Umgekehrt haben manche Frauen Schwierigkeiten damit, dass Männer nicht auch mal zeigen, was sie wirklich denken und fühlen. Frauen sagen manchmal über ihren Chef: »Der hat keinen Arsch in der Hose.« – »Der sagt nicht einfach mal, wenn er etwas leid ist.« Frauen testen Männer deshalb häufig. Sie wollen gerne sehen: Wer ist das denn eigentlich?

Man kann also beim Umgang mit Gefühlen große Unterschiede zwischen Männern und Frauen beobachten. Deshalb ist eine gute Mischung für den Erfolg eines Teams so wichtig. Gibt es in der Organisation ein Klima, das den Ausdruck von Gefühlen zulässt? Dafür sollten Führungskräfte im Rahmen ihrer Verantwortung für die Kultur des Unternehmens sorgen.

Eine Empfehlung an alle Führungskräfte: Im Konflikt zwischen Herz und Kopf – folge deinem Herzen.

Häufig kann das erst, wer selbst seine Persönlichkeit in der neuen Rolle entwickelt und entfaltet hat, also etwas über seine eigenen Gefühle weiß. Insofern sind Gefühle für Führungskräfte nicht nur ein Management-Thema, sondern auch ein Thema der Persönlichkeitsentwicklung.

5.3 Der Mut zu andauernder Selbstreflexion

Bei aller Hektik, bei allem Tempo unseres Alltags haben Führungskräfte die Verpflichtung – und sie sollten den Mut dafür aufbringen –, immer wieder innezuhalten, zur Ruhe, zum Rückzug, zur Meditation zu kommen. Nur so finden sie ihre eigene und die soziale Balance wieder, nur so können sie reflektieren und neue Führungskraft schöpfen.

Ohne eine einigermaßen stabile Persönlichkeitsstruktur können wir nicht gesund leben. Dazu sollte die Weiterentwicklung der Persönlichkeit kommen. Eine Führungskraft kann nur dann auf Dauer erfolgreich sein, wenn sie ausgehend von ihrem heutigen Zustand dazulernen will und dazu auch fähig ist. Niemand kann seinen Charakter vollständig verändern – aber wir können unsere Persönlichkeitsstruktur korrigieren oder sogar umgestalten, wenn wir uns offen halten gegenüber neuen Erfahrungen.

Persönlichkeitsentwicklung muss sich deshalb auseinandersetzen mit dem, was uns einschränkt – mit einengenden Glaubenssätzen und mit Hemmungen.

Glaubenssätze sitzen deshalb so tief, weil Kinder sie übernommen haben, als sie noch nicht unabhängig darüber nachdenken konnten, was diese eigentlich bedeuten. Kinder bis zu einem gewissen Alter glauben das, was sie bei ihren Eltern – oder bei anderen Vorbildern – sehen und hören. Es wird ihnen immer wieder etwas vorgelebt. Bestimmtes Verhalten wird sanktioniert, also gelobt oder getadelt. Jungen sollen z. B. ihre Gefühle nicht zeigen. Der Vater, das Rollenvorbild des Jungen, hat sie auch nie gezeigt. So verhält sich also ein Mann. Der kleine Junge hat kein anderes Modell und übernimmt das Verhalten unbewusst.

Deswegen ist es für neue Führungskräfte, aber auch für solche, die sich weiterentwickeln wollen, so wichtig, zu verstehen, dass es bei ihrer Entwicklung um tiefe Persönlichkeitsmerkmale geht – und nicht in allererster Linie um die Aneignung eines Werkzeugkastens von Führungsmethoden, der keine Verbindung zu ihren eigenen, ganz persönlichen Voraussetzungen hat.

Einer dieser Glaubensätze, mit denen manche Führungskräfte kämpfen, lautet z. B.: »Ich schaffe das nicht.« Dieser nicht bewusste Glaubenssatz hält die Person davon ab, wirklich daran zu glauben, dass sie ein bestimmtes Ergebnis erreichen kann. Mit dem Glaubenssatz »Ich schaffe das nicht« kann man ähnlich arbeiten wie mit »Ich kann (gerade) nicht denken«. Eine mögliche Intervention in einem Dialog wäre:
»Das schaffe ich nicht.«
»Lass' uns mal hinsehen: Wo genau ist denn das Hindernis? Wo ist die Sorge, dass das nicht funktioniert?«

Man fragt so lange nach, bis das Gegenüber dahinterkommt, dass es vor allem die Schwierigkeit hat, daran zu glauben, dass es Dinge schaffen kann:
»Wieso glaubst du, dass du das nicht schaffst?«
»Das habe ich noch nie gekonnt.«
»Noch nie gekonnt? Willst du es denn lernen?« – »Ja.«
»Okay, dann lass uns mal gucken, wie das gehen könnte.«

Hier wirken frühe Einschärfungen und Verbote wie: »Lass das mal, das kannst du nicht, das schaffst du eh' nicht.« Andere einengende Glaubenssätze lauten beispielsweise:

- »Ich bin nicht richtig« – weswegen man andere wichtiger nimmt als sich selbst, auch wenn man das Gefühl hat, zu kurz zu kommen.
- »Ich fühle nicht« – weswegen man zwar sehr gut erklären und argumentieren kann, aber nicht fühlt, was man sagt. Beispielsweise formuliert man Ziele mit Worten, kann sie aber nicht fühlen, das heißt, die Worte nicht ausreichend mit Emotionen besetzen.
- »Ich werde nicht erwachsen« – weswegen man so etwas wie ein ewiger Jüngling bleibt. Das hat Vorteile wie anhaltende Kreativität, Spontanität und Flexibilität. Es kann aber sein, dass die Führungskraft ihren Mitarbeitern nicht wirklich Schutz geben kann, nicht wirklich ein fürsorglicher, erwachsener Mann oder eine erwachsene Frau ist.
- »Sei immer stark« – eigentlich ein positiver Glaubenssatz, der allerdings bedeutet, dass eine Person nicht um Hilfe bitten darf. Dahinter stehen Erwartungen wie »Am besten, du machst alles selbst«, »Zeig deine Gefühle nicht«, »Sag nicht, dass du traurig bist oder Angst vor einer bestimmten Entscheidung hast«.

- »Denk nicht selbst« – weswegen Menschen gerne übernehmen, was andere denken, anstatt eigenständig zu denken.

All diese Glaubenssätze können als meist nicht bewusste Überzeugungen tief in der Entwicklungsgeschichte eines Menschen verwurzelt sein. Die Auseinandersetzung mit ihnen im Rahmen einer Entwicklung der Führungskraft muss also tief in die Persönlichkeit selbst hineingehen. Führungskräfte müssen sich gründlich und ggf. auch schmerzhaft mit sich selbst auseinandersetzen, um derartige Einschränkungen zu überwinden.

Mit einer einmaligen Erkenntnis ist es dabei nicht getan. Einschränkende Glaubenssätze besitzen eine große Sogkraft, die einen immer wieder in sie zurückfallen lässt. Jeden Tag muss man sich neu für Glaubenssätze entscheiden, die solche Einschränkungen überwinden – z. B. dafür, tatsächlich zu sagen, was man will, welche Gefühle man damit verbindet oder dass man etwas in der Tat auch schaffen kann. Damit sich im Gehirn neue Muster bilden können, die vergleichbar zu den bisherigen Glaubenssätzen eine bestimmte Stabilität besitzen, sind immer wieder neue Entscheidungen nötig. Dafür brauchen Führungskräfte – durch Supervision, durch Coaching und manchmal durch Therapie – sehr viel Reflexionsvermögen.

Erfolgreiche Führungskräfte besitzen oft auch ein gewisses Maß an Grandiosität, an Größenwahn und Selbstüberschätzung, um die Kraft und den Mut aufzubringen, die Risiken des Tuns und des Scheiterns immer wieder einzugehen. Es kann unter Umständen sehr schmerzhaft sein, sich eingestehen zu müssen, dass einem wieder etwas nicht gelungen ist ... dass man z. B. wieder einmal aus einem Impuls heraus entschieden hat und das Denken nicht beteiligt war.

Viele Führungskräfte begreifen es als die größte Herausforderung ihres Berufes, für ihre Organisation oder ihre Mitarbeiter sinnvolle Ziele zu formulieren. Die eigentliche Herausforderung liegt aber oft ganz woanders – nämlich darin, dass sie ihr Fühlen *und* ihr Denken miteinander verbinden und in ihrem daraus resultierenden Verhalten.

Ein Wort deshalb zu Impulsen – denen die meisten Menschen ausgesetzt sind: Impulse kommen aus schmerzhaften frühen Erfahrungen und sind blitzschnell. Impulse sind dort besonders stark, wo starke Gefühle mit im Spiel sind, z. B. Wut. Das heißt, man kann einen Impuls nicht stoppen. Man kann ihn allerdings steuern, indem man kurz nachdenkt (»Was mache ich denn jetzt?«), bevor man ihm nachgibt und ihn umsetzt. Die Aufgabe ist, dass z. B. die Wut nicht unkontrolliert in zerstörerischer Abwertung oder Gewalt umgesetzt wird. Die eigenen Impulse steuern zu lernen und einer Situation angemessen zu reagieren – das ist für die meisten die größte Herausforderung überhaupt. Impulssteuerung bedeutet immer, sich selbst zu überwinden. Das ist eine langfristige Lernaufgabe. Mehr zur Steuerung von Impulsen in Kap. 12, Sicherheit in unsicheren Zeiten.

5.4 Führungsarbeit als Lernprozess

Im besten Fall wird aus der Selbstreflexion ein kontinuierlicher Lernprozess, der die unterschiedlichen Etappen des eigenen beruflichen Lebens begleitet. Dadurch macht die Führungskraft sich immer wieder die Wirkung des eigenen Verhaltens und der eigenen Entscheidungen bewusst: Welche Auswirkung hat mein Verhalten auf das System, die Organisation oder die Gruppe, die ich führe?

Diese Aufgabe ist niemals erledigt. Man wird nicht Führungskraft – und ist es dann eben. Aufgaben verändern sich, weil die Umwelt sich ständig verändert. In verschiedenen Führungsebenen verändern sich Rollen: Als Gruppenleiter war ich eben noch der beste Sachbearbeiter in der Gruppe. Als Abteilungsleiter muss ich aufgeben, so zu denken, sondern muss Führung und strategisches Wissen erlernen. Schließlich verändert sich jeder Mensch im Verlauf des eigenen Lebens.

Die Entwicklung einer Führungskraft ist daher immer auch eine Geschichte von unausweichlichen Abschieden: Immer wieder muss eine Führungskraft, oft schmerzhaft, loslassen, um veränderte oder gar neue Ziele ins Auge zu fassen, sich an diese Ziele neu zu binden und am Ende zur Freude an der Arbeit und zur Freude am Leben zurückzufinden. Diese schmerzhafte Erfahrung von Trennungen und Abschieden sind eine Voraussetzung für persönliche Entwicklung.

Es hilft, diese Lernprozesse systematisch und strukturiert anzugehen. Es gibt ein breites Angebot von Coaching und Weiterbildung für Führungskräfte. Erfolgversprechend sind z. B. Seminare in Form von Coaching-Workshops. Sie sind ein Weg, Führungswissen und Führungsmethoden zu lernen und zu üben. Dabei werden die Fragen der Teilnehmer aufgegriffen und im Kreis der Kolleginnen und Kollegen, unter Einbeziehung ihrer Erfahrungen, beraten und Lösungen gefunden. Neben dem Aufbau eines methodischen Werkzeugkastens haben solche Veranstaltungen eine wichtige emotionale Dimension: Es entstehen Bindung und Vertrauen untereinander. Es gibt einen großen Mitlerneffekt, da die Fragen und Probleme der Teilnehmer sehr oft ähnlich gelagert und die Ergebnisse auf die Praxis übertragbar sind. So gelingt es mit dem Wissen aller Beteiligten, Ziele zu definieren, seien es individuelle Führungsziele oder Ziele für das eigene Team.

Einige wichtige Fragen und Lernaufgaben dabei sind:

- Wie führe ich einen Dialog?

- Was sind meine typischen Dialogblockaden?
- Wie konfrontiere ich Fehlverhalten klar und wertschätzend?
- Wie äußere ich ein ›Nein‹ und strebe danach eine Lösung an?
- Wie treffe ich verbindliche Vereinbarungen?
- Wie äußere ich Lob und Anerkennung?
- Wie schütze ich mich vor ungerechtfertigten Vorwürfen und Kritik?
- Wie äußere ich Ärger, Angst, Trauer und Freude auf eine angemessene Weise?

Führungsarbeit ist einer der schönsten Berufe, die es gibt. Es ist ungemein herausfordernd, mit unterschiedlichen Menschen, für vielfältige Ziele und in verschiedenen Organisationskulturen zu arbeiten. Das kann sehr viel Freude machen – es kann aber auch tiefe Enttäuschungen und Frustrationen auslösen.

Bei vielen Führungskräften findet man daher auch Erschöpfung und Krankheit. Die kontinuierliche Entwicklung der eigenen Persönlichkeit hilft, die eigene Kraft in dieser zehrenden Welt zu erhalten und wiederzufinden. Zum Lernen gehört dabei ein gutes, stabiles Umfeld. Wichtige Kraftquellen sind die Familie, die Freunde, die Schönheit der Natur und der Kultur und nicht zuletzt eine kontinuierliche ärztliche Betreuung.

Letztendlich schafft aber der Sinn, den wir unserer Arbeit geben, die notwendige Befriedigung. Er verhindert Erschöpfung, Erschöpfungsdepressionen oder Burn-out und lässt auch die uns anvertrauten Mitarbeiter gesund bleiben. Führungskräfte sollten darauf achten, dass sie gesund und kraftvoll leben. Betriebliches Wachstum und die Förderung ihrer persönlichen Entwicklung müssen dabei immer wieder neu zusammengebracht werden.

6 Umgang mit Rollen

> Im antiken Theater traten die Schauspieler mit Masken auf die Bühne. Die Masken zeigten dem Publikum, welche Rolle im Stück sie spielten. Wie ihre »Rolle« genau aussah, das wurde vorher auf einer Papyrusrolle aufgeschrieben – auf der Rolle stand die »Rolle«, daher kommt das Wort.
> Später kamen Kostüme hinzu. Sie halfen, Rollen auf der Bühne in Szene zu setzen. Im Berufsleben war das lange Zeit nicht viel anders: Eine bestimmte Kleidung war Ausdruck eines bestimmten Berufs – der Blaumann, der weiße Kittel, der Anzug – und damit einer bestimmten professionellen oder gesellschaftlichen Rolle.

Heute, im Zeitalter von Jeans und T-Shirt, verschwindet die rollenbeschreibende Funktion von Kleidung. Es gibt keine Masken und Kostüme. Man trägt Kostüm, Anzug, Hemden und Krawatten – oder eben auch nicht. Oft sorgen Unternehmenskulturen dafür, dass die Menschen in einem Betrieb ähnlich gekleidet sind. Man kann ihnen ihre Rollen nicht ansehen. Aber die Rollen und ihre Funktionen sind natürlich geblieben: Eine Sekretärin hat eine andere Rolle als ihr Chef. Ihr Chef hat gegenüber Mitarbeitern eine andere Rolle als diese untereinander.

Auch wenn man die Rollen nicht sehen kann: Will man sich im Unternehmen zurechtfinden, ist es wichtig, dass man um die unterschiedlichen Rollen weiß. Rollen bieten Orientierung, sie schaffen Sicherheit im Umgang miteinander.

Warum ist der bewusste Umgang mit Rollen so wichtig?

Rollen sind der Ausdruck von Erwartungen, die Menschen aneinander haben. Es ist für alle Beteiligten einfacher, wenn diese Erwartungen explizit und klar sind. Sehr oft sind sie es nicht. Stattdessen gibt es stillschweigende oder gar geheime Erwartungen an Personen in bestimmten Funktionen. Werden diese Erwartungen nicht offen ausgesprochen, dann sind Enttäuschungen die Folge: »... aber der ist doch eigentlich dafür da, das und das zu tun ...!?«

Eine Rolle steht dabei immer in einer Wechselbeziehung zu anderen Rollen: Die Elternrolle zur Rolle der Kinder, die Führungsrolle zur Rolle von Mitarbeitern. Auf beiden Seiten gibt es Erwartungen. Es ist deshalb wichtig, dass die Rolle in Bezug auf ein Gegenüber geklärt ist. Das bietet nicht nur Orientierung, es vermeidet auch Konflikte, beugt Enttäuschungen und Frustrationen vor. Sind Rollen geklärt, miteinander abgestimmt, quasi vereinbart – dann wird das Verhalten der anderen vorhersehbar und Missverständnisse werden vermieden.

Andersherum: Sobald die Rollen nicht geklärt sind, gibt es enorme Verunsicherungen. Wenn z. B. der Vater gegenüber dem Kind nicht die Rolle des Vaters einnimmt, sondern die eines Freundes, dann ist das Kind verwirrt. Denn es erwartet von seinem Vater ein anderes Verhalten als von einem Freund. Ähnlich ist es im Betrieb: Wenn der Chef sich den Mitarbeitern gegenüber wie ein Kollege verhält, dann sorgt er dafür, dass das System nicht wirklich funktioniert. Wenn er seine Chef-Rolle dann tatsächlich einmal einsetzen will, etwa, um sich mit einer Entscheidung durchzusetzen, dann wird er möglicherweise nicht ernst genommen.

Wir brauchen die Rollen also, um uns in einem sozialen System zu vergewissern, wer wir selbst sind, und um uns darüber zu verständigen, wer die jeweils anderen sind. So können wir miteinander einen Umgang pflegen, der für alle vorhersehbar und konstruktiv ist.

In unterschiedlichen Situationen zu wissen, welche Rolle man gerade hat, gehört zu den wichtigsten Fertigkeiten von Menschen, die in komplexen Organisationen arbeiten: Bin ich gerade mit Kollegen auf gleicher Ebene zusammen? Oder bin ich – in einer hierarchischen Situation – der Chef und andere sind meine Mitarbeiter? Oder bin ich in einer Situation, in der jemand anderes Chef ist und ich der Mitarbeiter? Wenn man durch seinen beruflichen Tag geht, hat man immer das Radar kreisen: Was ist jetzt gerade meine Rolle? Bewusst und souverän mit der jeweiligen Rolle umzugehen, setzt voraus, dass man sie erkennt. Und natürlich, dass man sie den anderen Beteiligten – Partnern, Bezugspersonen innerhalb des Systems – auch kommuniziert. Im Zweifelsfall müssen Rollen nicht nur geklärt werden, sondern es müssen auch Rollenverhandlungen geführt werden, wenn es Diskrepanzen gibt.

Was die Sache zusätzlich kompliziert: Berufliche Rollen liegen nicht ein für alle Mal fest, sondern sie verändern sich ständig. Eine Rolle ist an eine bestimmte Aufgabe geknüpft, die wiederum bestimmte Verantwortlichkeiten, Entscheidungsformen und die Gestaltung von Beziehungen definiert. Weil sich berufliche Rollen ständig verändern, genügt es nicht, sie ein für alle Mal zu verhandeln und festzulegen. Sie müssen fortlaufend verhandelt, also von Zeit zu Zeit modifiziert oder ergänzt werden.

6.1 Private, fachliche und organisatorische Rollen

Rollenmanagement ist ein fortlaufender Prozess (vgl. Schmid 1994). Um ihn erfolgreich steuern zu können, müssen die Beteiligten zunächst einmal wissen, in welcher Art Rolle sie sich gerade befinden: in einer privaten, einer fachlichen oder einer organisatorischen Rolle? Und in welcher genau?

Jeder von uns hat in unterschiedlichen Situationen unterschiedliche Rollen. Welche Arten von Rollen gibt es?

Zunächst gibt es die Rollen, mit denen wir großgeworden sind – die **privaten Rollen**: Vater, Mutter, Kinder, Großeltern, Tanten und Onkel, Cousins und Cousinen ... Auch viele der privaten Rollen unterliegen ständigen Veränderungen. So kommt ein Kind in die Schule – und lernt dafür eine neue Rolle: Es muss jetzt stillsitzen, es kann nicht jederzeit sprechen, es muss festgelegte Aufgaben erfüllen. Es lernt die Rolle Schulkind. Später wird der Jugendliche die Rolle eines jungen Erwachsenen lernen: Was darf ich schon, was darf ich noch nicht? Wofür trage ich Verantwortung, wofür noch nicht? Auf diese Weise gehen wir im Laufe unseres Lebens durch verschiedene private Rollen hindurch.

Private Rollen spielen wir in einem Familiensystem, nicht im Betrieb. Die Rolle des Vaters oder der Mutter definiert sich aus einer ganz anderen Haltung als eine Rolle in professionellen Beziehungen. Die Fähigkeit, beides voneinander trennen zu können, ist wichtig: Sobald ich im Betrieb bin, habe ich eine bestimmte Aufgabe, die ich auf eine professionelle Art und Weise zu erledigen habe. Ich muss bereit sein, meine familiäre Rolle davon zu trennen, damit ich nicht Ersatzvater oder Ersatzmutter meiner Mitarbeiter werde und diese sich nicht wie meine Ersatzkinder verhalten. Wir müssen gemeinsam das Bewusstsein haben, dass wir im Betrieb erwachsene Menschen sind – die hier einen Arbeitsvertrag haben und die dafür bezahlt werden, ihren Beruf bestmöglich auszuüben. Um private und berufliche Rollen auseinanderzuhalten, muss ich in der Lage sein, mich selbst und mein Verhalten zu reflektieren: Wer bin ich, wie denke ich, wie fühle ich und was sind meine Impulse, auf die ich achten muss? Wie verhalte ich mich in bestimmten Stresssituationen? Diese Reflexionsfähigkeit der Führungsperson ist eine Schlüsselqualifikation, die man unbedingt haben oder aber lernen sollte.

Dann gibt es **fachliche Rollen**: Der junge Erwachsene kommt irgendwann in den Beruf, lernt ein Fach, ein Handwerk, eine Profession – und wird damit Inhaber einer fachlichen Rolle. Fachrollen spielen im späteren Leben eine große Rolle, weil Expertise oft ein ganzes Berufsleben bestimmt und die Identität von Menschen stark prägt. Aber auch sie sind keineswegs stabil: Es kann passieren, dass in der betreffenden Organisation eine bestimmte fachliche Rolle eines Tages nicht mehr gebraucht wird. Prozesse und Berufe verändern sich und dann sind ganz andere Fertigkeiten gefragt und müssen neu gelernt werden. Oder der betreffende Fachmann wird befördert und wird eine Führungskraft. Damit erhält er eine andere, für ihn neue Rolle. Eine Führungskraft sollte möglichst ihr Fachgebiet beherrschen. Die Mitarbeiter merken genau, ob jemand etwas von der Sache versteht oder nicht. Gleichzeitig sollte die Führungskraft aber wissen, dass die Rolle, die sie jetzt innehat und für die sie bezahlt wird – nämlich Führung und Management – eine andere Aufgabe ist. Die fachliche Rolle bringen viele Führungskräfte mit. Was sie lernen müssen, ist der Umgang mit ihr in einer für sie neuen Führungssituation. Manchmal ist es ein lebenslanger Prozess, diese Rolle zu lernen.

Schließlich gibt es **organisatorische Rollen**: Führungskräfte – ganz gleich, auf welcher Ebene – haben in ihrem Betrieb eine organisatorische Rolle. Die organisatorischen Rollen von Führungskräften, Managern oder Leitern lassen sich leicht daran erkennen, dass mit ihnen in der Regel Personalverantwortung verbunden ist. In klassischen Organisationen ist in dieser Rolle das zentrale Element der Weisungsbefugnis gegenüber anderen verankert. Unter Umständen wird sie nicht oft angewandt – die Führungskraft muss sie aber anwenden können, wenn es Schwierigkeiten gibt, die über Argumente, also auf dem Verhandlungsweg, nicht lösbar sind. Zu den Fähigkeiten einer Führungskraft gehört, dass sie in ihrer Rolle und aus ihrer Persönlichkeit heraus in der Lage ist, gegenüber einem Mitarbeiter oder einer Mitarbeiterin zu sagen: »Ich bin Ihr Chef und wenn ich Ihnen diese Weisung erteile, dann haben Sie diese zu befolgen.« Das stößt dann vielleicht auf Unverständnis – es ist aber in diesem Moment nichts weiter als die Klärung von organisatorischen Rollen. Nur, wenn eine Führungskraft im Zweifelsfall auch durchsetzungsfähig ist, kann eine Organisation geordnet funktionieren.

Es gibt verschiedene organisatorischen Rollen: Leiter, Kollege, Mitarbeiter eines Leiters, um dann auch wiederum Kollege von anderen Kollegen zu sein. Die verschiedenen Rollen, die gleichzeitig auftreten, aber unterschiedlich »gespielt« werden müssen, werden häufig durcheinandergeworfen. Dann entsteht Konfusion. Übrigens besonders häufig dann, wenn Mitarbeiter eine Führungsaufgabe übernehmen: Sie haben den Kollegenmodus verinnerlicht und betrachten ihre eigenen Mitarbeiter, denen gegenüber sie weisungsberechtigt und kontrollbefugt sind, weiter als ihre Kollegen. Diese aber wollen eine Führungskraft und keinen Kollegen. Hier eine Klarheit in der neuen Rolle zu finden, ist wiederum ein Thema von Persönlichkeitsentwicklung: Es reicht nicht, zu wissen, was im Organigramm steht. Die Führungskraft muss lernen, zu fühlen: »Ich bin euer Chef. Das ist mir eine Herzensangelegenheit. Ich bin dafür da, alles zu tun, damit ihr gut arbeiten könnt, damit wir unsere Ziele erreichen, damit ihr gute und sehr gute Mitarbeiter werdet.« Wenn Fühlen und Wissen, wenn Herz und Verstand hier nicht zusammenkommen, dann ist die Führungskraft nicht authentisch. Auch die Klarheit in organisatorischen Rollen kann man lernen.

6.2 Rolle, Identität und Persönlichkeitsentwicklung

Nicht jede Führungskraft – zumal wenn sie eben noch fachliche Kollegin oder Kollege auf Augenhöhe war – hat auf Anhieb die Fähigkeit, ihre organisatorische Rolle auch tatsächlich zu spielen. Damit kommen wir in den Bereich der persönlichen Identität. Rollen sind immer gebunden an Menschen.

> Im antiken Theater trugen die Schauspieler Masken, um ihre Rollen darzustellen. Diese Masken hatten Öffnungen für Mund und Augen. Durch sie hindurch klang die Sprache des Schauspielers, der sich hinter der Rollenmaske verbarg. Hinter der Maske befand sich also ein Mensch, eine Person (lat. »personare« = hindurchklingen), die gerade eine bestimmte Rolle übernommen hatte. Rolle und Person waren in diesem Moment miteinander verbunden, aber nicht identisch.

Rolle und persönliche Identität treten immer gemeinsam auf. Die Rolle erscheint nach außen, die Identität nicht, jedenfalls nicht auf den ersten Blick. Man kann sie allenfalls indirekt erkennen. Die Maske ist starr – aber man sieht die Augen oder hört den Ton der Stimme. Daran kann man sich orientieren.

Die Schwierigkeit besteht häufig darin, dass persönliche Identität und Rolle nicht oder nicht gleich zusammenpassen. Ein Beispiel aus dem Bereich der privaten Rollen:

> Junge Eltern müssen ihre neue Elternrolle lernen wie eine Rolle im Theater. Die Mutter hat es etwas einfacher, denn sie hat das Kind während der Schwangerschaft getragen und dann geboren. Sie hat die Mutterrolle von Anfang an mitgelernt. Ein junger Vater lernt seine Rolle spätestens ab der Geburt des Kindes. Die Mutter- und die Vaterrolle unterscheidet sich grundlegend von allen anderen Rollen, die sie vorher gespielt haben. Hier geht es nicht um Freundschaft oder Kollegialität – in der Elternrolle geht es um etwas für sie völlig Neues. Ein Kind spürt genau: Dies sind meine Eltern und nicht meine Freunde. Bei aller Verbundenheit sind Eltern für das Kind eine Autorität. Darauf müssen sich die Eltern einstellen.

Ähnliches gilt für Führungskräfte, zumal, wenn sie Personalverantwortung tragen: Sie müssen ihre jeweilige Rolle erkennen, annehmen und lernen, diese Rolle tatsächlich auch zu spielen. Häufig sind sie zum Zeitpunkt des Rollenwechsels dazu noch nicht bereit, sondern müssen zunächst ihre Persönlichkeit – die Person hinter der Rollenmaske – weiterentwickeln. Niemand kommt als Führungskraft auf die Welt.

Es gibt Menschen, denen man ihre persönliche Autorität sofort abnimmt. Und es gibt andere, denen glaubt man ihre persönliche Autorität nicht, weil sie in der Verbindung ihrer verschiedenen Rollen nicht als Autorität erlebt werden.

Wie kommt es, dass Mitarbeiter einer Person folgen und einer anderen nicht, obwohl beide die gleiche Funktion haben, die gleiche Aufgabe, die gleichen Befugnisse?

Bei der einen spürt man, dass sie sich nicht scheut, sich wenn nötig auch durchzusetzen. Bei der anderen spürt man eine solche Scheu – sie diskutiert lieber endlos, anstatt zu entscheiden. Sie ist nicht souverän im Erkennen und Ausführen ihrer Rolle. Ihre Persönlichkeit hinter der Rolle passt nicht zu ihrer Rolle: Eigentlich wäre es die Rolle der Führungskraft, sich durchzusetzen, weil ihre Funktion in dieser Rolle genau dies verlangt. Aus Gründen der persönlichen Prägung traut sich das die Persönlichkeit hinter der Rollenmaske aber nicht. Vielleicht möchte sie weiter beliebt sein oder sie möchte keinen Ärger auslösen. Gründe, die in ihrer Persönlichkeit liegen, hindern sie daran, zu erkennen, dass es hier jetzt ausschließlich darum geht, die Rolle der Führungskraft gut zu spielen – sodass sie im Ergebnis zuverlässig für andere ist.

Persönlichkeitsentwicklung kann also – neben einem bewussten Umgang mit Rollen – ein Schlüssel zu erfolgreicher Führungsarbeit sein, nämlich überall dort, wo die Anforderungen der Rolle und die persönlichen Fähigkeiten noch auseinanderklaffen. Führung kann man lernen, indem man Dinge übt, die einem – oft aus Gründen der persönlichen Prägung – besonders schwerfallen. Führungskräfte sollten also darauf achten: Was kann ich ganz gut? Wo kann ich noch besser werden? Was sollte ich verstärken? Man kann Führung lernen. Bis zu welchem Niveau, das hängt von den jeweiligen Personen ab, inwieweit sie talentiert sind, ob sie wirklich gerne mit Menschen arbeiten und ob sie auch Management-Fähigkeiten haben. Es gibt keine idealen Führungskräfte – aber jeder kann neue Facetten in seine Führungsarbeit aufnehmen, die ihn erfolgreicher und ihm das Leben als Führungskraft leichter und stressärmer machen.

Betrachtet man die Vorgänge in einer Organisation, dann hat man es in Bezug auf Rollen also mit zwei Dimensionen zu tun: Auf der einen Seite mit der Klarheit und der Bewusstheit von Rollen, die alle Beteiligten haben sollten, damit Prozesse eindeutig und möglichst konfliktarm verlaufen. Auf der anderen Seite aber auch mit der Frage, ob diejenigen Personen, die hinter der Rollenmaske agieren, ihre Rolle auch ausfüllen können. Denn es kann sein – und jeder kennt solche Beispiele – dass Menschen für bestimmte Rollen nicht geeignet sind, weil ihre Persönlichkeit nicht hergibt, was die Rolle von ihnen verlangt.

Die Auswahl von Führungskräften ist also entscheidend: Wer kann diese Rolle lernen? Wer wird sie eher nicht lernen? Dieser Person sollte man lieber eine andere Rolle geben. Es geht um das Thema Passung – eine Rolle sollte am Ende passen wie ein gut sitzender Anzug. Und natürlich passt es nicht immer: Oft haben Personen eine bestimmte Rolle, sind aber möglicherweise in ihrer Persönlichkeit noch gar nicht da, wo sie nach ihrer Rolle sein müssten – etwa junge Führungskräfte, die eine neue Führungsaufgabe übernommen haben: Sie mögen fachlich gut sein, können aber von ihren persönlichen Fähigkeiten her ihre neue Rolle noch nicht adäquat ausfüllen. Nur, wenn sie lernbereit sind, wenn sie die Lücke zwischen eigenem Können oder eigener Persönlichkeitsentwicklung und der Rolle füllen, können sie auch Führungsqualitäten entwickeln. Ohne Talent und ohne eine grundsätzliche Bereitschaft zum Lernen und zur Selbstreflexion geht das nicht. Führung zu lernen, ist schon schwierig genug, wenn man Talent hat.

Man kann sich der Sache nähern, indem man z. B. analysiert, worin genau die Führungsrolle besteht:

- Was ist der fachliche Anteil?
- Was ist der Führungsanteil – kommunikative Fähigkeiten etwa und in Beziehung zu anderen zu treten?
- Und was ist der Anteil an strategischen Fähigkeiten?

Eine Führungskraft kann für sich klären, wie diese Anteile bei ihr verteilt sind:

- Wieviel Zeit benutze ich, um fachliche Dinge zu tun?
- Wieviel Energie und Zeit brauche ich, um die Führungsaufgaben zu lösen?
- Wie viele strategische Aufgaben habe ich?

Aus einer solchen Ist-Analyse kann man dann entwickeln, was der Rolle angemessen ist. Der Selbsteinschätzung wird ein Entwurf der Rolle gegenübergestellt:

- Was erfordert die Rolle?
- Wofür bist du eigentlich hier?
- Wofür wirst du bezahlt?
- Welche Tätigkeiten müsstest du reduzieren oder völlig weglassen?
- Wer könnte die fachlichen Anteile übernehmen?
- Welche Aufgaben sind delegierbar?

Damit sind wir bei Führungsthemen: Wenn eine Führungskraft eine Aufgabe delegiert, dann gibt sie die daran geknüpften Kompetenzen und Verantwortungen ab. Auf der anderen Seite muss die Führungskraft selbst vielleicht strategische Fähigkeiten hinzulernen. Vielleicht muss sie auch bestimmte Seiten ihrer Persönlichkeit weiterentwickeln, um der Rolle zu entsprechen.

Auf diese Weise lernen Führungskräfte, sich gemessen an ihrer Aufgabe selbst einzuordnen. Es kann sehr erhellend sein, zu verstehen: Mein fachlicher Anteil ist zu groß. Mein strategischer Anteil ist zu klein. Mein Führungsanteil ist gering. Was kann ich tun, um mein Rollen-Portfolio der Aufgabe entsprechend zu verändern? Das ist ein Lernprozess, in dem ständig Rollen geklärt werden: Wofür bin ich da? Wofür sind andere da? Was verändert sich dadurch bei mir und was verändert sich bei anderen? Bewusstheit über Rollen herzustellen, ist ein ständiger, gegenseitiger Lernprozess.

Weil Geld und Macht im Spiel sind, ist es für viele Menschen grundsätzlich attraktiv, Führungskraft in einem Unternehmen zu werden – ganz gleich, ob sie dazu geeignet sind oder nicht. Wenn jemand erst einmal Führungskraft ist, dann liegt die Schwierigkeit darin, diese Person wieder aus der Position zu entfernen, wenn sie sich als ungeeignet erweist. Denn das ist in der Regel mit Gesichts- und Ansehensverlust verbunden. Hier bedarf es dann wiederum eines klaren Rollenverständnisses der übergeordneten Ebene: Spitzenmanager müssen in solchen Situationen eine gewisse Härte beweisen – im Interesse der Gemeinschaft, im Interesse des Betriebs, im Interesse des Erreichens von Zielen. Diese Klarheit hat nicht jeder.

6.3 Rollenmanagement

Die Bewusstheit von Rollen und ihre klare Kommunikation sind für das Funktionieren von Organisationen entscheidend. Unklare Rollen sind die Hauptursache für Konflikte.

Deshalb müssen Rollen immer wieder geklärt werden – sowohl in akuten Situationen, wie etwa Konferenzen, als auch in Arbeitsstrukturen. Das gilt ganz besonders in Zeiten von Veränderungen, in denen Organisationen Anpassungsprozesse erleben. Rollen brauchen ein klares Bewusstsein – und sie brauchen permanente Verhandlungen: Mit jeder Veränderung, mit jeder Neubesetzung einer Position muss eine neue Rollenverhandlung stattfinden.

Das Einfachste ist, dies schriftlich zu tun: Der Betroffene schreibt auf, wie er seine eigene Rolle sieht. Die Erwartungen an die eigene Rolle sind wichtig, man muss sie formulieren. Dann hört man, welche Erwartungen das Gegenüber, möglicherweise der Auftraggeber, hat. Beides stimmt man dann miteinander ab. Eine saubere, für alle Beteiligten nachvollziehbare Rollenverhandlung ist das A und O für konfliktarmes Zusammenarbeiten, auch zwischen unterschiedlichen Hierarchie-Ebenen.

In Organisationen werden im besten Fall Rollen fortlaufend geklärt, kommuniziert und unter veränderten Umständen immer wieder neu verhandelt. Das ist »Rollenmanagement«:

- das Steuern von benötigten Funktionen und den damit verbundenen Aufgaben,
- das Steuern der dafür jeweils bei Mitarbeitern erforderlichen Kompetenzen,
- das Steuern der Verantwortlichkeiten und der sich daraus ergebenden Arbeitsbeziehungen in der Organisation.

Dafür zu sorgen, dass Rollen und Personen jeweils zueinander passen, ist eine schwierige Aufgabe: Es geschieht häufig, dass aus Fachleuten durch ihren Aufstieg in der Organisation Manager werden. Auch in ihrer neuen Rolle behalten sie natürlich ihre alte Fachkompetenz. Gleichzeitig müssen sie mit der neuen Aufgabe aber auch Dinge aufgeben, die in die neue Rolle nicht mehr hineinpassen. Oft sind dies Aufgaben, die sie besonders gemocht haben, wegen derer sie möglicherweise sogar einmal ihren Beruf ergriffen haben. Für sie ist das ein Ablösungsprozess, der mit Gefühlen wie Trauer, Protest und Widerstand verbunden ist. Gleichzeitig müssen sie als neue Führungskraft neue Fertigkeiten hinzulernen, die zu ihrem neuen Rollenprofil gehören.

Ein Berater erinnert sich an die Anfangstage seines Instituts. Damals stellte er eine Frau ein, die das Institut managte. Am Anfang stand eine sehr sorgfältige Rollenverhandlung: Er selbst war oft unterwegs und musste sich darauf verlassen können, dass das Institut gut funktionierte, wenn er abwesend war. Er wollte und konnte nicht sein eigener Manager sein, sondern sah sich eher als Lehrer. Er war außerdem Unternehmer und sorgte dafür, dass Aufträge hereinkamen, dass die Mitarbeiter erschienen, dass das Ganze auch als System funktionierte. Sie dagegen wollte Managerin werden – lernen, wie man ein Office steuert, mit den Kunden umgeht, mit den Kollegen, die für das Institut arbeiten, mit ihrem Chef. Beide ergänzten sich in hervorragender Weise. Das ging einige Jahre sehr gut, aber irgendwann fing es an, nicht mehr zu passen: Die Managerin wollte etwas Neues lernen und machte selbst eine Ausbildung als Beraterin. Sie wollte also das lernen, was bisher die Rolle ihres Chefs gewesen war. Sie bildete sich fort und machte sich dann irgendwann selbstständig. Der Berater/Lehrer/Unternehmer musste für die Rolle der Managerin jemand Neues finden, sodass die Rollen wieder zueinander passten.

Jede Organisation ist ständig im Fluss. Menschen, die im Moment in eine Rolle hineinpassen, vielleicht auch in eine Rolle hineingewachsen sind, werden trotzdem nicht immer passgenau zu dieser Rolle bleiben. Irgendwann muss man wieder neu verhandeln oder auch etwas verändern. Was einem vielleicht zunächst wie eine lästige Komplikation erscheint, hat auch eine sehr befriedigende Seite: Man merkt daran, dass sich die Organisation weiterentwickelt.

Es ist ratsam, solche Entwicklungsprozesse systematisch zu steuern, indem für die gerade gegenwärtige Etappe die Entwicklungsziele aufgeschrieben und auch kommuniziert werden. Das verhindert, dass die Beteiligten in der Luft hängen und die nötigen Entwicklungsprozesse im Ungewissen bleiben und nicht zu Ende geführt werden.

6.4 Rollenkonflikte

Die ideale Organisation, in der alle Rollen geklärt sind, gibt es nicht. Organisationen sind ständig in Bewegung: Die Welt um sie herum verändert sich. Aufgaben verändern sich. Auch Menschen verändern sich.

Alle Organisationen gehen von Zeit zu Zeit durch Phasen der Unklarheit, in denen Führungskräfte z.B. feststellen, dass in ihrem Bereich etwas nicht rund läuft: Rollen sind unklar. Es gibt Konflikte wegen unausgesprochener Erwartungen. Die einen tun Dinge, die sie nicht tun sollen. Und die anderen tun Dinge nicht, die sie eigentlich tun sollten. Es ist eine Art von diffusem Durcheinander, auf das neue Chefs oft treffen oder auch Berater, die von außen auf eine Organisation schauen. In der Regel stecken Rollenkonflikte dahinter.

Das Klären von Rollenkonflikten macht Arbeit – aber ist es eigentlich nicht sehr kompliziert:

Der Berater wird sich in dieser Situation erst einmal im Beisein der Beteiligten erkundigen, wo die Schwierigkeiten liegen. Hat er eine Vorstellung von den heiklen Punkten gewonnen, wird er möglicherweise empfehlen, dass jeder zunächst einmal sein Rollenselbstbild klärt:

- Wofür bin ich eigentlich da?
- Wofür möchte ich da sein?
- Welche Bindung habe ich an meine Rolle?
- Welche Emotionen verbinde ich mit ihr?

Alle schreiben auf, welche Erwartungen sie an sich selbst haben, an ihre eigene Rolle, an das, was sie tun. Dabei kann herauskommen, dass die eigene Rollenerwartung und die gegenwärtige Position nicht zusammenpassen. Es kann aber auch sein, dass alles gut zusammenpasst.

In der nun folgenden Inter-Rollenklärung werden die eigenen Erwartungen wie bei einem Puzzle neben die der anderen gelegt: Was passt, was passt nicht? Welche Löcher klaffen zwischen den Rollen? Und wo überlappen sich Rollen auch, weil jemand anderes genau dasselbe machen will, wofür eigentlich ich glaube, da zu sein? Wie können diejenigen zusammenarbeiten, die das müssen, weil sie aufeinander angewiesen sind? Wie könnte eine Verständigung über die jeweiligen Rollen aussehen?

In der Regel gibt es Widersprüche und unvereinbare Erwartungen. Diese Widersprüche müssen aufgedeckt werden. Bei unvereinbaren Erwartungen kann man beispielsweise folgendermaßen argumentieren: »Ich kann gut verstehen, dass du das gerne machen möchtest. Aber dafür bist du nicht da. Dafür ist jemand anders da. Das ist unvereinbar mit deiner Rolle.« Denn die unterschiedlichen Rollen bilden miteinander ein System: Die Erwartungen der Führungskraft an ihre Mitarbeiter, die der Mitarbeiter an die Führungskraft, die Erwartungen der Kollegen untereinander, diejenigen der Kunden an den ganzen Bereich. Es gilt also genau zu analysieren, welche Erwartungen es im System gibt und auf welche Lücken oder Überschneidungen besonders zu achten ist.

Der zuständige Chef sollte bei der Klärung von Rollenkonflikten natürlich dabei sein – denn diese Klärung ist eng mit seiner Leitungsfunktion verbunden: Mit welchen Zielen wird dieser Bereich geleitet? Steht ein exzellenter Service im Vordergrund? Dann sollten sich die Rollenverhandlungen auf die Frage ausrichten, wie der Service gegenüber den Kunden verbessert werden kann. Oder geht es um interne Veränderungen? Dann sollten die Rollen im Veränderungsprozess festgelegt werden. Die Führungskräfte müssen wissen, was sie wollen – vor allem aber: wohin sie wollen: »Was willst du mit dieser Truppe erreichen? Und was muss jeder Einzelne tun, damit der Bereich dieses Ziel erreicht?« Genau das müssen die Führungskräfte auch kommunizieren. Sie haben darüber hinaus die Aufgabe, die Verständigung zwischen den Mitarbeitern und den Hierarchie-Ebenen zu organisieren. Und sie halten die getroffenen Vereinbarungen fest und sorgen später für ihre Umsetzung.

Natürlich ist das viel zusätzliche Arbeit und man bekommt deshalb häufig zu hören: »Das müssen wir nicht klären. Wir sind alle schon so lange hier, wir kennen unsere Arbeit.« Wie kann man als Chef mit einem solchen Widerstand arbeiten? Hinter dem Widerstand verbergen sich Ressourcen, die bei dieser Gelegenheit offengelegt und die vielleicht genutzt werden können: Was hat man bei einigen Mitarbeitern bisher nicht gesehen? Viele Führungskräfte scheuen aber diesen Aufwand. Sie geraten stattdessen lieber in eine Abnutzungsschleife: Endlose Konferenzen, immer wieder neue Sitzungsrunden, alles wird besprochen, diskutiert, hin und her, Vereinbarungen getroffen, Protokolle angelegt … und trotzdem werden Rollen nicht eingehalten. Die Organisation läuft nicht rund. Deshalb sind Rollenverhandlungen – basierend auf dem Abgleich der Erwartungen aller Beteiligten – gut investierte Zeit.

6.5 Rollenklarheit als Voraussetzung für Erfolg

Klare, von allen Beteiligten respektierte und ausgefüllte Rollen sind die Voraussetzung dafür, dass in einer Organisation mit gegenseitigem Respekt gearbeitet werden kann, dafür, dass Vertrauen und Bindung zueinander und an Ziele entstehen.

Führungskräfte brauchen ein Grundvertrauen darin, dass Menschen wirklich gute Arbeit leisten wollen. Dafür müssen diese allerdings wissen, wofür sie in einer Organisation da sind. Wenn Ziele klar sind, dann wollen Mitarbeiter diese auch erreichen. Wenn Mitarbeiter keine gute Arbeit leisten, dann hat das in der Regel mit schlechtem Management zu tun: Mit mangelnder Rollenklärung, mit falschen Stellenbesetzungen oder damit, dass man sich nicht voneinander getrennt hat, obwohl es längst nötig gewesen wäre.

Natürlich gibt es immer auch Zwistigkeiten und aggressives Verhalten zwischen Menschen. Führungskräfte brauchen dafür einen Blick und sie sollten lernen, derartige Konflikte zu lieben. Wenn irgendetwas brennt, dann ist es ihre Rolle, zu sagen: »Okay, kommt mal her, lasst uns mal reden.« Wer davor eine Scheu hat oder glaubt, Konflikte dürften nicht sein, der kann keine gute Führungskraft werden. Denn dort, wo Menschen sind, gibt es unterschiedliche Auffassungen, unterschiedliche Ziele, unterschiedliche Bedürfnisse und Meinungen. Und die führen dann manchmal dazu, dass die Bindung untereinander abreißt, dass sich Menschen gegeneinseitig sabotieren oder passiv werden. Führungskräfte müssen lernen, mit Menschen umzugehen. Das ist der Kern.

Es sind im Grunde genommen hauptsächlich Management- oder Führungsprobleme, die dazu führen, dass Mitarbeiter irgendwann nicht mehr wollen oder nicht mehr einsehen, was ihre Aufgabe ist. Eine Organisation mit ihren unterschiedlichen Menschen in unterschiedlichen Rollen managen zu können, sie zusammenzuhalten, stabile Bindungen herzustellen, Zusammenhalt zu schaffen – das ist in der Tat eine große Herausforderung.

Ob sie gelingt oder nicht, das kann man auch daran ablesen, ob Führungskräfte selbst sich wohlfühlen mit der Organisation ihres Bereichs, ob sie morgens gerne in die Firma kommen, ob sie ihre Kollegen gerne sehen.

Rollenmanagement, Identität und Rolle, persönliche Entwicklung – all das beruht auf einem bestimmten Menschenbild. Eine Führungskraft sollte darauf bestehen, dass sich alle Beteiligten gegenseitig respektieren. Auch wenn sie nicht alle gleicher Meinung sein müssen, so ist die gegenseitige Wertschätzung doch die Grundlage für alles andere. Artikel 1 unseres Grundgesetzes sagt: »Die Würde des Menschen ist unantastbar.« In den Alltag einer Organisation übersetzt heißt das: »Gegenseitiger Respekt ist die Basis unserer Arbeit.«

7 Über die Bedeutung von Bindung

Für die Arbeit von Führungskräften ist das Konzept der emotionalen Bindung besonders hilfreich und wirkungsvoll.

7.1 Was ist Bindung?

Die Bindungstheorie geht zurück auf den englischen Psychoanalytiker John Bowlby, der die Bindung zwischen Säuglingen und ihrer Mutter untersucht hat. Er prägte dafür den Begriff Attachment – Bindung (Bowlby 1988). Daraus ist die Theorie entstanden, dass Bindung für das menschliche Leben insgesamt entscheidend wichtig ist, wenn sie auch später im Leben nicht mehr die gleiche, große Bedeutung hat wie zwischen Kind und Mutter bzw. Vater.

In der Ausbildung und Beratung von Führungskräften bestätigt sich die Bedeutung dieser Bindungstheorie. Für Führungskräfte ist sie ein Schlüssel, wenn es um gelingende Führung von Mitarbeitern und die Entscheidungsfähigkeit von Teams geht.

Wichtig ist hierbei die Unterscheidung von positiven emotionalen Bindungen und Abhängigkeiten, also negativen symbiotischen Beziehungen. Wir sprechen hier von Bindungen zwischen Erwachsenen im Unterschied etwa zu der natürlichen Abhängigkeit eines Kindes von seinen Versorgern. In einer Symbiose machen sich zwei Menschen voneinander abhängig – sie glauben, sie seien eins. Diese Form der Abhängigkeit führt in aller Regel nicht zu gemeinsamen Problemlösungen, sondern zur Unterordnung einer der beiden Personen und damit zu Ergebnissen, die oft mit unangenehmen Gefühlen wie Ärger und Stress verbunden sind (Kohlrieser 2008).

Was ist dieser Klebstoff, den wir Bindung nennen? Bindung ist eine frühe und tiefe Emotion. In jedem Menschen gibt es einen Drang – psychoanalytisch könnte man sagen: einen Trieb – nach Nähe. Alle Säugetiere besitzen diesen großen, angeborenen Drang, zu ihren Artgenossen Kontakt und Nähe herzustellen. Diese können sich je nach Situation in ganz unterschiedlichen Formen äußern: Körperkontakt. Wärme. Auf jemanden zugehen und »guten Tag« sagen, »wie geht es Ihnen, was machen Sie gerade?«. Alle Kulturen haben dafür Rituale entwickelt: Man gibt sich die Hand oder man küsst sich auf die Wange. Eskimos, heißt es, berühren gegenseitig ihre Nasenspitzen.

Hinter diesem Drang steckt zum einen die grenzenlose Neugier des Menschen. Wir sind soziale Wesen und deshalb neugierig auf Artgenossen. Daraus entsteht der Drang, Kontakt herzustellen. Zum anderen hat dieser Drang etwas mit unserem Sicherheitsbedürfnis zu tun, mit dem Bedürfnis, das Unbekannte bekannt werden zu lassen.

Wie lerne ich dich kennen? Indem ich einen Schritt auf dich zugehe, dich anschaue und »Guten Tag« sage. Was passiert danach? Es werden Worte gewechselt. Bindung entsteht durch Austausch, durch Dialog. Der Austausch in Bezug auf Denken, Fühlen, Verhalten und Körper – von Kohlrieser (2008) Bonding genannt (s. a. Kap. 7.6) – führt zu einem emotionalen Zustand zwischen zwei Personen, der stärker oder weniger stark sein kann. Durch diesen Drang zueinander und durch den Austausch von Emotionen kann z. B. Vertrauen entstehen – ein Gefühl von Vertrautheit, von Zugehörigkeit, von Zusammengehörigkeit und Sicherheit, eben eine Bindung.

7.2 Bindung ist kein stabiler Zustand

Emotionale Bindung ist jedoch kein stabiler Zustand. Sie wird immer wieder unterbrochen und muss immer wieder erneuert werden: Ich gehe morgens aus dem Haus und verabschiede mich von meinem Partner. Das heißt, ich trenne mich aus der Bindung – nicht aus der Verbindung an sich natürlich, aber aus dem aktuell erlebten Kontakt. Ich gehe in mein Büro und nehme dort wieder Bindung auf und zwar zu denjenigen, mit denen ich zusammenarbeite.

Es gibt einen andauernden Wechsel zwischen dem Aufnehmen von Bindung und deren Trennung. Neue Bindungen herstellen und sie wieder aufgeben – je besser ich das beherrsche, umso leichter ist mein Leben mit anderen.

Natürlich gibt es auch Trennungen, die weitaus dramatischer sind: Bindungen werden durch einen Streit unterbrochen, durch eine Verletzung, beispielsweise durch eine abwertende Bemerkung. Innerhalb der Bindung entsteht eine Blockade im Austausch. Diese Blockade erzeugt negative Energie – Aggressionen, Ärger, Ängste oder Stress. Hier entsteht die Frage, inwieweit ich bereit und in der Lage bin, diesen Konflikt, diese Blockade mit dem anderen wieder aufzulösen, etwa, indem ich wieder auf ihn zugehe: »Ich habe gemerkt, was ich gesagt habe, war sehr aggressiv und hat dich getroffen. Es tut mir leid. Ich möchte, dass wir wieder zusammenkommen.«

7.3 Angst und Aggression als Aufforderung zur Bindung

Aggressionen, Ärger und Ängste sind wichtige Signale – sowohl in persönlichen Beziehungen als auch in Organisationen. Sie sind eine Aufforderung, eine Bindung neu zu knüpfen: »Tu etwas! Sorge dafür, dass das wieder in Ordnung kommt.« Dabei geht es nicht unbedingt nur um persönliche Sympathie, sondern es kann auch darum gehen, dass wir auf andere angewiesen sind, beispielsweise, weil wir mit ihnen zusammenleben oder mit ihnen zusammenarbeiten. Insofern muss man in diesen Emotionen, die wir gewöhnlich als negativ empfinden, wichtige und heilsame Signale sehen, die helfen sollen, eine Bindung wiederherzustellen. Sie sind im Grunde dasselbe wie ein Schmerz, der fordert, dass man eine Wunde behandelt. Dies erfordert allerdings, dass die andere Person auch dazu bereit ist, den Konflikt zu lösen.

Wenn man dies versteht, bekommt man auch ein anderes Verständnis für die sogenannten unangenehmen Gefühle wie Ärger, Wut, Trauer und Angst. Man erkennt sie als hilfreich, obwohl sie unangenehm sind.

7.4 Umgang mit archaischen Mustern

Für einen solchen Umgang mit Ärger, Wut, Trauer und Angst brauchen wir eine besondere Ich-Stärke. Denn unser Gehirn will etwas anderes – es will kämpfen oder fliehen. Unser Stammhirn will nicht, dass wir wieder in den Kontakt gehen und den Konflikt im Sinne einer Verhandlung lösen. Das entspricht nicht unseren archaischen Stressmustern. In einer Situation der Bedrohung, der Wut, der Aggression will es Flucht, wenn das Gegenüber stärker ist als ich, oder es will Kampf, um den Gegner unschädlich zu machen und die wahrgenommene Gefahr zu bannen. Dieses Verhalten kann man bei allen Säugetieren beobachten. Es steckt durch die Evolution bis heute in uns.

Eine soziale Konfliktlösung ist also nicht angeboren. Sie ist eine kulturelle, vielleicht auch eine zivilisatorische Errungenschaft der Menschen. Konfliktlösung muss gelernt werden, am besten schon früh im Kindergarten und in der Schule. Menschen müssen erst lernen, dass es noch einen anderen Weg gibt, als gegeneinander zu kämpfen, sich dauerhaft zu vermeiden oder immer den Starken zu spielen und alles auszuhalten. Es gibt einen anderen Weg, der über Dialog und Verhandlungen führt. Es ist möglich, Konflikte miteinander auf eine Weise zu lösen, die für beide Seiten Vorteile hat. Aber dafür muss man den anderen Teil des Gehirns einschalten – zusätzlich zum Stammhirn und dem limbischen System ist das Großhirn gefragt, also der Verstand. Das ist nicht einfach, denn bei akuten Konflikten wird das Gehirn sehr schnell mit Emotionen überschwemmt. Dann braucht man etwas zeitlichen Abstand – einen Tag, eine Stunde, manchmal auch nur ein paar Minuten – um wieder eine am Verstand orientierte Handlung zu vollziehen, etwa sich zu entschuldigen.

7.5 Trennung und Bindung wiederholen sich ständig

Nach diesem Muster gehen wir ständig durch den Prozess von Bindung und Trennung: Eine Bindung aufnehmen, sie wieder trennen, eine neue Bindung aufnehmen, sie wieder trennen. Es gibt keine Bindung ohne Trennung. Diesen Zyklus können wir bis zu 80-mal am Tag durchlaufen: Begegnen und sich verabschieden. Sich neu begegnen und wieder verabschieden. An einem Text schreiben, ihn beiseitelegen, weil etwas anderes passiert, sich davon verabschieden und dann später wieder daran anknüpfen. Das sind natürliche biologische Zyklen. Wenn wir sie bewusst durchleben, dann erhöht das unsere Chance, mental, psychisch, sozial und körperlich gesund zu bleiben.

Für dieses ständig ablaufende Spiel von Bindung – Trennung – Bindung gibt es Talente, die das mit leichter Hand können. Von Manchen wird es aber auch als sehr anstrengend erlebt, Bindungen ständig wieder zu erneuern – gerade in einer Organisation. Es erfordert den Einsatz von Energie und ein sehr bewusstes Steuern von Beziehungen. Wenn man es dem Zufall überlässt, dann nehmen Bindungen eher ab, werden häufig unterbrochen oder reißen leicht auch ganz ab. Man muss also ständig Energie einsetzen, um die Bindungen zu seinem Umfeld zu erneuern.

Weil es die Aufgabe von Führungskräften ist, dies systematisch und permanent zu tun, ist Führen ein schwieriger, aufwändiger und energiefressender Job. Neue Energie kommt durch den Austausch mit anderen zustande. Wenn es kein Geben und Nehmen gibt, sondern der Einsatz überwiegend nur von einer Person kommt, dann führt das möglicherweise zu totaler Erschöpfung. Führungskräfte gerade in den oberen Führungsetagen sollten deshalb dafür sorgen, dass sie nicht einsam werden, sondern immer im Dialog mit ihren wichtigsten Mitarbeitern sind.

Die Arbeit mit der eigenen Führungsspanne ist deshalb ein Schwerpunkt der Arbeit jeder Führungskraft: Man bleibt im Kontakt, man organisiert – z. B. über einen Jour Fixe – regelmäßigen Austausch, man führt Gespräche miteinander, die anregen und zu neuen Ideen führen. Bei manchen seiner Mitarbeiter bekommt man als Führungskraft mehr zurück, bei anderen weniger. Diesen Kreislauf in Gang zu halten, ist ein wichtiger Teil des Jobs.

Gleichzeitig passiert dabei noch was anderes: Führungskräfte sind ein Modell für andere. Sie müssen bestimmte Dinge, die sie von anderen fordern, selbst auch zeigen. Indem eine Führungskraft die Bindung und den Austausch zu ihrer Führungsspanne lebendig hält, ist sie ein Vorbild für andere in der Organisation: Führungskräfte auf der nächsten Ebene folgen diesem Verhalten in ihrem jeweiligen Bereich, weil sie die Erfahrung mit ihrem Chef als produktiv, wohltuend und angenehm empfinden. Die Führungskraft ist ein Modell dafür, wie sie wiederum ihre Teams auf den nächsten Ebenen führen.

An dieser Stelle zeigt sich besonders deutlich, wie die Spitzen einer Organisation über die einzelnen Beziehungen hinaus kulturprägend sind: Sie haben eine besondere Verantwortung im Betrieb, sie sind Multiplikatoren. Wenn sie kein Modell sind, dann geht möglicherweise auch die Bindung zwischen den anderen Menschen in der Organisation zurück. Wenn Bindungen nicht funktionieren, dann kann auch der Betrieb nicht optimal funktionieren.

7.6 Trennung – Bindung: Der Zyklus

Trennungen können sehr schmerzhaft und belastend sein. Was passiert, wenn man sich auf Dauer trennt? Also den Job wechselt oder ihn gar verliert, in eine andere Stadt zieht oder eine Beziehung wirklich auflöst? Je nachdem, wie intensiv eine Bindung war, kann die **Trennung** einer funktionierenden oder sogar intensiven Bindung das sein, was Menschen am stärksten belastet. Eine berufliche Trennung kann dabei für manche Menschen, die sich während ihres ganzen Lebens an ihren Beruf gebunden oder von ihm abhängig gemacht haben und jetzt plötzlich nicht mehr gebraucht werden, genauso schwierig sein wie das Ende einer Liebesbeziehung.

Das erste Gefühl, das dann hochkommt, ist in aller Regel **Protest**. Durch Protest möchte man das wiederherstellen, was einmal war – bis man merkt, dass über Protest das Problem nicht zu lösen, die Bindung nicht wiederherzustellen ist.

Dann entstehen Gefühle wie **Trauer, Schmerz und Angst**: »Meine Beziehung ist kaputt. Wie soll ich jetzt weiterleben?« – »Die haben mir gekündigt. Wie soll mein Leben jetzt weitergehen mit all den Verpflichtungen, die ich habe? Was ist mit meinem Einkommen? Wie soll es überhaupt weitergehen?« Diese Emotionen sind wiederum sehr wichtige Signale. Wir sollten sie ernst nehmen und prüfen, wie wichtig uns diese Beziehung, dieser Job war. Wie viel Trauer muss ich verarbeiten? Wie kann ich mit meinen Ängsten umgehen?

Ernst nehmen heißt: nicht wegschieben. Menschen brauchen in einer solch emotional belastenden Situation einen Zuhörer, dem sie diese Gefühle anvertrauen können. Oft tröstet es ziemlich schnell, dass jemand empathisch reagiert und verstehen kann, wie schwierig die Trennung für mich ist. Durch diesen Prozess der Trauer, durch Gefühle, die ich mit jemandem teilen kann, der mich tröstend begleitet, entsteht mit der Zeit so etwas wie eine **rationale Akzeptanz**. Ich fange an zu verstehen, dass etwas zu Ende gegangen ist und nicht wiederhergestellt werden kann.

Die rationale Akzeptanz führt aber noch nicht zwangsläufig zu einer **emotionalen Akzeptanz**. Was ich jetzt brauche – und das ist ein Schlüssel – ist der Blick nach vorne. Eine Perspektive. Ein neues Interesse. Die **Bindung** an ein neues Ziel. Wenn ich das finde und wenn es mir sinnvoll erscheint, mich dafür zu engagieren, dann kann ich die Trennung auch emotional verarbeiten.

Gehe ich durch diesen Trauerprozess komplett und möglicherweise auch bewusst hindurch, dann stellt sich irgendwann das Gefühl ein: Ich kann jetzt damit leben, ich kann vielleicht sogar akzeptieren, dass es so gekommen ist. Ich bin wieder versöhnt mit meinem Leben und kann mich wieder neuen Herausforderungen oder Zielen widmen oder einer neuen Person, einem neuen Arbeitgeber. Dann entsteht wieder so etwas wie Freiheit – man wird wieder frei für das Leben und kann dankbar werden für das Vergangene.

Umgekehrt heißt das aber auch: Gehe ich nicht durch diesen Trauerprozess hindurch und lasse ich Gefühle wie Angst, Trauer, Wut und Verlassenheit nicht zu, dann werde ich nicht bereit, mich an ein neues Ziel zu binden. Dann geht meine Energie nicht in ein neues Ziel hinein. Die Gefahr ist sehr groß, dass Menschen dann aggressiv werden, verbittert, depressiv, nörgelig und schlecht gelaunt, sich nicht mehr für etwas wirklich interessieren und engagieren können. Sie sterben langsam vor sich hin. Man kann beobachten, dass manche Menschen bereits ab Mitte 50 in die innere Kündigung gehen und eigentlich nur noch an die Rente denken. Viele werden krank oder sterben dann bald danach tatsächlich.

Bei einer Trennung, welcher Art auch immer, muss man also durch die Phase der Trauer hindurch, um sie abzuschließen – und erst dann kann man nach vorn schauen. Dieser Prozess kann relativ schnell gehen, er kann aber bei tiefen Verlusten oder bei tiefen Trennungen von geliebten Menschen wie Mutter, Vater oder einem Partner auch sehr lange dauern. George Kohlrieser (2008) hat diesen Vorgang als den ›Bonding-Kreislauf‹ beschrieben. Viele Menschen erleben diesen Prozess auch bei einem dauerhaften Ortswechsel, beim Tod eines Haustiers, beim Verlust einer geliebten Sache. Folglich ist die Fähigkeit, Bindungen herzustellen, zu lösen und zu erneuern, eine Schlüsselkompetenz für die Arbeit mit Menschen – und damit auch zentral für das Thema Führung (vgl. insbesondere Kap. 11.9).

> Eines Tages rief der Personalleiter einer Bank einen Berater an, der schon früher Seminare für die Bank gemacht hatte: »Wir brauchen im Moment Ihre Hilfe.« – »Worum geht es denn?« Es gebe eine Abteilung – einen Abteilungsleiter und zwei Gruppen-

leiter, insgesamt 14 Personen –, die hätten einen neuen Chef (also Bereichsleiter) bekommen. Alle 14 seien daraufhin geschlossen zum zuständigen Vorstand gegangen und hätte dort erklärt, sie könnten mit diesem neuen Chef nicht arbeiten. »Ich weiß, dass so etwas ganz selten vorkommt, dass sich eine ganze Mannschaft an den Vorstand wendet. Können Sie uns da helfen?«

Der Berater bat den Personalleiter darum, Folgendes zu organisieren: »Ich komme an einem Tag. Ich möchte zunächst ein Gespräch mit Ihnen führen. Sie kennen sich, was die Personalthemen Ihrer Bank angeht, am besten aus. Dann möchte ich ein Gespräch mit dem zuständigen Vorstand führen und dann eines mit dem neuen Bereichsleiter.«

So lief es dann auch: Der Personalchef konnte dem Berater nicht sehr viel Neues erzählen. Der zuständige Vorstand erklärte, es handele sich bei dem neuen Bereichsleiter um eine sehr gute Führungskraft aus einem anderen Bereich. Er sei dort Abteilungsleiter gewesen und sei hervorragend geeignet, seinen neuen Bereich zu übernehmen, auch wenn er aus einem anderen komme. Ihm stellte der Berater eine entscheidende Frage: »Angenommen, er kommt mit dem Abteilungsleiter, den Gruppenleitern und seinem gesamten neuen Team nicht klar, würden Sie ihn dann wieder da rausnehmen?« »Nein«, war die Antwort des Vorstands, »ich habe ihn gegen den Widerstand meiner anderen drei Vorstände durchgesetzt. Ich kann ihn nicht wieder wegnehmen.« – »Gut«, so der Berater, »wenn das so ist, dann wissen wir schon einmal, dass diese Tür verschlossen ist. Dann müssen wir eine andere Lösung suchen.« Der Vorstand wirkte sehr entschlossen. In seinem nun folgenden Gespräch mit dem neuen Bereichsleiter hatte der Berater sofort einen positiven Eindruck: Er hatte schnell einen guten Kontakt zu ihm, die Führungskraft wirkte hochintelligent und als verstehe sie etwas von ihrem Job. Der Neue kam allerdings vom Controlling und hatte nun die volkswirtschaftliche Abteilung übernommen. Im Gespräch hörte der Berater dann genau das, was er auch als Hintergrund vermutet hatte, warum der neue Bereichsleiter so viele Schwierigkeiten mit seinem neuen Team hatte: Die Mitarbeiter hatten seinen Vorgänger, der in den Ruhestand gegangen war, geliebt … – »und ich komme jetzt als neuer Bereichsleiter auch noch aus einer anderen Direktion und bin viel jünger.« Die Mitarbeiter hatten sich nicht an ihn binden wollen, weil sie noch trauerten.

Damit hatte der Berater ein Konzept, was zu tun sei. Bei einem nächsten Termin sprach er mit dem neuen Abteilungsleiter und den beiden Gruppenleitern des Teams. Dabei stellte sich heraus, dass die Hypothese stimmte: Sie konnten mit dem neuen Chef erst einmal nichts anfangen, weil sie den alten immer noch im Kopf hatten und ihn im Herzen trugen. Der Berater schlug ihnen vor, eine gemeinsame Veranstaltung zu machen – der neue Bereichsleiter, die drei Leitungsfunktionen und der Rest des Teams – und dann zu schauen, was sich dabei entwickeln würde. Die Beteiligten waren dazu sofort bereit. Bei der Arbeit in der Gruppe bestätigte

sich als einer der Gründe für die Ablehnung gegenüber dem neuen Chef, dass die Mitarbeiter ihre alte Führungskraft noch nicht losgelassen hatten. Sie hatten Angst, so jemanden nicht wieder zu bekommen. Natürlich waren sie auch verwöhnt, was die persönliche Führung ihres alten Chefs anging – das trauten sie dem Neuen mit seinen 35 Jahren einfach nicht zu.
Hinzu kam noch etwas anderes, das die Situation verschärfte: Der neue Bereichsleiter stand in seinem neuen Job noch am Anfang – und hatte gegenüber dem Team entsprechend wenig Autonomie. Sein erster Schritt war daher die Kontrolle der Mitarbeiter, denn erst einmal war er abhängig von ihnen. Er wollte sich aber als Chef auch von ihnen abgrenzen und seine eigenen Ziele produzieren. Erst dann hätte er anfangen können, selbstständig und in voller gegenseitiger Verantwortung mit ihnen zusammenzuarbeiten. Das nahm das Team nicht gut auf – oder, wie es der Berater ihnen gegenüber beschrieb: »Euer alter Chef war so weit, dass er euch frei hat arbeiten lassen. Er hat euch die Selbstständigkeit gelassen, die Verantwortung. Jetzt kommt der Neue: Er muss euch erst einmal abhängig führen. Er will eure Unterlagen sehen, ihr müsst ihn schlau machen. Er hat von der VWL-Abteilung keine Ahnung oder weniger Ahnung als ihr, denn er kommt aus dem Controlling. Ihr müsst ihm also helfen, damit er lernt, mit euch zusammenzuarbeiten. Das ist ein gegenseitiger Lernprozess.«
Die Aufgabe des Beraters war es nun, mit dieser Veranstaltung den Trauerprozess des Teams zu Ende zu bringen, den Anfang einer Bindung an den Neuen zu schaffen und gleichzeitig die Autonomie der Beteiligten wieder ins Gleichgewicht zu bringen. Der ersten gemeinsamen Veranstaltung folgte eine zweite. Die war noch nicht zu Ende, da war das Team schon bereit, mit dem neuen Chef zusammenzuarbeiten.

7.7 Die Bedeutung von Bindungs-/Trennungsritualen

Im privaten Leben wie im Leben von Organisationen kommt es ständig zu Bindungen und zu Trennungen. Es ist wichtig, diese bewusst zu erleben. Rituale helfen dabei.

Wir kennen Rituale nach schweren Verlusten, etwa beim Tod einer geliebten Person: Bei einem Begräbnis nehmen wir miteinander Abschied, trösten uns gegenseitig. Nach der Beerdigung gehen wir essen, feiern den Verstorbenen und lassen ihn nochmal hochleben. Anschließend geht das Leben weiter. Diese Rituale sind für die Hinterbliebenen wichtig, damit sie ihre Trauer verarbeiten können. Es gibt Sterbende, die legen Geld zur Seite, damit die Hinterbliebenen nach der Beerdigung feiern können.

Rituale sind genau deshalb erfunden worden – um etwas zu beginnen oder zu beenden.

Nicht aus religiösen oder spirituellen Gründen, sondern um den Beginn und das Ende zu erleichtern.

Was sind wichtige Bindungs- und Trennungsrituale in Organisationen oder zwischen Führungskräften und Mitarbeitern?

Das wichtigste und einfachste Ritual ist, »Guten Morgen« zu sagen. Oder jemandem die Hand zu geben. Sich zu verabschieden, wenn man geht. Manche Führungskräfte checken regelrecht ein: Sie setzen sich nicht einfach vor ihren Bildschirm ins Büro, sondern sehen sich erst einmal um – sind alle da? Guten Morgen. Fehlt jemand? Gibt es etwas Neues? Ist irgendwas passiert? Diese Vielzahl kleiner Rituale ist wichtiger als manches große Ritual. Dabei spielt eine wichtige Rolle, ob sie von Herzen kommen, also mit Emotionen verbunden sind, oder eher wie eine förmliche Pflicht absolviert werden. Die Mitarbeiter haben ein Gespür für den Unterschied.

Trennungsrituale spielen in Organisationen ebenfalls eine wichtige Rolle: Wenn ein Mitarbeiter sich verabschiedet oder verabschiedet wird, dann sollte man das markieren. Ob das Ritual zum Abschied gelingt und ob es die Beteiligten emotional bewegt oder berührt, das entscheiden immer die Teilnehmer. Auch wenn Arbeitsgruppen ein großes Projekt beenden, kann es irgendeine Art von Trennungsritual geben – ein Fest, eine Geste des Chefs oder man trinkt oder isst etwas zusammen. Es ist wichtig, einen Abschluss miteinander zu feiern, um anschließend wieder frei zu sein für etwas Neues.

> Manchmal kann man es buchstäblich merken, dass ein Ritual fehlt. Ein Berater erinnert sich an den Anruf eines Personalchefs eines großen Industrie-Unternehmens mit 5.500 Leuten aus dem Ruhrgebiet: »Wir beobachten, dass unsere Entwicklungsingenieure im Moment kein richtiges Engagement mehr haben.« – »Was ist passiert?« – »Sie haben eine neue Maschine entwickelt. Sie hat niemals richtig funktioniert und deshalb hat der Geschäftsführer nach zwei Jahren die Entwicklung beendet. Aus, vorbei. Praktisch haben wir sie weggeworfen. – Könnten Sie mit denen mal reden?« Der Berater saß wenig später mit 17 Männern zusammen, den Entwicklungsingenieuren der Firma. Ihre Stimmung war mit den Händen zu greifen: Sie haben geschimpft, protestiert, getrauert: »Wir hätten das Ding noch zum Laufen gekriegt. Das war nicht in Ordnung, dass sie das jetzt plötzlich abgebrochen haben. Wir haben da so viel Herzblut reingesteckt ...« Der Berater fragte, wo die nicht funktionierende Maschine sich denn jetzt befinde. – »Die steht im Lager.« – »Kann ich sie mal sehen?« Alle zusammen gingen in eine nahegelegene Halle. Da stand eine riesige Maschine, abgedeckt mit Planen. Der Berater zu den Ingenieuren: »Wir haben jetzt den ganzen Tag Zeit. Wenn ihr wollt, schafft mal die Maschine in den Hof und besorgt zwei Container. Dann nehmt ihr die Maschine auseinander. Ihr zerlegt

> sie, ihr zerstört sie richtig.« – »Nein, nein, nein!« – »Doch. Das ist eine Leiche, die nicht begraben ist. Sie stinkt. Und jetzt müssen wir sie beerdigen.« Einige verstanden – und meinten: »Dann kann ich endlich mal meine ganze Wut auf die Geschäftsleitung rauslassen.« Dann haben sie die Maschine zerlegt und die Einzelteile in den Container geworfen. Am späten Nachmittag saß die Runde wieder zusammen.
> Es war immer noch viel Trauer im Raum, feuchte Augen und auch Befürchtungen. »Kommt jemals wieder so eine Herausforderung?« – »Würden wir das noch einmal so hinkriegen?« Aber die Gedanken wandten sich schon der Zukunft zu.

Das ist die Bedeutung von Ritualen: Etwas wirklich zu beenden, damit ein Neubeginn möglich wird. Es liegt in der Verantwortung von Führungskräften, dass solche Rituale zur Kultur einer Organisation gehören.

7.8 Bindung an Ziele

Bisher war vor allem die Rede von Bindungen zwischen Personen. In Unternehmen spielt naturgemäß aber auch die Bindung an Ziele eine wichtige Rolle.

Zahlen können wichtige Ziele sein. In vielen Unternehmen gibt es eine Kultur des Führens nach Messzahlen oder Kennziffern, die erreicht werden sollen. Zahlen können insofern auch eine große emotionale Bedeutung haben. In bedrohlichen finanziellen Situationen beispielsweise ist es notwendig, dass ich mich emotional engagiere, dass ich alles tue, damit wir dieses Loch überwinden oder wieder neue Aufträge bekommen. Andere Unternehmen formulieren ihre Ziele verbal, z. B. in Form von Zielvereinbarungsprozessen, in denen die Ziele meist von hochrangigen Unternehmenszielen über die verschiedenen hierarchischen Ebenen hinweg bis hin zu operativen Zielen definiert werden.

Die Bindung an Ziele hat genauso viel Bedeutung wie die Bindung an die Menschen, mit denen ich arbeite: Fehlen die Ziele, für die ich mich einsetze und die mich herausfordern, dann habe ich nichts, wofür ich mich einsetzen und Energie mobilisieren kann. Es kann sein, dass ich dann gering motiviert bin. Das Gleiche kann passieren, wenn die Bindung an die mich umgebenden Menschen fehlt und ich nur noch die Ziele vor Augen habe.

Menschen brauchen eine Vorstellung von möglichen Zielen, die sie erreichen möchten und auch erreichen können. Wie wichtig Ziele sind, kann man im privaten Leben leicht erkennen: Was passiert z. B. mit jemandem, der seine Arbeit aufgegeben hat und in Rente ist – insbesondere, wenn er mit seiner Arbeit sehr verbunden war – und nun keine Ziele mehr hat? Hier liegt einer der Hauptgründe für depressives Verhalten von Menschen. Wenn sie ständig schlecht gelaunt sind, nörgeln, klagen, dann ist das in den meisten Fällen darauf zurückzuführen, dass eine Person keine Ziele mehr hat. Die Herausforderung ist dann, eine Struktur oder Ziele zu entwickeln, die dem Leben wieder einen Sinn geben.

In Organisationen scheitert zielorientiertes Führen sehr häufig daran, dass Gespräche über Ziele von der Unternehmensspitze zwar initiiert werden, dann aber irgendwo im oberen Drittel der Organisation steckenbleiben. Das heißt, es werden zwar Zielvereinbarungen getroffen – auf der operativen Ebene findet eine Bindung an die formulierten Ziele aber überhaupt nicht statt. Auch operationale Ziele brauchen diesen Kitt, diesen Klebstoff der Bindung, damit die Mitarbeiter sich für sie einsetzen.

Wie stellt eine Führungskraft fest, ob die Menschen, die sie führt, eine Bindung an gemeinsame Ziele haben? Denn es ist nicht nur wichtig, dass es Ziele gibt – entscheidend ist vielmehr, dass sich Mitarbeiter an diese Ziele binden können. Wie kann sie dafür sorgen? Sie verwickelt die Mitarbeiter in einen Dialog über diese Ziele:

- »Was haltet ihr davon?«
- »Wie denkt ihr darüber?«
- »Sind die gesetzten Ziele angemessen?«
- »Sind sie zu hoch oder sind sie nicht genügend herausfordernd?«
- »Haben wir überhaupt eine Chance?«
- »Wenn ja, was müssten wir dann unternehmen?«
- »Könnten wir andere hinzuziehen, die uns unterstützen?«

All das sind Fragen, die einen Dialog eröffnen und Bindung an Ziele herstellen.

Es geht dabei darum, Ziele mit Emotionen zu besetzen. Die einfache Regel für die Bindung an Ziele lautet: Im Konflikt zwischen Verstand und Gefühl entscheide ich mich stets für das Gefühl. Dann bin ich mit meinem ganzen Herzen bei der Sache. Über den Verstand kann ich vieles planen, kann analysieren, aufzählen, Listen schreiben. Aber oft fehlt mir für ein Ziel das Gefühl. Man kann das testen: Jemand erzählt, das und das wolle er erreichen, das sei sein Ziel. Eine sehr irritierende Frage ist: »Fühlst du das, was du willst?« – »Was soll das heißen, fühle ich das?« – »Achte mal auf dein Herz. Fühlst du, dass das ein Ziel ist?« Nur in diesem Fall entsteht eine Bindung an das Ziel.

So wichtig also die üblichen Zielvereinbarungen sind – Geschäftsziele, Managementziele, Führungsziele – entscheidend ist letztlich, mit welchen Emotionen diese Ziele besetzt werden. Diese Erfahrung wird jeder gemacht haben: Die am besten ausgeplanten Ziele sind häufig diejenigen, die scheitern. Weil sie ausschließlich mit dem Verstand geplant wurden. Komplizierten Master-Plänen, die nur auf dem Papier stehen, sollte man nicht trauen. Gott lächelt dann immer und denkt: »Dämlicher Plan«.

7.9 Führen heißt Bindung herstellen können

Im Gegensatz zu Management bedeutet Führen das Herstellen von Beziehungen. Und Beziehungen bedeuten, Bindungen zu Menschen aufzubauen. Diese Bindungen müssen ständig neu hergestellt und aufrechterhalten werden. Es muss einen kontinuierlichen Austausch geben zwischen den Führenden und den Mitarbeitenden – das Gefühl: »Wir reden häufig miteinander. Und wenn es nur zwei Minuten sind. Wir sehen uns, sagen hallo, wie geht es oder ist die Sache erledigt?« – »Ja, okay.« Es können kurze Begegnungen sein, solche knappen Dialoge, die in einem System die Bindungsvielfalt aufrechterhalten. Zusätzlich kommt es dabei auf die Klarheit der Rollen an: Aus welcher Rolle heraus spreche ich mit jemandem? Bin ich sein Chef oder spreche ich als Mitarbeiter mit meinem Chef oder mit einem Kollegen? Die Dialoge müssen der realen Situation im Betrieb angemessen sein.

Was passiert, wenn eine Führungskraft ohne Bindung führt? Unterbrochene Bindungen haben immer negative Konsequenzen für alle Beteiligten – auch wenn diese sich das oft nicht eingestehen wollen. So entsteht z. B. passives Verhalten, das heißt, Probleme bleiben einfach liegen und werden nicht gelöst. Mitarbeiter ziehen sich zurück, sind dauernd gereizt oder beschäftigen sich mit nebensächlichen Dingen. Es entstehen Vermeidungsstrategien, man meidet den Kontakt, geht einander aus dem Weg. Der Krankenstand kann wachsen.

Das Verhalten anderer Menschen im Betrieb zu steuern, sie also zu führen, ist nur aus einer Bindung heraus wirklich möglich. Dazu gehört auch der bewusste Umgang mit dem Auflösen von Bindungen, etwa durch die Verabschiedung eines Mitarbeiters oder durch Trennung. Das Verständnis davon, wie häufig Bindung und Trennung im Alltag vorkommen und der bewusste Umgang mit dem typischen Zyklus von Abschiednehmen und Ankommen ist eine Schlüsselkompetenz guter Führungskräfte. Bindung ist ein zentrales Führungsinstrument.

8 Umgang mit Konflikten

Ein Konflikt besteht, wenn zwei Menschen unterschiedliche bzw. sogar gegensätzliche Ziele, Meinungen oder Bedürfnisse haben. Simpel gesagt: Ich will etwas, das der andere nicht will. Es geht um Unterschiede und Gegensätze. Eine konfliktfreie Gesellschaft oder einen konfliktfreien Betrieb gibt es nicht. Wenn Menschen zusammenkommen, haben sie immer unterschiedliche Wünsche, Ziele und Vorstellungen im Gepäck. Nicht alles davon ist miteinander vereinbar. Konflikte sind deshalb normal und unausweichlich. Die Frage ist, wie wir mit ihnen umgehen wollen.

Sehen wir den Konflikt als eine Störung oder als einen Angriff auf unsere eigenen Interessen an oder begreifen wir ihn als Herausforderung und als Chance, ein Problem gemeinsam und zum beiderseitigen Gewinn zu lösen? Der Umgang mit Konflikten ist also vor allem eine mentale, eine Haltungsfrage. Gut funktionierende, erfolgreiche Teams haben gelernt, mit Konflikten konstruktiv umzugehen. Sie vermeiden Gewinner-Verlierer-Strategien, die zu Frust, Verweigerung oder Aggression führen. Stattdessen suchen sie nach Lösungen, die von allen getragen werden können.

8.1 Gewinnen, verlieren – oder Lösungen finden

Menschen unter großem Stress sehen vor allem zwei Wege zur Lösung von Konflikten: Kampf oder Flucht. Entweder der Stärkere gewinnt im Kampf. Oder der Konflikt wird durch die Flucht des Unterlegenen beendet. Das Prinzip dahinter heißt »gewinnen, um zu überleben« oder »verlieren und untergehen«. In beiden Fällen machen wir uns nicht auf den Weg, den Konflikt auf irgendeine Weise aufzulösen. Kämpfen oder fliehen sind archaische Muster, die den Menschen seit seiner Entstehung begleiten. In unseren Organisationskulturen, in denen es selten handgreiflich zugeht, finden sich diese Muster vor allem in verbalen Auseinandersetzungen wieder: Es wird solange argumentiert, also gekämpft, bis einer sich durchgesetzt hat. Der andere fügt sich mehr oder weniger in diese Situation, hat aber nie das Gefühl, dass seine Bedürfnisse in diesem Konflikt wirklich berücksichtigt worden sind.

Irgendwann hat es in den Stämmen, bei den Völkern, Menschen gegeben, die gesagt haben: »Wir müssen mit dem Gegner verhandeln, wir müssen miteinander Geschäfte machen«. Damit begann die Vorstellung, man könne Konflikte auch miteinander lösen – nämlich dann, wenn jeder im Sinne eines gemeinsamen Interesses bereit wäre, ein Stück von seiner Position abzurücken.

Kämpfen und Zurückweichen sind tief in unserem Gehirn verankerte Überlebensstrategien. Mittlerweile wissen wir aber durch Erfahrung, dass diese Strategien keine dauerhaft haltbaren Ergebnisse bringen. In einer solchen Auseinandersetzung und erst recht in einem Krieg gibt es immer eine Seite, die verliert. Der, dessen Bedürfnisse nicht berücksichtigt worden sind, wird immer wieder versuchen, dies auszugleichen und selbst zum Gewinner zu werden. Die Gewinner-Verlierer-Strategien führen also nicht dazu, dass irgendwann einmal Ruhe einkehrt und man friedlich zusammenlebt.

Wie aber kann man in einer natürlicherweise konfliktiven Welt die bestmöglichen Lösungen für alle an einem Konflikt Beteiligten finden – und auf diese Weise die Chancen auf ein nachhaltig friedliches Zusammenleben verbessern?

Im Zusammenleben von Menschen in Organisationen ist dazu ein zentrales Thema, wie aus Gegensätzen etwas Gemeinsames entstehen kann. Dafür muss jeder dem anderen entgegenkommen.

Das berührt die Kommunikationsfähigkeit aller Beteiligten: Sie müssen in der Lage sein, einen echten Dialog miteinander zu führen (s. a. Kap. 9). »Dialog« – auch das eine Methode, die Menschen nicht mit der Muttermilch eingesogen haben, sondern die sie erst lernen müssen. Und, noch einen Schritt weiter: Sie müssen lernen, miteinander zu verhandeln – wie Händler, die ein Geschäft miteinander machen wollen, sodass am Ende jeder das bekommt, was er benötigt (s. a. Kap. 10).

Geben und Nehmen ist langfristig vorteilhafter als Gewinnen oder Verlieren. Der Verzicht auf einen Teil des Gewinns zugunsten des anderen bedeutet eine Lösung, die dafür sorgt, dass wir langfristig friedlich miteinander arbeiten oder leben.

8.2 Angst versus Verstand

Es gibt in allen Menschen eine innere Stimme, die sie eindringlich davor warnt, eine offene Auseinandersetzung mit unbekanntem Ausgang zu riskieren. Vorsicht ist überlebenswichtig und es kann richtig sein, dieser Stimme zu folgen. Denn Konflikte, die man falsch einschätzt und die eskalieren, haben schon viele Menschen das Leben gekostet. Im übertragenen Sinn passiert das auch im Betrieb: Wer einen Konflikt im Betrieb falsch einschätzt, der riskiert damit seine berufliche Existenz. Unser Gehirn reagiert also völlig richtig, wenn es uns angesichts eines Konflikts zögern lässt.

Was also zunächst einmal anspringt, ist die Angst vor dem Konflikt. Je nach Typ folgt dann ein weiterer Impuls – zu kämpfen und zu siegen *oder* zu flüchten und nachzugeben.

In einer Diskussion sammeln wir dann Munition in Form von Argumenten, um unser Ziel durchzusetzen oder argumentieren zu unserer Verteidigung – eben solange, bis einer nachgibt, weil er merkt, dass ihm nichts mehr einfällt oder weil er von Natur aus nachgiebig ist.

Wir sollten aber nicht sofort unseren Impulsen folgen. Zweckmäßiger ist es meistens, den – in dieser Form allein dem Menschen gegebenen – Verstand einzuschalten. Das ist das Schwierigste. Denn es erfordert in einer akuten Situation ein Nachdenken über Fragen wie diese:

- Bin ich bereit, diesen Konflikt auf eine partnerschaftliche, friedliche Weise zu lösen?
- Kann ich – gegen mein spontanes Gefühl – dennoch ein gewisses Maß an Vorschussvertrauen aufbringen?
- Gibt es etwas, das uns verbindet?
- Bin ich bereit, auf einen Teil dessen, was ich gerne hätte, zu verzichten?
- Bin ich bereit, ein Geschäft zu machen?
- Was könnte ich dem anderen geben, um von ihm etwas zu bekommen, sodass unser beider Bedürfnisse befriedigt werden können?

Entsprechende Überlegungen muss die andere Person natürlich ebenfalls anstellen. Beide Seiten müssen ihre Neigung aufgeben, 100 Prozent zu bekommen und sich in jedem Fall durchsetzen zu wollen. Aus diesem Nachdenken erwächst dann im besten Fall ein Verhandlungsprozess, der manchmal auch länger dauern kann.

Weil eine solche Strategie der Kooperation nicht gelernt ist, sondern eher die Gewinner-Verlierer-Strategie, ringen in diesem Moment die Angst vor dem drohenden Konflikt mit dem Versuch, mit der Vernunft zu begreifen, dass sich hier möglicherweise die Chance für einen beiderseitigen Vorteil bietet.

In der Regel ist der Wunsch, Konflikte um jeden Preis zu vermeiden, übrigens die beste Voraussetzung dafür, um in Konflikten zu verlieren. Konfliktvermeider werden häufig Opfer ihrer eigenen Strategie. Solche Menschen scheinen immer zu kurz zu kommen. Man hört ihre Scheu vor dem Konflikt, wenn sie sprechen – und diese Scheu richtet sich im Grunde gegen sie selbst. Für sie ist ein Konflikt eine Entwicklungsherausforderung.

Die meisten Menschen hatten in ihrer Entwicklung so gut wie keine Gelegenheit, z. B. im Kontakt mit einer Autorität Ergebnisse über Verhandlungen zu erzielen. Sie haben stattdessen in der Regel erlebt, dass Autoritäten nur das Ziel hatten, sich ihnen gegenüber durchzusetzen. Sie waren ohne Macht. Es ist für sie deshalb eine gute Nachricht, dass man, auch wenn es einem nicht angeboren ist, lernen kann, mit einem Gegner über Verhandlungen eine Lösung zu finden, die beiden weiterhilft. Wer diese Fähigkeit lernt, perfektioniert und am Ende beherrscht, verbessert seine Chancen im Leben und wie im Berufsleben erheblich.

8.3 Ebenen der Macht

Einseitige Konfliktmuster können durch Erziehung Teil der Persönlichkeitsstruktur eines Menschen werden: Entweder man hat von Kind an gelernt, dass man nur etwas wert ist, wenn man sich durchsetzt. Oder, im Gegenteil, man sei nur etwas wert, wenn man nachgibt. Diese beiden Strategien – Durchsetzen oder Nachgeben – treten daher besonders häufig auf, auch in Organisationen, wo es um Machtverhältnisse geht. Konflikte in Organisationen verlaufen in aller Regel entlang dieser Linie.

In Organisationen gibt es, das ist ihr Wesen, Hierarchien, also unterschiedliche Ebenen der Macht. Derjenige in der machtvolleren Position ist verständlicherweise ständig in Versuchung, Konflikte durch Machtausübung für sich zu entscheiden. Das ist eine große Verführung, denn so geht auf den ersten Blick alles schneller und es gibt Ergebnisse in seinem Sinne. Diejenigen in der weniger machtvollen Position haben dagegen gelernt, nachzugeben. Die Frage ist, ob dieses Vorgehen dem Betrieb nachhaltig nützt oder ihm eher schadet.

> Spielen wir es einmal durch: Ein Chef hat gelernt, sich durchzusetzen. Er hat damit in seinem beruflichen Alltag gute Erfahrungen gemacht. Also ist es für ihn sehr naheliegend, im Betrieb zu versuchen, sein Gegenüber so zu manipulieren, dass es ihm letztlich folgt. Er spielt dann nicht mit offenen Karten: »Was sind unsere unterschiedlichen Zielsetzungen und Bedürfnisse, über die dann zu verhandeln wäre?« Sondern er spielt mit verdeckten Karten: »Wie kann ich mich, notfalls ohne Rücksicht auf Verluste, durchsetzen?« Er greift zur Strategie »Sieg oder Niederlage«. Diese allerdings blockiert die persönlichen Bindungen.
> Die Bindung zwischen den Beteiligten würde dann aufrechterhalten, wenn sie aus den vorhandenen unterschiedlichen Zielsetzungen und Bedürfnissen etwas Gemeinsames entstehen ließen. Was aber nützt es, wenn durch eine Gewinner-Verlierer-Strategie ein Sachziel erreicht wird, aber gleichzeitig die Bindung innerhalb der Organisation verloren geht? Auch ein Chef ist auf andere – ob Mitarbeiter oder hierarchisch Gleichrangige – angewiesen. Ist aber die Bindung verloren gegangen, dann wird die andere Seite bewusst oder unbewusst bei der nächsten Gelegenheit alles tun, um ihre Zielsetzungen und Bedürfnisse doch noch zu realisieren. Der Sieg kann zu einem Pyrrhus-Sieg werden.

Es gibt in Organisationen – wie übrigens auch in persönlichen Beziehungen – stets gleichzeitig sachliche Ziele und Beziehungsziele, z. B. nämlich die Bindung aufrechtzuerhalten, um weiter miteinander arbeiten zu können. Deshalb ist es so wichtig, bei der Verfolgung der Sachziele gute Kompromisse zu suchen, die beide Seiten zufriedenstellen. Nur dann kann die Geschäftsbeziehung auf eine gute Weise weitergehen. Dafür bedarf es der bewussten Einstellung und Entscheidung desjenigen mit der Durchsetzungsmacht, dass er der anderen Seite ebenfalls Spielraum lässt. Und es bedarf des Verständnisses aller Beteiligten, dass jeder Abstriche von seinen maximalen Vorstellungen machen muss, wenn man kontinuierlich und mit Freude zusammenarbeiten will. Das Schließen eines Kompromisses wird nur aus einer starken inneren Haltung heraus möglich.

> Das Prinzip des Aufeinander-angewiesen-Seins kann man gut mit dem Bild einer Seilschaft im Hochgebirge illustrieren: Du bist, wenn du mit zwei, drei Leuten in Extremsituationen am Seil unterwegs bist, immer nur so schnell wie der Langsamste. Das ist weder verhandelbar noch veränderbar – es sei denn, man schneidet das Seil ab und lässt jemanden zurück. Die Seilschaft erfordert die Rücksichtnahme auf denjenigen, der das langsamste Tempo hat oder jetzt gerade eine Pause braucht oder vielleicht auch umkehren muss. Der Begriff »Seilschaft« ist oft negativ besetzt – ... die einen helfen den anderen nach oben ... – aber genau betrachtet ist er ein Sinnbild dafür, wie man aufeinander angewiesen ist: Man ist kein Einzelwesen und muss deswegen verhandeln, im Kontakt miteinander sein und die Bedürfnisse und Interessen anderer berücksichtigen, wenn man nach oben kommen will. Sonst wird man nicht nach oben kommen.

Das Wort Kompromiss hat im Deutschen einen schlechten Klang. In Wahrheit ist ein guter Kompromiss – im System betrachtet – aber der langfristig größtmögliche Sieg für alle Beteiligten. Ein Kompromiss mobilisiert alle vorhandenen Energien und führt sie zusammen. Streng hierarchisch geführte Firmen können das nicht. Sie vernichten im Grunde genommen ständig einen Teil der in der Organisation vorhandenen Energie und verschwenden damit Ressourcen.

Es gibt übrigens auch den Blick von der Seite der scheinbar Ohnmächtigen. Denn natürlich haben auch die ihre Möglichkeiten. Chefs neigen dazu, die tatsächliche Macht ihrer Mitarbeiter zu unterschätzen. Die vermeintlich Ohnmächtigen entwickeln nämlich Strategien, die dafür sorgen, dass diejenigen in der vermeintlich machtvolleren Position ihre Macht in Wirklichkeit nur eingeschränkt ausüben können. Sie sabotieren die Entscheidungen ihrer Chefs auf vielfältige Art und Weise. Eine sehr verbreitete Form ist Passivität: Mitarbeiter sagen »ja«, meinen aber nicht »ja«. Das heißt, sie tun das, was vereinbart wurde, einfach nicht und können stets auch »erklären«, warum es leider wieder nicht möglich war. Viele Chefs erleben so Hilfslosigkeit – obwohl sie sich vordergründig ständig durchsetzen. Sie kommen nicht wirklich weiter und finden im Alltag keine befriedigenden Lösungen, weil ihre Mitarbeiter nicht mitziehen. In Wahrheit haben die Mitarbeiter eine große Verhinderungsmacht, die sie dann ausspielen, wenn sie mit einer getroffenen Entscheidung nicht einverstanden sind.

Machtverhältnisse in Organisationen sind im Grunde sehr häufig ein Patt. Die Gewinner-Verlierer-Strategie ist in Wahrheit eine Verlierer-Verlierer-Strategie. Beide Seiten verlieren – die unterlegene Seite kurzfristig sowieso, aber auch der vermeintliche Sieger. Insofern spricht viel dafür, stattdessen dafür zu sorgen, dass beide Seiten einen Gewinn haben. Das ist nicht einfach: Die eine Seite darf nicht zu schnell und um des lieben Friedens willen nachgeben, verbunden mit dem Gefühl, eigentlich nicht einverstanden zu sein. Und die andere Seite muss der Versuchung widerstehen, sich durchzusetzen, weil es so schneller geht, wissend, dass die Dinge dann aber wahrscheinlich nicht so erledigt werden wie vereinbart. Deshalb ist es ein Gesetz der Klugheit, wenn Führungskräfte – auch wenn sie sich durchsetzen könnten – nach Lösungen suchen, welche die andere Seite mindestens ihr Gesicht wahren lässt, besser aber noch ihr ebenfalls Vorteile verschafft.

Natürlich gibt es auch positive Strategien, die Position des Ohnmächtigen in eine Position der Macht zu verkehren: Wenn der Chef eine Forderung stellt und der Mitarbeiter mit den üblichen »ja, aber ...«-Argumenten nicht weiterkommt, dann muss sich dieser, will er nicht sabotieren, etwas einfallen lassen: eine Idee, zu der sein Chef «ja« sagen kann. Das heißt, der Konflikt stimuliert zunächst einmal Argumente, mit denen man sich gerne durchsetzen will – braucht dann aber kreative Fähigkeiten für eine Lösung, die beide Seiten zufriedenstellt. Diese kann auch aus der vermeintlich ohnmächtigen Position kommen.

‚Coach your boss‹ ist eine konstruktive Strategie für diejenigen in der Hierarchie, die weniger formale Macht haben: In einer Situation, die sie nicht zufriedenstellt und für sie nach einer Niederlage aussieht, können sie auf ihren Chef einwirken, indem sie ihm Vorschläge oder Angebote machen. Dahinter steckt das Verständnis: »Auch, wenn mein Chef sich gegen mich durchsetzen kann, so kann ich ihm doch etwas anbieten, das Vorteile für uns beide hat.« Der Mitarbeiter coacht den Chef: »Was würde Ihnen helfen, dass Sie zu Ihrem Ziel kommen?« – »Was sollte ich dazu beitragen?« – »Was kann ich für Sie tun, damit Sie Ihr Ziel erreichen?« Den eigenen Chef auf diese Weise zu coachen, kann die Situation zwischen Personen auf unterschiedlichen Hierarchie-Ebenen befrieden.

Verhinderungsmacht und positives Coaching – beides zeigt, dass eine Machthierarchie keineswegs zwangsläufig die Gewinner und die Verlierer bestimmt.

8.4 Konflikte haben eine positive Wirkung

In der alltäglichen Wirklichkeit einer Organisation haben Konflikte einen ganz schlechten Ruf: Sie verkomplizieren die Abläufe, mobilisieren negative Emotionen und entzweien Menschen, die eigentlich zusammenarbeiten sollen. Dabei haben Konflikte eine wichtige Funktion: Wenn die Beteiligten richtig mit ihnen umgehen, verbessern sie nicht nur die Ergebnisse der Organisation, sondern auch die Organisation an sich. Konflikte im Leben einer Organisation sind eigentlich eine gute Sache.

Jeder Chef ist auf seine Mitarbeiter angewiesen. Er kann die Leistung seiner Organisation nicht allein erbringen. Er braucht seine Leute und sollte alles dafür tun, damit sie mit ihm zusammen den Erfolg der Organisation sicherstellen. Dafür benötigt er eine Einstellung, die dafür sorgt, dass die anderen ihre Bedürfnisse ebenfalls befriedigen können – damit *er* seine Ziele erreicht.

Bricht in einer Organisation ein Konflikt aus, dann beginnen bei einem guten Verlauf Verhandlungen darüber. Im besten Fall führt das Austragen des Konfliktes dann zu einer Lösung, die alle Beteiligten miteinander in Kontakt hält. Sie bleiben zusammen. Sie wollen weiter zusammenarbeiten, auch in Konfliktfällen. Sie wollen nicht gegeneinander kämpfen. Sie wollen sich nicht mit Argumenten gegenseitig niedermachen, sondern suchen nach kreativen Lösungen für den Konflikt. Dass man seine Fantasie benutzt, um eine Lösung zu finden, ist in vielen Betrieben allerdings nicht üblich.

Alle Beteiligten können an Konflikten wachsen: Chefs, die sich durchsetzen können und manchmal auch durchsetzen müssen, lernen, mit ihren Mitarbeitern zu kooperieren. Wo kein Konflikt ist, ist die Zusammenarbeit einfach. Kooperieren *im Konflikt* ist für sie die Herausforderung. Mitarbeiter mit einer niedrigeren Position in der Hierarchie lernen, ihre Ohnmachtsgefühle konstruktiv aufzulösen. Sie üben Macht aus, indem sie mit ihren Chefs über Kompromisse verhandeln. Das erfordert ein aktives Verhalten aus beiden Richtungen: einen Chef, der sieht, dass ein Sieg möglicherweise kurzsichtig ist, und einen Mitarbeiter, der aktiv wird und mit seinem Chef in einen Dialog kommt, wenn er einen Befehl empfängt, den er eigentlich nicht mitträgt. Es ist ein beiderseitiges Entgegenkommen. Und es erfordert Fantasie und Beweglichkeit, dem »Gegner« einen »Vorteil« zu verschaffen.

> Ein Beispiel für den gesellschaftlichen Nutzen von Kooperation ist die Rolle der Gewerkschaften in Deutschland: Wir werden weltweit um die Fähigkeit beneidet, in harten Auseinandersetzungen zwischen Arbeitgebern und Gewerkschaften immer wieder einen Ausgleich zu finden. Über unterschiedliche Positionen und Kämpfe haben beide Seiten über 100 Jahre hinweg gelernt, wie man gute Kompromisse

> findet. Wenn man die Tarifverhandlungen beobachtet, ist auf beiden Seiten sehr viel Respekt. Die Kontinuität der Beziehungen zwischen Unternehmern und Gewerkschaften hat einen großen Einfluss auf den wirtschaftlichen Erfolg des Landes gehabt. In Deutschland sind diese Prozesse – im Gegensatz zu Ländern mit anderen Traditionen – nie völlig auseinandergerissen, sondern man hat sich im wahrsten Sinne des Wortes immer wieder zusammengerauft.

Sicher ist nicht in jedem Fall Kooperation möglich. Aber dort, wo sie möglich ist, wartet für beide Konfliktpartner eine positive Verheißung: Kooperieren macht Spaß und ist vor allem erfolgreich. Wir erfahren Vertrauen. Wir erzeugen Verlässlichkeit. Wir finden trotz hierarchischer Unterschiede Verbündete. Wir lernen, nachzugeben, ohne zu verlieren.

Oft sind es altgediente Einstellungen, die verhindern, dass Konflikte über Verhandlungen gelöst werden: Von Kind an hat man gelernt, sich auch gegen Widerstände durchzusetzen und darin Stärke zu sehen. Verhandeln war ein Ausdruck von Schwäche. Sich durchzusetzen, war der einzige Weg, um seine Würde zu bewahren – kein Wunder, dass dann immer zuerst der Impuls »durchsetzen« anspringt.

Damit kann man es weit bringen, gerät allerdings in die Gefahr, einsam zu werden: Man erreicht zwar seine Ziele, aber nicht wirklich Zufriedenheit, denn eigentlich braucht man Menschen, mit denen man gerne zusammenarbeitet. Das aber setzt wiederum die Fähigkeit zu Kompromissen mit anderen Menschen voraus. Wenn man das erkannt hat, dann sollte man lernen, seine Impulse zu steuern (s. Kap. 12.3). Denn es hat echte Vorteile, im Interessenausgleich mit anderen Lösungen zu finden. Geben und Nehmen sind die Voraussetzung für eine kontinuierlich funktionierende Beziehung.

Kooperieren, also das Steuern unserer sehr tiefsitzenden archaischen Impulse, hat Vorteile für alle. Das Erlernen eines zivilen Miteinander-Handelns nützt der Firma, nützt der Gesellschaft – und macht eine Organisation und alle an ihr Beteiligten langfristig erfolgreicher.

8.5 Bindung trotz Konflikt!

Nun ist eine Organisation – und zumal ein kommerziell agierendes Unternehmen – keine Wohltätigkeitsveranstaltung. Es gibt auch Sachzwänge und harte Fakten. Es geht um Überlebensstrategien, Preisstrategien, Machtstrategien ... Wer eine Leitungsfunktion in einer Organisation hat, muss wissen, dass er anderen vielleicht auch wehtun muss, indem er sich in bestimmten Situationen durchsetzt, in denen seine Verantwortung und seine Rolle dies erfordern. Mitarbeiter wiederum müssen verstehen, dass ihr Chef dazu berechtigt ist, so zu handeln.

Wie können beide trotzdem im Kontakt miteinander bleiben, um weiter gut zusammenzuarbeiten? Es ist eine große Herausforderung, unter solchen Bedingungen im Gespräch zu bleiben und immer wieder nach Lösungen zu suchen, bei denen sich keine Seite auf Dauer innerlich verabschiedet.

Es gibt Konfliktsituationen, die sind im Interessenausgleich nicht lösbar. Kompromisse, die beide Seiten zufriedenstellen, sind z. B. nicht möglich, wenn Abteilungen verkleinert oder Arbeitsweisen verändert werden sollen. Dann müssen Chefs, die eine Weisungskompetenz nach innen haben und sich natürlich auch selbst gegenüber ihren Auftraggebern verantworten müssen, bereit sein, unangenehme Dinge auch gegen die eigenen Mitarbeiter durchsetzen. Allerdings kann man immer wieder beobachten, dass die Mitarbeiter genau dies von ihren Chefs auch erwarten. Sie erwarten starke Chefs, die im Interesse der Organisation bereit sind, Dinge zu tun, auch wenn es einzelnen Mitarbeitern nicht passt.

Um die Chance einer Bindung in derartigen Situationen dennoch aufrechtzuerhalten, ist es wichtig, dass Führungskräfte transparent darstellen, was passiert und worum es geht. Gebraucht wird eine klare Kommunikation:

- »Ich habe eine Anweisung bekommen und die muss ich jetzt durchsetzen. Ich habe keinen Spielraum.«
- »In dieser Frage möchte ich mich aus den und den Gründen jetzt durchsetzen.«
- »Ich weiß, dass Ihnen das nicht passt und Sie jetzt erstmal auf Distanz zu mir gehen. Ich werde aber auch in Zukunft den Kontakt zu Ihnen suchen, denn ich möchte weiter gut mit Ihnen zusammenarbeiten.«

Auch bei unauflöslichen Konflikten geht es darum, den Kontakt nicht aufzugeben, sondern weiter Bindungsangebote zu machen: Dass man sich nach einer gewissen Zeit wieder zusammensetzt, noch einmal gemeinsam die Wunden leckt ... Denn bei einigen Beteiligten wird der Kontakt in dem Moment, in dem sich ein Chef durchsetzt, abgebrochen. »Wie kann ich diesen Kontakt wiederherstellen?« – das ist ein zentrales Anliegen für Führungskräfte in Situationen, in denen Zwänge, Notwendigkeiten und unterschiedliche Zielsetzungen einen Kompromiss unmöglich machen.

Warum spielt das Thema »Bindung« im Zusammenhang mit Konflikten eine so wichtige Rolle?

Es ist eine Situation, die man in Organisationen häufig erlebt: Es gibt einen Konflikt und die Zusammenarbeit der Beteiligten ist gestört. Bindungen sind zerrissen. Allen ist klar, dass dies nicht ideal ist, um gemeinsam gute Ergebnisse zu erzielen. Alle würden besser damit fahren, wenn die Beteiligten wieder konfliktfrei zusammenwirkten. Doch wie kann man in einer Situation von Stress und hoher Emotionalität ein Bewusstsein dafür entwickeln, dass eine Bindung gerade zerreißt oder zu zerreißen droht? Und wie schafft man es, dass diese Bindung wiederhergestellt wird?

Wiederholt müssen sich alle klarmachen, dass sie in einer Organisation zusammenarbeiten und daher aufeinander angewiesen sind. Sie brauchen das Bewusstsein, dass sie Partner sind, selbst wenn das über unterschiedliche hierarchische Machtverhältnisse hinweg gelegentlich schwierig erscheint.

Den Menschen ist Neugier auf ihre Artgenossen angeboren und das Verhalten, (erfolgreiche) Vorbilder wie ihre Eltern oder andere Bezugspersonen zu imitieren. Beides dient der sozialen Bindung und dem Erfolg der Gruppe. Es gibt Wissenschaftler, die das Verhalten von Kleinkindern erforschen und die der Ansicht sind, dass auch kooperatives Verhalten angeboren und bei Erwachsenen so etwas wie eine natürliche Haltung sei. Wir beobachten dennoch, dass kooperatives Gewinner-Gewinner-Denken und -Verhalten nicht die Regel ist, sondern dass in Organisationen Wettbewerb und Durchsetzungsstärke oft höher bewertet werden. Eine kooperative Haltung wird häufig als Schwäche ausgelegt. Von oben wird vorgelebt: Du musst dich durchsetzen, nur dann giltst du als stark. Es kann also durchaus der Kultur einer Organisation widersprechen, wenn Menschen einen Ausgleich suchen. In einer solchen Kultur ist es nicht einfach, zu kooperieren. Denn dafür müssen die Beteiligten erst einmal lernen, ihre Konflikte in einer gegenseitigen Bindung auszutragen. Dies ist eine ständige Lernaufgabe.

Für viele Führungskräfte ist das ein besonders hoher Anspruch: Die meisten von ihnen sind deshalb Führungskräfte geworden, weil sie sich durchsetzen können. Genau das verstärkt in Bezug auf Konfliktlösung aber die falsche Kompetenz. Wenn Durchsetzer immer nur Durchsetzer fördern, dann entsteht keine Kultur der Bindung. Es kommt darauf an zu erkennen, dass beides geht und notwendig ist: Wir müssen uns durchsetzen, weil Zielsetzungen oder Machtverhältnisse dies erfordern. Und wir dürfen auf der anderen Seite nicht auf Dauer den Kontakt aufgeben, sondern müssen immer wieder zueinander finden und den Ausgleich suchen. Das ist die hohe Kunst der Konfliktbewältigung: Eine Konfrontation wird in einer gegenseitigen Bindung ausgetragen.

In Konfliktsituationen kann es hilfreich sein, einen externen Berater zur Hilfe zu rufen, der keine eigenen Interessen hat – außer vielleicht einer erfolgreichen Konfliktlösung: »Es gibt hier einen Konflikt. Die Bindungen und damit die Leistungsmotivation sind verlorengegangen, die Leute sind nicht mehr im Kontakt miteinander. Könnten Sie uns beraten, wie wir da rauskommen?« Das Lösen einer solchen Situation erfordert Kreativität. Vor allem aber muss man die innere Bereitschaft haben, nicht zu spalten, sondern Menschen zusammenzubringen – eine Eigenschaft, die vielen Führungskräfte abgeht. Menschen mit unterschiedlichen erlernten Haltungen und aus unterschiedlichen hierarchischen Positionen können trotz allem zusammenkommen, um einen Betrieb oder eine Abteilung positiv zu gestalten. Es ist nicht einfach, aber man kann es lernen. Und die Ergebnisse sind auf lange Sicht viel besser.

Es gibt in einem Konflikt immer zwei Möglichkeiten: Die Konfrontation wird aus einer rein kritischen Einstellung gestartet. Das ist das übliche Muster: »Ich bin im Recht, der andere ist im Unrecht und soll gefälligst nachgeben.« Oder aber die Konfrontation wird aus einer kritischen *und* fürsorglichen Haltung gesucht. Das heißt: »Ich möchte, dass wir uns, obwohl wir Gegensätze haben, verbünden, dass wir trotzdem zusammenkommen.« Weil die meisten Menschen damit wenig Erfahrung haben, scheint es Vielen fast unmöglich, dass man auch zum Ziel kommen kann, wenn man bewusst nachgibt und auf Teile seines Bedürfnisses oder seiner Zielsetzung verzichtet. Die Konfrontation geschieht dann also, im eigenen wohlverstandenen Interesse, aus einer wertschätzenden Haltung heraus. Im Privaten würde man wohl von einer »liebenden Konfrontation« (loving confrontation) sprechen: »Ich komme dir fürsorglich, liebevoll entgegen und möchte, dass du trotz unserer Meinungsverschiedenheiten am Ende ebenso zufrieden bist wie ich.« Die Kommunikation findet dann sowohl auf der Ebene der Ziele und Interessen statt – »was wollen wir gemeinsam erreichen?« – als auch auf der emotionalen Ebene – »wir wollen gerne weiter zusammenarbeiten und uns dabei wohlfühlen«.

8.6 »Love your conflicts!«

In unserer Leistungs- und Konkurrenzgesellschaft sind wir auf Durchsetzen oder Nachgeben programmiert. Der Gewinner-Typ hat immer gute Erfahrungen damit gemacht, sich durchzusetzen – bis er dahinterkommt, dass die Verlierer hinterher oft nicht mitmachen wollen. Und der Verlierer-Typ, der stets nachgegeben hat, stand zwar nach außen immer als ein umgänglicher Zeitgenosse da (»Der Klügere gibt nach«), war aber oft nicht zufrieden mit dem, was er dafür erhalten hat. Einen Konflikt, eine Konfrontation wertschätzend und im beiderseitigen Interesse aufzulösen, müssen beide Konflikttypen erst lernen. Partnerschaft und Kooperation zu lernen ist kein einfacher Weg: Es ist für beide – sowohl kognitiv als auch emotional – eine große psychische Herausforderung herauszufinden und einzuüben, dass beide nur gewinnen können, wenn beide dem anderen Platz lassen und ihm entgegenkommen.

George Kohlrieser hat einmal den provozierenden Satz gesagt: »Love your conflicts« –

»Liebe deine Konflikte«! Um das große Wort »Lieben« vielleicht etwas zu relativieren: Es geht Kohlrieser um die grundsätzliche Einstellung zu Konflikten: Sie sind Alltag. Sie sind nichts Schlimmes. Konflikte sind in Ordnung, normal und unausweichlich. Konflikte kann man über Verhandlungen lösen.

> George Kohlrieser, der heute am *International Institute for Management Development (IMD)* in Lausanne lehrt, hat früher für die Polizei als Unterhändler bei Geiselnahmen gearbeitet. Er wurde gerufen, weil er offensichtlich ein großes Verhandlungstalent für sehr kritische Situationen besaß. Er hatte gelernt, zu einem Geiselnehmer einen Kontakt, also eine Bindung herzustellen – und trotzdem glasklar sein Ziel zu formulieren. Also einen Dialog herzustellen, eine Verhandlungssituation trotz größter Gegensätze zu schaffen. Seine Haltung war: »Was könnte ich für dich tun, damit du das Gewehr hinlegst und herauskommst?« Als Unterhändler ist er selbst mehrfach Geisel gewesen, also in sehr existenzielle Situationen geraten – und hat trotzdem weiterverhandelt.
> Eine Geiselnahme ist eine extreme Verhandlungssituation: Der Unterhändler ist durch Polizisten geschützt, die den Geiselnehmer notfalls erschießen. Das Ziel des Unterhändlers in der Verhandlung ist es, dass der Geiselnehmer nicht erschossen wird, sondern herauskommt. Er wird also fragen: »Was kann ich für dich tun, damit du aufgibst? Damit du das geringere Übel wählst – festgenommen zu werden, anstatt erschossen zu werden? Denn das werden die Polizisten tun, wenn du Geiseln gefährdest, dann werden sie dich wahrscheinlich erschießen.« In einer solch existenziellen Situationen kann man ermessen, was ein guter Verhandler ist: Er muss in der Lage sein, aus einer Bindung und einem Dialog heraus der anderen Seite die Vorteile einer Lösung zu erklären, aber auch die Nachteile einer Eskalation.
> Kohlrieser zufolge sind seine Verhandlungen immer gut ausgegangen. Nie sei eine Geisel erschossen worden. Nie sei der Geiselnehmer erschossen worden. Manchmal hätten die Verhandlungen zwei Tage gedauert: »Wir haben verhandelt. Dann die Verhandlung unterbrochen. Ich musste mich erst wieder mit den Polizisten beraten. Die mussten sich auch beruhigen. Dann sind wir wieder in Verhandlungen getreten, dann wurden sie vielleicht wieder vertagt ...« Das heißt, in einem solch existenziellen Fall braucht es außerordentlich viel Geduld. Und es braucht ebenfalls die menschliche Seite, um Bindung herzustellen – sodass das Gefühl entstehen kann: »Wir möchten beide, dass hier niemand verletzt oder gar getötet wird.«

Angesichts von solchen Extremsituation kann man überhaupt erst verstehen, wie vergleichsweise leicht es ist, in einem beruflichen Kontext zu verhandeln. Gut, man befindet sich in der Hand eines Chefs, der die Macht über das eigene berufliche Schicksal hat – aber niemand hat eine Waffe am Kopf. Es geht nicht um die nackte Existenz. Es lässt sich also einfach mal probieren, was eine Verhandlung bringen könnte. Das kann man in

Rollenspielen trainieren – z. B. mit völlig konträren Zielsetzungen zwischen hierarchisch unterschiedlichen Personen. Für den, der die Macht besitzt, besteht die besondere Herausforderung darin, sich nicht unbedingt durchzusetzen, sondern einerseits bei seinem Ziel zu bleiben und anderseits darauf zu achten, dass der andere ebenfalls einen Vorteil hat. Man erlaubt ihm im Spiel, sich in dieser Situation auf ganzer Linie durchzusetzen – und zu erleben, dass er sich zwar durchgesetzt hat, aber weiß, der andere würde ihm das heimzahlen. Daraus entsteht Nachdenklichkeit: »Vielleicht verzichte ich in diesem konkreten Fall auf die Durchsetzung meiner Ziele und suche lieber nach einer Lösung, die der andere mittragen kann.« Es erfordert für beide Parteien ein großes Maß an Überwindung, nicht zu schnell nachzugeben oder sich zu schnell durchzusetzen, sondern stattdessen im Kontakt und im Gespräch zu bleiben. Wenn es sein muss, sogar mit Unterbrechungen. Für manche Verhandlungen braucht man mehrere Runden, bis sie zu einem Ergebnis geführt haben. Das fällt einem nicht in den Schoß, sondern es ist anstrengend und erfordert viel Geduld.

Konflikte bringen einen nicht um. Im besten Fall wächst man an ihnen. Es lohnt sich deshalb, zu trainieren, ihnen nicht mehr auszuweichen, sondern sie zu akzeptieren – und sie anzunehmen, als eine Chance für gemeinsame, tragfähige Lösungen. Es hat in allen Zeiten Menschen gegeben, die friedliche Konfliktlösung als Aufgabe verstanden und die mit ihren Gegnern oder Feinden einen Weg des Ausgleichs fanden, anstatt bis zur gegenseitigen Vernichtung zu kämpfen. Die Methode des Handelns, des Verhandelns ist uralt. Sie wurde aber nie systematisch gelehrt und eingeübt, weder in den Elternhäusern noch in den Schulen oder in den Betrieben. Die friedliche Lösung von Konflikten beinhaltet insofern eine grundlegende philosophische Frage: »Ist es uns wichtig, zwischen uns Frieden zu stiften?« Sie stellt an jeden Menschen aber auch eine unmittelbare emotionale Frage: »Bin ich dazu bereit, auf einen Anteil zu verzichten, den ich gerne hätte – um ein gemeinsames Ziel zu erreichen, das uns beide zufriedenstellt?«

Zunächst sieht ein Kompromiss nur nach der zweit- oder drittbesten Lösung aus, denn jeder hat seine Lösung immer als die beste Lösung im Kopf. Die Kompensation für eine drittbeste Lösung ist aber, dass wir gerne zusammenbleiben und weiter zusammenarbeiten wollen. Dass wir die Herausforderungen, die sich uns stellen, immer wieder gemeinsam bewältigen. Dass nicht jeder einzelne versuchen muss, ein Problem zu lösen. Die Belohnung für einen Kompromiss ist, weiter im Team zu sein. Es ist paradox: In aller Regel ist die zweit- oder drittbeste Lösung die beste Möglichkeit, um ein Ziel zu erreichen.

Wir sollten Konflikte also lieben lernen, weil sie uns helfen, die bestmögliche Lösung zu finden. Es ist eine wunderbare und befriedigende Erfahrung, mit unterschiedlichen Menschen zusammenzuarbeiten – unterschiedliche Herkunft und Hintergründe, unterschiedliche Temperamente und Haltungen, unterschiedliche Rollen und Hierarchie-Ebenen – wenn diese lernen, miteinander die jeweils bestmögliche Lösung zu finden: für sich und für den Betrieb, für den Betrieb und für sich. Diese Balance addiert die Fähigkeiten der Einzelnen nicht nur einfach *zueinander*, sondern bringt sie *miteinander* ins Spiel – und potenziert sie damit. Ein guter Umgang mit Konflikten ist einer der wichtigsten Schlüssel, um zu einem gelungenen Leben zu gelangen.

9 Der Dialog: Miteinander sprechen – aber wie?

Die Voraussetzung für eine friedliche und konstruktive Lösung von Konflikten ist Kommunikation. Diese beginnt im Kontakt zwischen zwei Menschen, im Zwiegespräch. Nur im Gespräch können sie miteinander klären, wie aus ihren Gegensätzen etwas Gemeinsames entstehen soll. Dafür muss jeder dem anderen entgegenkommen. Dieses Geben und Nehmen nennt man Dialog. Der Dialog ist eine besondere und eine besonders wichtige Form der Kommunikation – nicht einfach nur ein Gespräch.

»Dialog« kommt aus dem Griechischen. Das Wort »Dia« bedeutet so viel wie »hindurch« – im Sinne von durchscheinend wie bei einem Diapositiv: Das Licht fällt ein, es scheint durch das Foto und projiziert ein Bild auf eine Leinwand. Und »Logos« ist das Wort für »Rede«. Man könnte also sagen: Der Dialog ist ein Gespräch, in dem Gefühle und Gedanken, vielleicht auch Sinn und Geist durch die Worte hindurchscheinen. Zwei Menschen suchen, trotz ihrer Unterschiedlichkeit, einen gemeinsamen Weg. Der Dialog wird erst im Konflikt interessant, wenn beide Seiten etwas Unterschiedliches wollen. Dann kommt es darauf an, trotz aller Gegensätze eine Bindung zum anderen herzustellen, sodass er bereit ist, einen gemeinsamen Weg mitzugehen. Einen Dialog fühlt man. Und viele Menschen spüren eben auch, wenn ein Gespräch nicht stimmig ist, nicht »von Herzen kommt«, also eigentlich kein Dialog ist. Im Führungsalltag werden häufig keine Dialoge geführt, sondern Diskussionen, Argumentationsketten, Gespräche allgemeiner Art, in denen aber kein echtes Geben und Nehmen stattfindet.

Hier gilt es zu unterscheiden: Ziel eines Dialoges ist es, etwas Gemeinsames zu erschaffen. Ziel einer Diskussion ist es, etwas auseinanderzusortieren. Das lateinische Verb »discutere« hat die Bedeutungen »zerschlagen«, »zertrümmern«, »zerspalten«, »zersprengen« oder »auseinandertreiben«. Eine Diskussion hat nicht die Funktion, zu einer gemeinsamen Vereinbarung zu finden. Eine Diskussion dient der Klärung von unterschiedlichen Positionen – danach kann ein Dialog entstehen, wenn beide Seiten das wollen. Oft ist eine Diskussion aber auch einfach ein Machtspiel, in dem es darum geht, den anderen mit den eigenen Argumenten dazu zu bewegen, einer Sache zuzustimmen. Eine Diskussion löst keine Probleme, ist aber widersinnigerweise die gebräuchlichste Gesprächsform, wenn es um Probleme geht. Das ist häufig nicht produktiv.

Wenn es das Ziel des Dialogs ist, etwas Gemeinsames zu schaffen, dann ist eine Voraussetzung dafür, dass niemand auf Dauer an seinen eigenen Vorstellungen festhält und sie verteidigt. Man kann zwar sein Ziel erreichen wollen, man darf aber nicht unbedingt daran festhalten, sondern muss der Möglichkeit eine Chance geben, dass eine gemeinsame Vereinbarung jenseits des eigenen Ziels gefunden wird. Es muss also etwas Größeres geben – ein gemeinsames oder höheres Ziel, zu dem alle Beteiligten »ja« sagen können. Dieses höhere Ziel wird im Dialog gefunden – dem Austausch zwischen zwei Personen, die sich in einer emotionalen Beziehung oder Bindung befinden. Dialog ist Geben und Nehmen.

9.1 Erfolgreiche Dialoghaltungen

Es gibt eine Reihe von Voraussetzungen dafür, dass ein Dialog gelingen kann.

Da ist zunächst die Form – wenn man so will: der Rhythmus – dieses Gesprächs: **Ein Dialog muss ein Austausch kurzer Sequenzen sein.** Keiner der Beteiligten sollte mehr als drei Sätze sagen. Keine Monologe! Monologe blockieren jeden Dialog (s. a. Kap. 9.3). Man schätzt übrigens, dass 85 Prozent der Kommunikation nonverbal sind, also über Augen, Mimik, Stimme, Gestik und Körperhaltung erfolgen. Viele Worte sind also oft gar nicht nötig – das Unbewusste kommuniziert umstandslos.

Ein Dialog benötigt Aufrichtigkeit. Die Dialogpartner müssen bereit sein, sich mit ihren Vorstellungen, ihren Gedanken, ihrer Stimme und ihrer Körpersprache wirklich einzubringen. Sie müssen einstehen für ihre Gefühle und für ihre Gedanken. Es darf keine verdeckte Kommunikation geben, sondern alles in dieser Situation Relevante muss offengelegt werden. Die Leitfrage eines Dialogs ist: »Was ist meine Wahrheit?« Natürlich gibt es Dinge, die nicht gesagt werden müssen – aber die jeweilige Wahrheit zum besprochenen Thema muss zutage treten. Geschieht das nicht, werden die Dialogpartner nie zu einer wirklich übereinstimmenden und nachhaltig tragfähigen Lösung kommen. Früher oder später werden sie den geschlossenen Vertrag sabotieren. Mit verdeckten Karten zu spielen, zahlt sich nicht aus. Gerade, wenn man zwischen Führungskräften und Mitarbeitern oder bei Mitarbeitern untereinander von langfristigen Beziehungen ausgeht, zahlen sich rein kurzfristige Lösungen nie aus.

Ein Dialog benötigt die Fähigkeit zu gegenseitigem Respekt. Das ist eine Grundbedingung. Die Dialogpartner müssen den Personen und Funktionen der anderen Seite wertschätzend begegnen und ihre eigenen Vorurteile und inneren Bilder während eines Dialogs kritisch beobachten: »Kann ich eine Haltung des Respekts bewahren oder irritiert mich doch das eine oder andere Vorurteil?« Ein Dialog erfordert, dass die Dialogpartner beobachten, was das Gesagte bei ihrem Gegenüber und bei ihnen selbst auslöst. Sie sollten sich also selbst auch zuhören.

Ein Dialog benötigt die Fähigkeit, dem anderen zuzuhören – was nicht identisch ist damit, die Worte des anderen einfach nur zu hören. Zuhören erfordert Interesse an dem, was der andere sagt und vor allem an dem, was er meint. Dies wiederum setzt eine Bindung voraus. Sonst hört man zwar, was der andere sagt, hört aber nicht wirklich zu. Zuhören ist eine Form der Konzentration, bei der es darum geht, herauszufinden, wo die Interessen des Dialogpartners liegen. Man kann übrigens häufig eine Alibi-Form des Zuhörens beobachten: Durch andauerndes Nicken vermittelt der Gesprächspartner den Eindruck, er sei stark interessiert. In Wahrheit ist er mit den Gedanken (schon) ganz woanders. Das Nicken soll darüber hinwegtäuschen. Jemand, der ständig nickt, ist verdächtig, damit nur sein Desinteresse zu verbergen. Übrigens ebenso jemand, der ständig floskelhaft Sätze wiederholt wie »Ja, ich verstehe«. Zuhören bedeutet hingegen, sich zu öffnen, tatsächlich verstehen zu wollen. Auch nachzufragen, wenn etwas unverständlich ist. Um ein Beispiel zu bitten. Oder auch einmal »nein« zu sagen, wenn man etwas so nicht stehen lassen will. All das setzt Interesse und Bindung voraus und den Wunsch, zu explorieren, um was es wirklich geht.

Ein Dialog erfordert es, kluge Fragen zu stellen, statt Behauptungen aufzustellen. Fragen sind ein wichtiges und machtvolles Werkzeug. Wer fragt, der führt. Fragen steuern ein Gespräch zu einem Ergebnis. Sie setzen die Neugier voraus, andere Sichtweisen kennenzulernen.

Ein Dialog benötigt schließlich die Fähigkeit, Gedanken in der Schwebe zu halten – sich also Zeit zum Nachzudenken zu nehmen, kurze Pausen zu machen, erst zu denken, dann zu sprechen. Dialogpartner sollten aus dem verbreiteten Modus des Dauerredens heraustreten und sich selbst fragen: »Habe ich das überhaupt verstanden?« Oder auch einmal laut sagen: »Entschuldigung, ich muss gerade darüber nachdenken, was das heißt.« Unterschiedliche Meinungen sollten offen stehenbleiben können. Es geht nicht darum, den anderen mit Argumenten zu überzeugen. Das Gesagte soll von selbst überzeugen und muss daher nicht ausführlich mit Argumenten begründet werden. Argumente verführen nur zu einem verbalen Schlagabtausch.

9.2 Einen Dialog vorbereiten und führen

Einen Dialog zu führen, der das Ziel hat, eine gemeinsame Vereinbarung zu finden, ist anspruchsvoll – eine Führungskompetenz, die man allerdings auch erlernen und trainieren kann. Die gute Vorbereitung auf einen Dialog und ein paar Regeln helfen dabei:

Ort und Zeitpunkt: Um die Ernsthaftigkeit des Gesprächs hervorzuheben, sollten Ort und Zeitpunkt vorher ausdrücklich festgelegt werden. Es ist kaum möglich, einen Dialog im Vorbeigehen auf dem Flur zu führen. Der Ort spielt eine Rolle: Ein Chefgespräch beispielsweise sollte im Büro des Chefs stattfinden und nicht in dem des Mitarbeiters. Durch den Ort bekommt das Gespräch einen Rahmen und eine bestimmte Bedeutung.

Interesse wecken – ein Synonym für »Bindung herstellen«: Am Anfang sollte zunächst einmal eine Bindung als Voraussetzung für einen Dialog hergestellt werden – etwa durch Sätze wie »Sind Sie damit einverstanden, dass wir mal herausfinden, was die Schwierigkeit, die wir beobachten, tatsächlich ausmacht?« – »Sind Sie einverstanden, dass wir darüber verhandeln?«

Beim Ist-Zustand beginnen: Was ist der Ist-Zustand bei beiden Dialogpartnern? Was beobachte ich, was beobachtet der andere? Gibt es gemeinsame Beobachtungen? Dass wir den Ist-Zustand zunächst klären, ist die Voraussetzung für die Formulierung einer Soll-Vorstellung, also des angestrebten Ergebnisses.

Die Soll-Vorstellung: Die Ideen zum angestrebten Zustand können auseinanderliegen. Es ist wichtig, dass beide Seiten ihre Vorstellung aussprechen können: »Wollen wir beide mal formulieren, was der angestrebte Zustand für Sie und was er für mich wäre?« Die Soll-Vorstellung beider Seiten zu kennen, ist die Voraussetzung für eine spätere Vereinbarung: »Wir arbeiten hier in einer Firma/gemeinsam/in einer Abteilung zusammen. Wir müssen also ein Ziel finden, das für Sie und mich gleichermaßen gilt. Also ein übergeordnetes Ziel.« Ein gemeinsames Ziel liegt auf einer anderen Abstraktionsebene. Hat man das gemeinsame Ziel gefunden, beginnt der Dialog über mögliche Wege dorthin.

Die Form des Dialogs: Auf beiden Seiten sollte es kurze Statements geben, möglichst nicht länger als drei Sätze. Genaues Zuhören ist wichtig, ebenso das Stellen von Nachfragen. Der Dialog braucht einen Fluss, um das Geben und Nehmen in Gang zu halten.

Ein gemeinsames Tempo finden: Bei Einwänden ist es gut, wenn man nicht anfängt, dagegen zu argumentieren, sondern in diesem Moment bewusst auf Zuhören umschaltet: »Erzählen Sie mal.« – »Was steckt dahinter?« – »Was ist Ihr wirkliches Anliegen?« – »Fühlen Sie sich ungerecht behandelt?« – »Habe ich etwas übersehen, was ich wissen müsste?« sind mögliche Interventionen. Es geht darum, Fragen zu stellen, dann zuzuhören und nicht ins Argumentieren zu geraten. Der Fachausdruck für diese Gesprächstechnik ist ›pacing‹, also im Schritttempo des anderen zusammen mit ihm zu gehen.

Lösungen erfragen: Es erleichtert häufig das Finden von Ergebnissen, wenn man sich gegenseitig nach möglichen Lösungen fragt – zumal, wenn man selbst im Moment keine Lösung sieht. Häufig führt das zu überraschenden Vorschlägen.

Verträge schließen: Am Ende eines Dialogs, bei dem beide gegeben und genommen haben, sollte ein Vertrag stehen – eine beiderseitig verbindliche und explizite Festlegung, die beide Parteien auch auf ihren jeweiligen Anteil verpflichtet: Wer macht was, wann und wie? Das Ganze wird möglichst schriftlich festgehalten. (Mehr zu Verträgen in Kap. 10.3).

9.3 Dialogblockaden erkennen und beseitigen

Wenn ein Dialog gelingt, ist das beglückend für beide Dialogpartner. Oft geschieht es allerdings auch, dass ein Dialog nicht in Gang kommt oder misslingt. Man kann in solchen Fällen eine Reihe von wiederkehrenden Verhaltensweisen beobachten, die dafür sorgen, dass der Dialog misslingt – sogenannte »Dialogblockaden«[5]. Man sollte sie kennen und erkennen, um sie zu überwinden oder zu beseitigen.

Abwertungen: Unter einer Abwertung versteht man die negative Darstellung der eigenen Person, der Person des anderen oder der Situation. Abwerten ist die häufigste Dialogblockade. Der Dialog endet dort, wo einer der Beteiligten die Chance einer gemeinsamen Lösung ausschließt: »Ich schaffe das nicht.« – »Sie wissen es doch sowieso besser.« – »Woanders würde man das hinkriegen. Hier nicht.« Situationsabwertungen sind besonders häufig. Das heißt, der Dialog bezieht sich dann nicht auf die konkret vorliegende Situation, sondern es wird argumentiert oder diskutiert, als wären die Beteiligten eigentlich in einer anderen Situation (»In einem anderen Unternehmen ...«). In der Reaktion auf Abwertungen kommt es darauf an, nicht im Negativen zu enden, sondern immer einen Schritt weiterzugehen: »Ja, ich weiß, dass das hier schwierig ist. Sie haben sich aber für diesen Betrieb hier entschieden. Ich bitte Sie deshalb, zu akzeptieren, dass das hier so und so ist. Lassen Sie uns sehen, wie wir damit vielleicht doch arbeiten können ...« Ein Dialog sollte immer positiv enden und nicht mit einer Negation, einer Abgrenzung oder einer Abwertung.

Passivität: Passives Verhalten ist eine andere Blockade. Passivität bedeutet, dass einer der Beteiligten nichts tut oder tun will, um ein Problem zu lösen. Was nicht heißt, dass er gar nichts tut – nur verlegt er sich eben auf etwas, das nichts zu einer Lösung beiträgt, z. B. auf Routinearbeit, Aktionismus ... Er verweigert sich einer Problemlösung. Allerdings kommt es auch vor, dass das Verhalten einer Person nur passiv aussieht, dass aber hinter der passiven Fassade jemand z. B. darüber nachdenkt, was zu tun wäre. Bei

5 Kohlrieser, George. Unveröffentlichte Unterlagen zum Seminar »Konflikt-Management und Verhandeln«, Institut Dr. Mautsch, Köln, 12.–15.10.1998

passivem Verhalten hilft Nachfragen, um dies herauszufinden und um die andere Seite zu aktivieren.

Zu viel Rationalität: Es sind sehr häufig gerade männliche Führungskräfte, die allem und jedem mit Sachargumenten begegnen wollen – mit Rationalität. Viele glauben, je mehr sie rational argumentieren, desto eher finden sich auch Lösungen. Es ist aber ein Irrtum, zu glauben, dass Argumente z. B. eine emotionale Schwierigkeit oder eine Motivationsschwierigkeit überwinden könnten. In solchen Fällen laufen die Botschaften aneinander vorbei und treffen sich nicht. Wir sind dann nicht miteinander verbunden. In einem solchen Fall gibt es zu viel Rationalität und zu wenig Emotion.

Zu viel Emotionalität: Auch der umgekehrte Fall kann einen Dialog blockieren – zu viel Emotionalität und zu wenig Nachdenken. Hier sind es eher Frauen, bei denen man beobachten kann, dass sie in einem bestimmten Moment nicht nachdenken, sondern lieber ihre Emotionen herauslassen. Man wird kein Problem ohne Emotionalität lösen – aber Tränen allein lösen das Problem auch nicht. Zu einer Lösung gehört auch Nachdenken: »Was ist es, das mich so beschäftigt, berührt oder wütend macht ...?« Wir dürfen weinend nach einer Lösung suchen, dazu brauchen wir aber ebenso das Gehirn, also die Ratio.

Redefinieren: Der beste Hinweis darauf, dass gerade redefiniert und ein Dialog blockiert wird, ist, wenn eine Frage nicht beantwortet wird. Das klassische Beispiel ist die Frage eines Journalisten an einen Politiker – wenn dieser ausweicht: »Lassen Sie mich zunächst ...« oder »So einfach kann man das nicht sagen ...«. Was zwischen Journalisten und Politikern vielleicht noch verständlich ist, sollte im Betrieb nicht passieren: Dort gibt es Wechselbeziehungen, die funktionieren müssen, wie die Beziehung zwischen Vorgesetzten und Mitarbeitern. Ein Redefinieren, das einen Dialog blockiert, wäre z. B.: »Können Sie das bis morgen Nachmittag erledigen?« – »Ja, muss ich mal sehen. Ich bin hier noch an einem anderen Thema.« Eine mögliche Intervention hier wäre: »Möchten Sie meine Frage beantworten?« Im Arbeitsalltag ist es für das Funktionieren von Abläufen wichtig, dass Fragen beantwortet und nicht einfach redefiniert werden. Darauf sollte man in Dialogsituationen achten.

Zu wenig Ehrlichkeit: Es ist legitim, dass man über bestimmte Dinge nicht sprechen oder bestimmte Fragen nicht beantworten möchte – gerade, wenn es um Persönliches oder um andere Menschen im Betrieb geht. Dann sollte man allerdings nicht drumherum reden, sondern ehrlich etwa sagen: »Ich möchte diese Frage nicht beantworten.« – »Ja, warum denn nicht?« – »Bitte respektieren Sie, dass ich diese Frage nicht beantworten möchte.« Mangelnde Ehrlichkeit ist, wenn man sich scheut, klar auszusprechen, was eigentlich klar ist – z. B., dass eine Arbeit bis dann und dann nicht zu schaffen ist. Wird es klar ausgesprochen, besteht die Chance, im Dialog eine Lösung zu finden. Bei zu wenig Ehrlichkeit besteht diese Chance nicht.

Abstrahieren: Viele Menschen reden gerne auf abstrakten Ebenen. Das ist einfacher – führt in einem Dialog aber nicht zu konkreten Ergebnissen und Verträgen. Die Frage oder Bitte in einer solchen Situation ist: »Sagen Sie es doch mal ganz konkret, an einem Beispiel.« – »Das ist schwierig.« – »Ja, klar, manches ist schwierig am Beispiel zu formulieren. Bitte probieren Sie es doch mal.«

Verallgemeinerungen: Wenn Worte wie »nie«, »immer«, »jeder« oder »alle« fallen, dann hat man es meistens mit einer Verallgemeinerung zu tun. »Sie sind morgens nie da, wenn ich Sie brauche.« – »Doch, ich bin eigentlich morgens immer da.« Man glaubt, durch die Übertreibung den Wahrheitsgehalt besonders herauszuheben und zu verstärken. Wenn verallgemeinert wird, dann ist der Dialog blockiert, weil wir nicht konkret miteinander sprechen können. Man sollte also auf solche Signalwörter achten – und dann durch Nachfragen konkret werden: »Sie sagen, ich bin nie da, wenn Sie mich brauchen – bitte geben Sie mir ein Beispiel. Wann war ich nicht da, als Sie mich gebraucht haben?« – »Zum Beispiel vorgestern, da habe ich Sie angerufen und Sie waren nicht da.« – »Ach ja, das stimmt. Ich hatte versäumt, Ihnen zu sagen, dass ich den ganzen Vormittag woanders bin.«

Zu viele Details: Wenn Gesprächspartner sich nicht auf das Wesentliche ihrer Aussage konzentrieren können, sondern vom Hölzchen aufs Stöckchen kommen und in einen langen Monolog verfallen – dann ist der Dialog ebenfalls blockiert: »Wissen Sie, das kann man so einfach nicht sagen, da muss ich ausholen …« Um zum Wesentlichen zu kommen, würde ein Berater dann etwa fragen: »Was ist denn das Ergebnis, dass Sie hier innerhalb einer Stunde möglichst erreichen wollen?« – »Ja, da muss ich weit ausholen …« – »Bitte nicht.« – »Ja, wie?« – »Bitte nicht weit ausholen, das wird zu teuer. Dann sitzen wir hier in zwei Stunden noch. Lassen Sie mich Ihnen eine Frage stellen: Angenommen, eine Stunde ist vorüber – womit wären Sie zufrieden nach dieser Stunde? Was hätten Sie hier im Gespräch dann gern erreicht?« Die Nachfrage holt in Verbindung mit einer Emotion (»zufrieden«) das Ergebnis in den Vordergrund. Das ist für viele Menschen leichter als nach einem »Ziel« gefragt zu werden. »Ergebnis« motiviert nicht nur den Verstand, sondern auch das Gefühl. »Ziel« spricht in der Regel nur die Ratio an. Ist die Emotion mit im Boot, sind Menschen leichter bereit, bestimmte Dinge zu tun – all die ungemein wichtigen Einzelheiten wegzulassen und sich stattdessen in einem echten Dialog auf das auch für sie Wesentliche zu konzentrieren.

Mangel an Direktheit: Wer ausweicht, ins Ungefähre geht, blockiert einen Dialog, der eine konkrete Übereinkunft zum Ziel hat. »Sind Sie mit meiner Arbeit zufrieden?« – »Ach ja, wissen Sie, was heißt schon zufrieden. Wann ist der Mensch wirklich zufrieden?« Das ist indirekt. Direkt wäre die kürzeste Verbindung zwischen zwei Punkten – etwa zu antworten: »Ja, das und das gefällt mir. Und es gibt auch ein paar Sachen, da habe ich noch offene Wünsche an Sie, nämlich das und das.« Direkt wäre auch, zu antworten: »Wenn Sie so weitermachen, dann wäre ich irgendwann gezwungen, die Stelle anders zu besetzen.« Daraus ergibt sich ein Dialog darüber, was sich ändern soll. Führungskräfte sollten – wertschätzend und unter Wahrung von Bindung – direkt und auch direktiv sein. Sie sind keine Therapeuten, sondern dafür da, dass alle Beteiligten einen guten Job machen.

Gemeinsam ist allen Dialogblockaden, dass sie die Bindung zwischen den beiden Dialogpartnern unterbrechen oder erschweren. Geht aber die Bindung verloren, funktioniert das Suchen nach gemeinsamen Lösungen nicht mehr. Die Lösung eines Konflikts zum beiderseitigen Nutzen durch Verhandlungen wird dann schwierig bis unmöglich.

Wenn der Dialog ein Geben und Nehmen ist, ein Gespräch, das in einer emotionalen Bindung zweier Personen verläuft und das zum Ziel hat, etwas Gemeinsames zu erschaffen – dann ist eine Verhandlung der größere Prozess, innerhalb dessen solche Dialoge ihren Platz haben. Der Sinn von Dialog und Verhandeln (s. a. Kap. 10) ist, dass am Ende jeder das bekommt, was er braucht. So entstehen langfristige und tragfähige Lösungen. Konflikte sind normal – und Verhandlungen sorgen dafür, dass wir dennoch langfristig und friedlich miteinander arbeiten oder leben.

10 Vom Dialog zum Verhandeln

Verhandeln ist eine Schlüsselfunktion und daher auch eine Schlüsselfähigkeit für Führungskräfte – »Schlüssel« in dem Sinn, dass man mit Verhandeln sehr viele Situationen aufschließen oder deblockieren kann. Unter den vielfältigen sozialen Kompetenzen, die heutzutage von Führungskräften erwartet werden, ist Verhandeln eine immer Wichtigere geworden. Die militärische Ordnung in Organisationen – Befehl und Gehorsam – ist schon lange Vergangenheit. Manager sind keine Einzelkämpfer mehr, sondern müssen gemeinschaftlich Leistungen erbringen. Junge Menschen aus den nachwachsenden Generationen haben die Erwartung, dass man ihnen auf Augenhöhe begegnet. All das erfordert ständiges Verhandeln.

Man kann immer wieder beobachten, dass kleine Kinder im Rahmen ihres Entwicklungsstandes großartige Verhandler sind. Aufgrund ihrer Unterlegenheit bleibt ihnen auch gar nichts anderes übrig, als mit den Erwachsenen ständig zu verhandeln. Sie können nicht so rational denken wie Erwachsene, sie haben nicht so viel Erfahrung, qua Körperstärke oder Verfügung über materielle Ressourcen haben sie geringere Möglichkeiten und sie sind abhängig. Aber all das machen sie mit Kreativität wett: Sie verhandeln mit Mama oder Papa auf Teufel komm raus, bis sie wenigstens irgendetwas erreicht haben. Verhandeln ist für sie nicht etwas Besonderes, sondern spielerischer Alltag.

Bei den Erwachsenen ist es eigentlich nicht viel anders: Nicht nur bei der Arbeit, in vielen alltäglichen Situationen gibt es Verhandlungen.

> Ein (fast beliebiges) Beispiel: Eines Tages bittet der Hausverwalter zu einem gemeinsamen Gespräch mit dem Eigentümer des Nachbargrundstücks. Es geht um die Kosten für das Verputzen einer gemeinsamen Seitenwand. Die andere Seite will sich daran nicht beteiligen. »Warum wollen Sie, dass ich mitkomme?« – »Wenn Sie mit dabei sind, weiß ich, dass wir irgendwann verhandeln werden und über Verhandlung eine Lösung finden. Das habe ich bei Ihnen schon oft erlebt.« Die Situation war verfahren, die andere Seite hatte schon »nein« gesagt. Was also sagen? »Wir sind Nachbarn. Ich bin sicher, wir finden eine Lösung. Wir müssen verhandeln.« Über diese wenigen Sätze entstand sofort eine Bindung. Diese Form von Bindung hat gewirkt und am Ende der Verhandlung stand eine gemeinsame Lösung.

Für Verhandlungen gibt es keine Standardtechnik. Der Anlass, der Gegenstand, die an einer Verhandlung mitwirkenden Personen und die Verhandlungsumstände sorgen dafür, dass jede Verhandlung anders ist. Eine Gemeinsamkeit gibt es allerdings: Verhandlungen sind dann – und in der Regel nur dann – erfolgreich, wenn zwischen den mitwirkenden Personen eine Bindung entsteht.

10.1 Harte und weiche Verhandlungskonzepte

Von den beiden archaischen Grundmustern, die den Menschen seit seiner Entstehung begleiten – kämpfen oder fliehen – war bereits die Rede (Kap. 8.1). Mit ihnen korrespondieren die beiden am häufigsten wiederkehrende Arten, die Menschen kennen, um Verhandlungen zu führen: Das harte Gewinner-Verlierer-Konzept oder das weiche Verlierer-Gewinner-Konzept.

Die eine Hälfte der Menschen ist so gepolt, dass sie davon ausgeht, dass andere das machen müssen, was sie will – dass sie Recht hat und dass bei den anderen etwas nicht stimmt. Die meisten Führungskräfte beherrschen das harte Gewinner-Verlierer-Spiel: Sie gehen davon aus, dass die andere Seite nachgeben wird. »Ich gewinne, du verlierst« – das steht für sie von vornherein fest.

Die andere Hälfte der Menschheit ist so gepolt, dass sie typischerweise denkt, bei ihr stimme etwas nicht. Sie gibt schnell nach – auch wenn sie das nicht tun müsste und wenn das nicht gut für sie ist. Sie spielt das weiche Verlierer-Gewinner-Spiel. Auch unter Führungskräften gibt es das weiche Konzept: »Sie wissen ja, ich möchte Ihnen gerne entgegenkommen.« – »Ich werde alles tun, damit Sie in dieser Sache zufrieden sein können.« – »Ich verstehe, dass das für Sie eine schwierige Situation ist ...« sind Sätze, die man von solchen Führungskräften hört. Der Verlierer-Gewinner-Spieler lässt dem anderen von vornherein zu viel Spielraum. Er bietet sich als Verlierer an – und es kann dann sein, dass der andere ihn auch zum Verlierer macht.

Man kann sich fragen, was es für einen Sinn hat, mit einem Verliererkonzept zu starten. Das ist keine bewusste Entscheidung – vielmehr kommen beide Haltungen aus einer unbewussten frühen Prägung.

> Kinder probieren sehr früh, schon in den ersten drei Lebensjahren, aus, mit welcher Strategie sie in ihrer Familie am besten überleben können. Bin ich das liebe Kind, das immer bereit ist, nachzugeben und zu tun, was von mir erwartet wird? Oder bin ich das Kind, das nicht lange fragt, sondern einfach handelt, wenn es etwas erreichen will? Neugeborene Kinder sind sehr abhängig und darauf angewiesen, dass ihre (eben deshalb vehementen) Äußerungen eine angemessene Resonanz erfahren. Neben ihren Anlagen dürften vor allem diese frühen Erfahrungen dafür ausschlaggebend sein, ob sie eher die eine oder die andere Grundposition (unbe-

wusst) »einüben«. Man kann ihre Position als eine in einer sehr frühen Kindheitsphase gelernte Überlebensschlussfolgerung bezeichnen – »so kann ich am besten überleben.«

Für wiederkehrende Muster in Bezug auf Verhandlungen haben diese beiden Grundpositionen eine große Bedeutung:

Eine Person mit **Gewinner-Verlierer-Position** verhandelt nicht gerne. Sie geht davon aus, dass es in Ordnung ist, was sie sagt oder wie sie handelt. Sie verhandelt hart und betrachtet jede Verhandlung als ritualisiertes Kampf- oder Machtspiel, in dem eine der beiden Seite besser fährt als die andere. Sie hält die härtere Position so lange wie möglich durch. Diese Personen nennen sich zwar gerne Verhandlungspartner, sehen sich aber eigentlich als Verhandlungsgegner. Im Drehbuch für Verhandlungen in ihrem Kopf steht als zentrale Handlungsanweisung: »Siegen.« Daraus folgt: Es wird nicht offen und fair verhandelt, sondern zäh und verbissen miteinander gekämpft. Nicht die Annäherung und der Ausgleich von Interessen sind das Ziel, sondern das Halten von Positionen. Gewinner-Verlierer-Strategen neigen dazu, sich durchzusetzen – ein großer Vorteil, wenn eine Führungskraft das kann. Sie neigen nicht dazu, zu kooperieren – für sie ist es eine Herausforderung, kooperieren zu lernen.

Auch eine Person mit **Verlierer-Gewinner-Position** verhandelt nicht richtig. Sie gibt zu schnell nach und lässt sich auf Kompromisse ein, die für sie nicht gut sind. Sie verhandelt weich und hat dafür immerhin den besseren Ruf: Diese Personen zeigen freundliches Entgegenkommen und bieten Zugeständnisse an. Sie vertrauen der anderen Seite und wenn es schwierig wird, vermeiden sie die Konfrontation. Lieber geben sie nach. Ihr Verhalten macht in der Tat eine Übereinkunft wahrscheinlicher. Ob diese allerdings auch wirklich tragfähig oder vernünftig ist, bleibt zweifelhaft. Schnell stellt sich bei diesen Personen das ungute Gefühl ein, übervorteilt worden zu sein. Die Herausforderung für die Verlierer-Gewinner-Position ist, zu lernen, nicht zu schnell zu kooperieren, sondern die eigenen Interessen besser zu schützen.

Sowohl die harte als auch die weiche Vorgehensweise erschwert erfolgreiche Verhandlungen. Am Ende kann ein Pyrrhus-Sieg der Gewinner-Verlierer-Position stehen: Weil die Verlierer-Gewinner-Position nicht wirklich verhandelt hat und nicht wirklich freiwillig kooperiert, sondern gezwungenermaßen mitmacht, wird sie am langen Ende das Ergebnis sabotieren und sich verweigern. Der »Sieg« ist keiner.

Beide Haltungen – die Gewinner-Verlierer-Position und die Verlierer-Gewinner-Position – sind frühe und tiefe Prägungen. In Stresssituationen springt eine von ihnen an. Erwachsene – und zumal gut ausgebildete Führungskräfte – können lernen, mit ihrer eigenen und mit der Prägung anderer Menschen bewusst und steuernd umzugehen. Mehr dazu in Kap. 12.

10.2 Die Phasen von Verhandlungen

Eine Verhandlung verläuft typischerweise in mehreren Phasen. Diese werden im Folgenden modellhaft beschrieben. Einiges davon wurde in den Kapiteln über Konflikte (Kap. 8) und über den Dialog (Kap. 9) schon angesprochen – hier wird es mit dem Blick auf Verhandlungen und vor allem erfolgreiche Verhandlungsführung vertieft.

10.2.1 Bindung herstellen

Jede Verhandlung beginnt – ausgesprochen oder nicht ausgesprochenen – mit der Klärung von Ausgangsfragen wie diesen:

- »Ich möchte gerne mit Ihnen in dieser Frage verhandeln. Sind Sie bereit, mit mir zu verhandeln?«
- »Können wir einen Dialog führen, um zu sehen, wie weit wir auseinander sind oder vielleicht auch wie nah beieinander?«
- »Sind Sie bereit, mit mir eine Lösung zu finden?«

Es muss erst einmal geklärt werden, ob der andere mir gegenüber ebenfalls zu einer Verhandlung bereit ist. Wir klären also erst einmal den Prozess.

Möglicherweise lautet die Antwort: »Nein.« Dann heißt die Regel: Bei ›nein‹ geht die Verhandlung trotzdem weiter. Ein »Nein« ist nicht das Ende, sondern Beginn einer weiteren Verhandlung (Kap. 10.4). Auf ein »Nein« muss man eingehen, denn die andere Seite hat irgendetwas, wovor sie sich fürchtet.

> Es könnte ein Dialog wie dieser folgen: »Ich weiß zu schätzen, dass Sie sofort ›nein‹ sagen, dann weiß ich, woran ich im Moment bin. Trotzdem möchte ich gerne mit Ihnen herausfinden, was wir beide tun können, um gemeinsam etwas zu erreichen. Sind Sie einverstanden?«
> »Was hätte ich denn davon?«
> »Was würden Sie denn gern in diesem Konflikt erreichen? Sagen Sie mir, was Sie erreichen wollen?«
> »Das wissen Sie doch ganz genau. Sie machen doch sowieso, was Sie wollen.«
> »Da ich hier der Chef bin, könnte ich das in der Tat auch tun. Ich weiß nur, dass ich dann wahrscheinlich das Vertrauen zwischen uns beschädigen würde. Kurzfristig

> wäre das eine Lösung – aber nicht mittel- und langfristig. Ich bin daran interessiert, eine langfristige Beziehung zu Ihnen zu haben. Und ich hätte gern eine Zusammenarbeit mit Ihnen, die auch im Konfliktfall funktioniert. Vielleicht sagen Sie mir: Sind Sie auch daran interessiert, dass wir beide langfristig zusammenarbeiten?«
> »Ja, im Prinzip schon. Aber unter diesen Umständen ist es eben schwierig.«
> »Ich werde mich nicht einseitig gegen Sie durchsetzen, obwohl ich das bei den gegebenen Machtverhältnissen könnte. Vielleicht wäre es auch einfacher, um kurzfristig das Problem zu lösen. Es wäre dann aber eben nicht wirklich gelöst, denn ich bin auf Sie angewiesen und ich darf Sie nicht verlieren. Ich darf allerdings auch meine Zielsetzung nicht aufgeben. Wie könnten wir dazwischen eine Lösung finden? Was könnte ich denn tun, damit Sie mir entgegenkommen und wir eine gemeinsame Lösung suchen?«

Um eine Verhandlung in Gang zu bringen, muss man immer wieder so intervenieren, dass der andere *zustimmen* kann. Dann kann der Prozess weitergehen. Das ist das Prinzip des Verhandelns, wie es gute Kaufleute immer beherrscht haben: Die Bereitschaft, immer wieder eine Bindung herzustellen, zu prüfen, inwieweit ich dem anderen im Interesse eines gemeinsamen Ergebnisses entgegenkommen kann.

Jede Verhandlung beginnt also damit, dass man erst einmal herausfindet, ob es überhaupt die Bereitschaft dazu gibt bzw. dass man eine solche Bereitschaft erzeugt. Der Beginn jeder Verhandlung ist also der Aufbau einer emotionalen Bindung zwischen den Gesprächspartnern. Beide müssen Interesse zeigen.

10.2.2 Trenne Mensch und Problem

Wir sind oft versucht, im Menschen gegenüber das eigentliche Problem zu sehen. Wenn es aber das Ziel ist, ein Problem zu lösen – wie soll man dann einen Menschen »lösen«? Das Grundgesetz sagt: »Die Würde des Menschen ist unantastbar«. Anders gesagt: Menschen sind in Ordnung, so wie sie sind. Ihr Verhalten ist möglicherweise nicht in Ordnung. Also müssen wir, wenn wir das Problem lösen wollen, den Menschen, mit dem wir es zu tun haben, von diesem Problem trennen. Wenn man das erst einmal verstanden hat, wenn man dem Postulat des Grundgesetzes folgen kann, dann ist es möglich, das Problem von der Person zu trennen und es in der Folge auch zu lösen.

> Ein Dialog könnte etwa so weitergehen: »Lassen Sie uns nur über das Problem reden, nicht über Sie und mich. Denn Sie und ich, wir verhalten uns auf eine bestimmte Weise. Wir könnten uns aber auch anders verhalten.« Wenn beide Seiten das akzeptieren, ist das bei einer Verhandlung schon die halbe Lösung. Wenn man

> sich hier allerdings noch nicht einigen kann, dann würde der Dialog vielleicht so weitergehen: »Nein, Sie sind mein Problem.« – »Tja, und jetzt? Sie brauchen also einen anderen Chef.« – »Ja.« – »Wollen Sie kündigen?« – »Nein.« – »Gut, dann lassen Sie uns über unser künftiges Verhalten sprechen, nicht über unsere Person.«

Konflikte sind Alltag – wir brauchen für ihre Bewältigung eine Haltung, die es erlaubt, Probleme mit den *vorhandenen* Menschen zu lösen. Alles andere ist nicht realistisch.

10.2.3 Was sind die eigenen Bedürfnisse?

Wer verhandelt, sollte sich zunächst über die eigene Position im Klaren werden: Welche Bedürfnisse habe ich? Welche Emotionen verbinde ich damit? Ich habe z. B. das Bedürfnis, dass wir eine nachhaltige Lösung finden, die beide Seiten tragen können. Wer verhandelt, muss lernen, die Berechtigung eines Bedürfnisses und einer Emotion auch auszudrücken.

> Auch das kann in einfachen Dialogen geschehen: »Ich möchte unter allen Umständen wieder ein gutes Verhältnis zu Ihnen als Mitarbeiter bekommen. Dies ist mein Bedürfnis. Wie sieht es bei Ihnen aus? Möchten Sie ein gutes Verhältnis zu mir haben?«

Dass wir unsere Bedürfnisse und unsere Emotionen aussprechen, schafft einen belastbaren Ausgangspunkt für eine Verhandlung.

10.2.4 Was sind die Bedürfnisse des anderen?

Das gilt gleichermaßen für die Bedürfnisse des Verhandlungspartners. Wenn man sie nicht kennt, dann sollte man danach fragen: »Was ist Ihr Interesse?« Es geht aber nicht nur um die rationale Zielsetzung, sondern auch darum, was die andere Seite vielleicht von mir braucht: Kann es sein, dass ich vielleicht bisher nicht genug auf ihre Bedürfnisse eingegangen bin, sondern mich zu sehr durchgesetzt habe?

> Wir sollten also die Bedürfnissituation zusätzlich zur Zielsetzung, klären: »Was brauchen Sie von mir?« – »Welche Bedürfnisse haben Sie im Moment?« – »Was kann ich für Sie tun?« – »Würden Sie mir sagen, welche Bedeutung das für Sie hat?« – Oder auch konkreter: »Möchten Sie ein gutes Verhältnis zu Ihren Mitarbeitern haben, von denen Sie offenbar isoliert sind?« Dabei sollte man sich nicht auf die gegenwärtige Position des anderen konzentrieren – um die es dann anschließend ein Tauziehen

geben könnte – sondern auf die Interessen, welche die andere Seite gerne realisieren möchte: »Gut, Sie sind jetzt ärgerlich, das löst aber noch kein Problem. Was möchten Sie denn gern erreichen?«

Verhandeln nach der Art des Tauziehens bringt wenig ein.

10.2.5 Einen Dialog führen

Grundlagen und Wirkungsweisen des Dialogs sind bereits beschrieben worden (s. a. Kap. 9). Auch in Verhandlungen sind die Kennzeichen des Dialogs die drei K: kurz, klar und konkret. Ziel eines Dialogs ist der jeweils nächste Punkt – kein entweder oder. Es geht nicht um »Mein Ziel *oder* Dein Ziel?«, sondern darum, ein *gemeinsames* Ziel zu finden: »Wir arbeiten für denselben Arbeitgeber. Was ist also unser gemeinsames Ziel?« Diese Abstraktion weg vom Persönlichen oder Rollenspezifischen hin zu einer höheren Ebene ist entscheidend. Dabei findet man oft Lösungen, an die man vorher gar nicht gedacht hat.

Dieses Prinzip wird vielleicht an einem Beispiel aus dem persönlichen Umfeld deutlicher: Zwei Partner verhandeln, wohin sie im nächste Urlaub fahren wollen.
Es gibt zwei unterschiedliche Vorstellungen: Der eine möchte an die See fahren und der andere ins Gebirge. Häufig sind jetzt beide schnell dabei, Argumente für die See bzw. Argumente für das Gebirge zu finden – in der Hoffnung, den anderen durch Argumente vom eigenen Wunsch zu überzeugen. Das Ergebnis ist in aller Regel – wenn man nicht gewohnt ist, dass einer sich unterordnet, sondern fair miteinander umgeht – kein wirklich guter Kompromiss.
Eine höhere, abstrakte Ebene wäre, zu sagen: »Sag' mal, willst du überhaupt mit mir gemeinsam in den Urlaub fahren?« Heißt die Antwort »ja«, dann geht der Dialog weiter: »Wo wollen wir denn vielleicht beide hin? Was ist denn unser beider Bedürfnis in diesem Urlaub? Wann wäre es ein schöner Urlaub für dich *und* für mich?« Es geht dann nicht mehr in erster Linie um das »wo?« (Meer oder Berge), sondern um eine neue Frage: »Wann wäre es ein schöner Urlaub für beide?« Dann können Überlegungen folgen wie: »Für mich wäre es am Meer wunderbar. Und du möchtest gerne im Gebirge wandern. Vom Meer bis in die Berge ist es nicht so weit, von dort aus könnten wir auch Touren machen.« Wichtig ist es auch, Rückfragen zum angestrebten Ergebnis stellen. »Also ist dir das sehr wichtig?« – »Was ist das Bedürfnis dahinter?« – »Passt das in unser Budget?« – »Haben wir so viel Zeit?« Rückfragen helfen, um das Soll und das gemeinsame Ziel zu konkretisieren. In einer solchen Verhandlung geht es dann nicht mehr um »entweder – oder«, sondern darum, herauszufinden, was beider Bedürfnis ist. Auf dieser Basis findet sich wahrscheinlich eine Lösung.

10.2.6 Lösungsmöglichkeiten und Alternativen

Verhandeln ist in erster Linie eine kreative Methode und kein argumentatives Machtspiel. Es fordert viel Fantasie und Ideen. Was Verhandlungen oft so schwierig macht, ist, dass die Beteiligten der festen Überzeugung sind, dass sie die richtige Lösung schon kennen. Was Verhandlungen ebenfalls erschwert, ist, dass die Beteiligten oft glauben, alle in Betracht zu ziehenden Kompromisse würden auf einer geraden Linie zwischen der eigenen Position und der Position der Gegenseite liegen.

Die eigentliche Chance aber, um zu einer für beide Seiten befriedigenden Lösung zu kommen, besteht aber darin, die »Entweder-oder«-Programmierung in Richtung auf eine flexible und kreative »Sowohl-als-auch«-Einstellung zu verlassen. Das halten viele Menschen, die es gewohnt sind, autoritär zu führen, für keine gute Methode, sondern betrachten es als Niederlage. Dabei droht die Niederlage eigentlich von ganz anderer Seite, nämlich von einer Nicht-Lösung, die den Bedürfnissen der Beteiligten weniger gerecht wird und deshalb nich nachhaltig ist: »Weißt du was, lieber Mitarbeiter, wenn du mit mir den Konflikt nicht lösen willst, dann entscheide ich eben jetzt – und das muss nicht zu deinem Vorteil sein.« Oder »Wenn wir hier zu keiner gemeinsamen Lösung kommen, dann wird unser Chef die Entscheidung treffen.« Denn Konflikte können natürlich auch durch hierarchische Entscheidung gelöst werden.

10.2.7 Wo liegt der Gewinn für beide?

Um zu einer wirklich befriedigenden Lösung zu kommen, muss sich der jeweilige Verhandlungspartner die Frage stellen: »Was kann ich tun, damit auch mein Gegenüber das bekommt, was er braucht? Denn nur so komme auch ich an *mein* Ziel.« In Verhandlungen gibt es eine gegenseitige, dialektische Abhängigkeit: Jeder ist seinen Zielen verpflichtet. Aber jeder kann seine Ziele nur erreichen, wenn er auch bereit ist, Dinge zu geben, die der andere braucht. Deshalb sollten sich beide Seiten prüfen: Was braucht die andere Seite, damit ich zu meinem Ziel komme?

> In Verhandlungen ist deshalb die Frage »Was brauchen Sie von mir?« extrem hilfreich. Diese Frage ist übrigens besser als die Frage: »Was wollen Sie von mir?« ›Brauchen‹ ist elementar und knüpft an objektivierbare Maßstäbe an: »Wir haben einen Tarifvertrag, deshalb brauchen wir …« – »Sie haben einen Arbeitsvertrag, deshalb brauche ich von Ihnen …«. Das sind objektivierbare Merkmale, an denen man in kontrovers geführten Verhandlungen messen kann, was die andere Seite tatsächlich benötigt. Im Ergebnis geht es um eine Art höheres Ziel, dem beide zustimmen können. Dann nämlich kann ein Lösungsprozess beginnen: »Wie können

wir das erreichen?« – »Welche Ideen haben Sie?« – »Welche Möglichkeiten sehe ich?« Wir führen dann den Verhandlungsprozess in Bezug auf die zu ergreifenden Maßnahmen weiter – immer mit dem Ziel, dass beide Seiten von der Lösung einen Gewinn haben.

Es geht deshalb auch nicht um ein einfaches Nachgeben, sondern um eine Haltung wirklicher Partnerschaft. Geben und Nehmen müssen in einen fairen Ausgleich für beide Seiten gebracht werden, damit sich keiner als Verlierer fühlt. Dazu ist es hilfreich, objektive Maßstäbe zu haben, an denen man Spielräume messen kann. Denn natürlich geht es in Verhandlung auch darum, bisher noch nicht entdeckte Spielräume zu finden, in denen die gemeinsamen Ziele bestmöglich erreicht werden können.

Oft sind es die *kleinen* Spielräume, die eine Situation deblockieren – nicht eine imaginierte ›große Lösung‹. Viele Organisationen sind durch ihre Strukturen, durch Tarifverträge oder durch betriebliche Vereinbarungen sehr eng festgelegt. In Verhandlungen geht es deshalb darum, die kleinen Spielräume zu finden, die eine Einigung vielleicht doch noch möglich machen. Wenn z. B. eine bessere Bezahlung aufgrund von tariflichen Bestimmungen oder wegen der Vergleichbarkeit nach rechts und links nicht möglich ist: Kann man sich vielleicht bei zeitlichen Vereinbarungen entgegenkommen? Zeit ist genauso wertvoll wie Geld. Ein verbesserter Freizeitausgleich für Mehrarbeit. Höhere Flexibilität bei der Einteilung der Arbeit. Weiterbildungsmöglichkeiten, die der Betrieb bezahlt und die vielleicht zu einer höheren Qualifikation führen, sind ein anderer Spielraum. Einen kleinen vorhandenen Spielraum zu nutzen, kann eine große Wirkung auf die Zufriedenheit der anderen Seite haben und deshalb zu einem Verhandlungserfolg führen: Ich gebe etwas, das der andere braucht, damit ich meine Ziele erreiche.

10.2.8 Verhandlungen vertagen und fortsetzen

Es kann sein, dass Verhandlungen zu keinem Ergebnis führen. Wird eine Verhandlung positiv beendet, ist alles gut. Wenn nicht, sollte man sich vertagen und einen neuen Termin festsetzen. Viele Ergebnisse sind nicht in einer Verhandlungsrunde oder in einem einzigen Dialog gefunden worden. Zum Verhandeln gehört auch Geduld.

10.2.9 Einen Vertrag abschließen

Ist eine tragfähige Verhandlungslösung gefunden worden, dann sollten Ergebnis, Verfahren, Zeit und Ort vereinbart werden – es sollte also ein (möglichst schriftlicher) Vertrag geschlossen werden, der die Kernfragen »was?«, »wie?«, »wann?« und »wo?« regelt.

Dabei ist darauf zu achten, dass beide Parteien tatsächlich gewillt sind und sich dafür entschieden haben, die Übereinkunft auch in die Tat umzusetzen.

> Manchmal ist es ganz gut nachzufragen, um die Verbindlichkeit zu klären: »Kann ich mich diesmal darauf verlassen?« – »Wieso?« – »Kann ich mich jetzt wirklich darauf verlassen?« – »Haben Sie sich schon einmal nicht auf mich verlassen können?« – »Ja. Sagen Sie mir also bitte zu oder sagen Sie jetzt bitte ›nein‹. Wenn Sie ›nein‹ sagen, bin ich Ihnen ebenfalls dankbar, denn dann können wir eine andere Lösung finden. Wenn Sie ›ja‹ sagen, das dann aber nicht einhalten, haben wir beide nur zusätzlich Ärger.« Es geht bei dieser Nachfrage also auch um den Vorteil der anderen Seite.

Beim Abschluss eines Vertrages, ob schriftlich oder mündlich, ist auch darauf zu achten, dass keine geheimen oder ausdrücklichen Vorbehalte in der Vereinbarung enthalten sind. Geheime Vorbehalte sind natürlich nie ganz auszuschließen. Eine schriftliche Fixierung ist aber hilfreich, denn sie kann von beiden Seiten auf Übereinstimmung hin überprüft werden.

10.3 Was ist eigentlich ein »Vertrag«?

Wer längere Zeit in einer Organisation gearbeitet hat, stößt früher oder später auf die Frage: »Wofür bin ich eigentlich hier?« Oder, die Frage anders gestellt:

- Wofür bin ich hier in dieser Organisation angestellt?
- Für welche Aufgabe genau werde ich bezahlt?
- Was ist in dieser konkreten Situation mein Job?

Diese »Zauberfragen« sollte man sich und anderen häufiger stellen, vor allem in schwierigen oder unübersichtlichen Situationen. Sie helfen, die eigene Rolle zu klären und sich zu fokussieren. Beides ist enorm nützlich, wenn man seinen Job gut machen will.

Hinter der Frage »Wofür bin ich eigentlich hier?« steht ein auf den ersten Blick trockenes Konzept: Das des Vertrages – genauer: des Arbeitsvertrages in all seinen Konsequenzen. Bei näherer Betrachtung handelt es sich nicht nur um ein Stück Papier, das zwei Unterschriften trägt, sondern um ein komplexes und vor allem dynamisches Geflecht von – im besten Falle: verbindlichen – Vereinbarungen. Der Vertrag und die unter seinem Dach ständig zu treffenden Unterverträge bestimmen jedes Arbeitsverhältnis. Damit hat das zunächst nüchterne Konzept eine verblüffende, vielfältige und wichtige Bedeutung für unseren Arbeitsalltag.

Das Verb zu »Vertrag« heißt »sich vertragen«. Verträge werden geschlossen, damit zwischen den Beteiligten Klarheit herrscht und sie sich im laufenden Geschäft vertragen können. Das gilt für Arbeitsverhältnisse, das kann aber auch für den privaten Bereich gelten (z. B. Eheverträge). Über einen einmal geschlossenen schriftlichen Vertrag hinaus schließen wir auch laufend kleine, sozusagen operative Verträge miteinander ab. Sie helfen uns dabei, dass alle Beteiligten sich vertragen, indem die gegenseitigen Erwartungen aneinander offen ausgesprochen und miteinander synchronisiert werden. Das ist der tiefere Sinn von Verträgen.

Operative Verträge sind für Führungskräfte ein wichtiges Instrument der Steuerung und der Einflussnahme. Im Grunde geht es hier um ihre Macht. Es gehört zur Rolle einer Führungskraft, in ihrer Organisation Macht auszuüben – das heißt, etwas zu bewirken, die Dinge zu beeinflussen, Entscheidungen zu treffen, unter Umständen auch gegen den Willen der Mitarbeiter. In Bezug auf Macht gibt es sehr viele Vorurteile – so, als habe sie automatisch etwas mit Gewaltanwendung zu tun. Etymologie hilft auch hier: Das deutsche Wort »Macht« kommt aus dem Indogermanischen und heißt dort »mag« oder »magh« und bedeutet »Fähigkeit«.[6] Es geht also bei Macht um die Fähigkeit von Führungskräften, etwas in ihrer Organisation zu bewirken. Macht wird über Verträge unterschiedlicher Art ausgeübt. Dazu braucht es allerdings außerdem vermittelnde Prozesse. Diese Prozesse sind Dialoge und Verhandlungen zwischen den an Verträgen Beteiligten.

Machtausübung vor dem Hintergrund eines bestehenden Arbeitsvertrages tritt im Alltag eine Organisation in unterschiedlichen Formen auf: In Form von Weisungen, Aufträgen und Verträgen. Diese kann man wie folgt voneinander abgrenzen:

Da ist zunächst die **Weisung**: Eine klare, einfache Weisung kann aus den Worten bestehen: »Ich bitte Sie, das und das zu erledigen.« Bei einer Weisung liegen das Ziel und der Weg fest. Das heißt, die Weisung ist nicht interpretierbar. Klare Weisungen gehören zu den wichtigsten alltäglichen Führungsinstrumenten, die möglichst störungsfreie Abläufe gewährleisten sollen.

Dann gibt es den **Auftrag**: Beim Auftrag ist im Unterschied zur Weisung das Ziel klar, aber der Weg bleibt offen. Der Auftraggeber geht davon aus, dass der andere kompetent

6 »Der Begriff Macht kann auf zwei ähnlich lautende indogermanische Wurzeln zurückgeführt werden: mag- (kneten, pressen, formen, bilden) oder magh- (machen – im Sinne von können, vermögen, fähig sein). Die erste Wurzel weist noch auf einen unmittelbaren Werkzeugbezug hin. Die zweite Wurzel weist bereits auf den sozialen Kontext einer möglichen Verfügung über sich und andere sowie eine Ausrichtung auf die Zukunft hin. – s. Volker Gerhardt: Vom Willen zur Macht: Anthropologie und Metaphysik der Macht am exemplarischen Fall Friedrich Nietzsches. Münster 1983, S. 10 f.« (aus Wikipedia: »Macht«, Abschnitt Etymologie, Abruf am 26.11.2018)

genug ist, um diesen Auftrag nach eigenen Fähigkeiten und Gestaltungsmöglichkeiten selbst zu erledigen. Das heißt, der Auftragnehmer besitzt eigenen Spielraum.

Schließlich gibt es den **Vertrag** selbst: Verträge werden oft auch Vereinbarungen genannt – wobei das Wort »Vertrag« einen sehr viel stärker bindenden Eindruck vermittelt als das Wort »Vereinbarung«. Man stelle sich vor, dass man zu jemandem sagt: »Ich habe mit Ihnen einen Vertrag geschlossen und Sie haben diesen Vertrag nicht erfüllt.« Das klingt völlig anders als: »Wir haben eine Vereinbarung, die Sie nicht erfüllen.« Das Wort »Vertrag« hat einen starken Verpflichtungscharakter. Vielleicht ist es zunächst einmal ungewohnt, damit etwas anderes zu assoziieren als ein Stück Papier, unter dem zwei Personen ein einziges Mal ihre Unterschrift gesetzt haben, um das Papier anschließend abzulegen. Denn dies ist die umgangssprachlich gebräuchliche Vorstellung von einem Vertrag. Doch auch mündliche Verträge gelten genauso wie schriftliche. Und operative Verträge sind Unterverträge zu einem Arbeitsvertrag.

Ein Vertrag – so die Definition – ist die beiderseitig verbindliche, explizite (möglicherweise sogar schriftliche) Festlegung einer Handlungsweise für zwei Parteien. Er verpflichtet beide Parteien in Bezug auf das, was ihr jeweiliger Anteil ist und legt diesen möglicherweise auch genau fest. Insofern ist er ein Geben und ein Nehmen, denn nur gemeinsam – durch beide Anteile – gelangt man zum Ziel.

»Verpflichtend« bedeutet dabei etwas anderes als nur ein Gespräch über eine Angelegenheit. Vielleicht wurde über diese Sache schon dreimal gesprochen, aber es wurde dabei noch keine gegenseitige Verpflichtung eingegangen. Hier liegt eine gewaltige Fehlerquelle: Häufig gehen Beteiligte, nachdem sie miteinander gesprochen haben, von einer insgeheimen Übereinkunft aus, die am Ende aber nicht von beiden Seiten getragen wird. Es kommt deshalb darauf an, dass die beiderseitige Verpflichtung explizit und eben am besten auch schriftlich erfolgt.

Viele Führungskräfte gewöhnen sich an, Verträge möglichst immer schriftlich zu machen. Sogar bei Verträgen am Telefon sollte man sich notieren, was man mit jemandem vereinbart hat und das am Ende des Gesprächs auch noch einmal wiederholen. Das schaltet mögliche Missverständnisse aus und sorgt dafür, dass sich die Gesprächspartner auch künftig »vertragen«. Solche Verträge sind auch nach längerer Zeit noch anhand der Notizen überprüfbar. Man kann dem Gesprächspartner gegenüber zitieren, was man damals gemeinsam festgehalten hat. Das hat nichts mit Misstrauen zu tun – jeder vergisst Dinge, die weit zurückliegen.

Verträge in ihren unterschiedlichen Formen sind die wichtigsten Steuerungsinstrumente im Alltag einer Organisation. Mittels ihrer übt die Führungskraft – im Interesse von zielführenden und möglichst störungsfreien Abläufen in der Organisation – ihren Einfluss aus.

10.4 Ein »Nein« ist der Anfang von Verhandlungen

Es kann natürlich der Fall sein, dass die Gegenseite gar nicht verhandeln will, diese Situation wurde oben schon einmal gestreift. Ein »Nein« ist natürlich kein guter Anfang – ist aber auch nicht das Ende einer Verhandlung.

Das kann man schon am Ursprung des Begriffs erkennen: Im lateinischen Verb »negotiare« (dt.: verhandeln) steckt die Verneinung »ne«. Ein »Nein« ist rein logisch die Voraussetzung für Verhandlungen, denn über ein »Ja« muss man nicht weiter miteinander sprechen. Auch dieses Bild mag hilfreich sein: Wenn man »nein« als eine Abgrenzung betrachtet, dann heißt das auch, dass hinter dieser Grenze noch etwas anderes liegt, dass die Grenze jedenfalls nicht das Ende der Welt ist. Die Lösung liegt irgendwo dahinter.

Es geht also darum, mit einem »Nein« produktiv umzugehen: Natürlich wäre ein »Ja« schöner. Bei einem »Nein« sollte man sich aber die Gewohnheit antrainieren, nicht enttäuscht abzudrehen, sondern sofort die nächsten Fragen anspringen zulassen: »Was können wir denn jetzt tun?« – »Wie kann es weitergehen?« – (an sich selbst:) »Hat der andere eine Idee oder habe ich selbst eine Idee, wie wir hinter die Grenze kommen?«

> Man kann übrigens beobachten, dass viele Menschen große Mühe haben, »Nein« zu sagen. »Nein« kann man auf viele verschiedene Weisen sagen – grob und abrupt oder freundlich und verbindlich. Manche sagen es auf eine grobe, trennende Art und Weise: »Nein, das kommt gar nicht infrage, was glauben Sie eigentlich ...« oder »Nein, das werde ich auf keinen Fall so machen«. Sie schaffen es nicht, »Nein« in Verbundenheit zu dem anderen Menschen zu sagen – etwa mit Worten wie: »Es tut mir leid, da kann ich im Moment leider nichts tun« – »Im Moment kann ich Ihnen nichts anderes sagen, will aber mit Ihnen darüber nachdenken, wie es gehen könnte.« Ein »Nein« aus einer Bindung heraus erlaubt es, nach der Abgrenzung auf eine mögliche Zielsetzung zu schauen: Wie könnte es denn trotzdem gehen? Viele Menschen scheuen das »Nein« aber auch überhaupt, weil sie das Trennende fürchten. Sie halten sich ein Hintertürchen offen und hoffen insgeheim darauf, dass eine Lösung sich von allein einstellt.

Betrachten wir ein »Nein« also als eine Grenze, hinter der eine mögliche gemeinsame Zielsetzung liegt. Dann beginnt, wenn jemand »nein« gesagt hat, das eigentliche Gespräch. Erst über das »Nein« geht es weiter zu einer Lösung.

Eine mögliche Reaktion auf ein »Nein« wäre: »Ich danke Ihnen, dass Sie so schnell ›nein‹ gesagt haben. Mir ist das ›Nein‹ zwar nicht angenehm, aber ich freue mich, wenn Sie so ehrlich sind. Sind Sie bereit, mit mir darüber zu verhandeln, ob wir nicht doch eine Lösung suchen könnten?« – »Nein.« – »OK. Was kann ich denn tun, damit Sie bereit sind, mit mir zu verhandeln? Wir sind aufeinander angewiesen. Machen Sie doch mal einen Vorschlag, was ich für Sie tun kann.« – »Ich sehe keine Möglichkeit.« – »OK. Was halten Sie davon, wir vertagen uns auf morgen und Sie und ich denken noch einmal darüber nach?«

Die Dinge in der Schwebe halten, spielerisch an eine Verhandlung herangehen (»Mal sehen, was geht«), auch über ein »Nein« weiter verhandeln ... das sind Kunstgriffe, um die Sache im Fluss zu halten. Es sei denn, jemand sagt ausdrücklich so etwas wie: »Wissen Sie, das war jetzt wirklich und definitiv ein Nein.« Dann muss man akzeptieren, dass es ein »Nein« gibt, über das man nicht verhandeln kann.

Es gibt im Übrigen auch äußere Gegebenheiten, die in der Regel nicht verhandelbar sind: Gesetze, Betriebsvereinbarungen, bestehende Tarifverträge, ethische Grundsätze und Prinzipien. Man muss also auch wissen, was gesetzt ist und worüber man nicht verhandeln kann.

Menschen reagieren unterschiedlich auf ein »Nein«: Für jeden ist es ein Stoppschild, für manche aber auch eine Kränkung, weil sie bestimmte Erwartungen hatten. Sie fühlen sich ungerecht behandelt. Manchmal hilft eine Unterbrechung und man spricht am nächsten Tag weiter. Insofern sollte man ein »Nein« auch nicht verniedlichen. Jemand will etwas und der andere setzt eine Grenze. Damit muss man umgehen. Man sollte aber unbedingt versuchen, nachzusehen, was möglicherweise hinter der Grenze liegt.

Nehmen wir als Beispiel für einen Prozess nach einem »Nein« das weit verbreitete Thema Gehaltsverhandlungen:
Der Mitarbeiter möchte mehr Geld. Die Führungskraft sagt: »Ich habe kein Budget dafür, ich kann Ihnen im Moment keine Gehaltserhöhung geben.« Der Mitarbeiter beginnt jetzt, zu argumentieren: »Das habe ich schon vor einem Jahr gehört. Angesichts meiner sehr guten Leistungen wird es aber Zeit. Die Kollegen kriegen auch mehr.« Er versucht also, mit Argumenten seinen Chef zu überzeugen. Der aber bleibt dabei, dass er dafür jetzt kein Geld im Budget habe. Diese beiden einander gegenüberstehenden Positionen sind problematisch: Es besteht die Gefahr, dass ein Mitarbeiter sagt: »Dann müsste ich über kurz oder lang gehen.« Es gibt Chefs, die dann sagen: »Gut. Gehen Sie in die Buchhaltung und holen sich Ihre Papiere.« Wieder andere Chefs, auch das eine Gefahr, versprechen dann etwas, was sie nicht halten können – einfach, um nicht bei ihrem »Nein« bleiben zu müssen.

Kreativ wäre es, das »Nein« nicht als das Ende des Gesprächs zu betrachten, sondern für den Beginn einer Lösung zu nutzen: »Was halten Sie davon, wenn wir im nächsten Frühjahr über die Gehaltserhöhung sprechen? Dann kann ich das in mein Budget für nächstes Jahr einplanen.« Es kann aber natürlich sein, dass auch im nächsten Jahr keine Gehaltserhöhung möglich ist. »Warum?« – »Sie sind am Ende einer Tarifstufe angelangt und da gibt es keine Steigerung mehr. Sie müssten also eine höherwertige Tätigkeit übernehmen. Und die habe ich im Moment nicht. Aber ich werde mir Gedanken darüber machen, durch welche andere höherwertige Tätigkeit Ihr Gehaltanspruch begründet werden könnte und ob ich dann die Möglichkeit hätte, zuzustimmen.«
Es kann natürlich auch sein, dass der Chef einfach nicht mehr zahlen will. Dann sollte er es auch klar sagen – und trotzdem eine Perspektive hinter seinem »Nein« eröffnen: »Wissen Sie, solange Sie die Leistung nicht tatsächlich bringen, werde ich Ihnen keine Gehaltserhöhung geben. Das wäre ungerecht gegenüber den anderen, die hier ihre Leistung bringen. Lassen Sie uns also mal überlegen, was Sie tun können, um Ihre Leistung zu verbessern. Dann bin auch bereit bin, über Ihre Gehaltsforderung nachzudenken.« Chefs sollten diese Ehrlichkeit aufbringen und niemanden im Unklaren lassen oder mit Floskeln und Unwahrheiten abspeisen. Stattdessen ein offenes, wertschätzendes Feedback: »Sie sind ein netter, ein guter Mitarbeiter von mir, aber Ihre Leistung ist nicht in Ordnung. Mein Versäumnis war, dass ich Sie bisher nicht drauf hingewiesen habe. Das werde ich ändern. Ich habe Sie mir zu wenig angeschaut: Ihre Ergebnisse, Ihr Verhalten gegenüber Mitarbeitern, Ihr Verhalten gegenüber Kunden. Ab jetzt bekommen Sie ein besseres Feedback von mir und dann können wir auch über Ihre Entwicklung und Ihre Gehaltvorstellungen sprechen.«
Andersherum kann die Öffnung zu einem Ziel hin natürlich auch vom Mitarbeiter kommen: »Ja, das sehe ich ein, in diesem Jahr ist kein Budget mehr da. Aber wie wäre es denn im nächsten Jahr?« Oder: »OK, Chef, wann können wir dann darüber verhandeln, wann ich diese Gehaltserhöhung bekommen kann oder unter welchen Bedingungen?« Der Mitarbeiter kann lernen, seinen Chef zu führen. Das sollte er auch, wenn er das »Nein« hört: Sich nicht beleidigt abwenden, sondern sagen: »OK, ist zwar blöd, aber ich hatte eigentlich, wenn ich ehrlich bin, damit gerechnet. Wann könnten wir denn darüber reden? Welche Bedingungen muss ich dafür erfüllen?«
Die Frage ist also für beide Seiten: Wie kann ich die unterschiedlichen Ziele zu einem gemeinsamen Ziel verknüpfen, ohne dass wir uns über eine Diskussion gegenseitig auseinandertreiben?

Dieses Beispiel sollte illustrieren, dass ein »Nein« im Grunde nichts Schlimmes ist. Es muss nicht definitiv sein. Es passiert eben in bestimmten Situationen. Damit ist der Verhandlungsprozess nicht zu Ende – sondern, wenn man es geschickt anfängt, beginnt ein Dialog.

10.5 Verhandeln kann man lernen!

Es gibt Menschen, die entwickeln auch im Alltag großen Spaß am Verhandeln. Man sollte lernen, dazuzugehören, denn es macht das Leben definitiv interessanter und erfolgreicher.

Wer ständig verhandlungsbereit durch das Leben geht, muss natürlich einschätzen, ob eine Verhandlung überhaupt möglich ist und wer die richtige Person dafür ist.

> So muss man etwa in einem Geschäft erst einmal herausfinden: »Sind Sie in der Lage, mir preislich entgegenzukommen?« – »Das kann ich leider nicht.« – »Ja, wer könnte das denn?« – »Mein Chef.« – »Können Sie den mal rufen?« Man muss die Verhandlungsposition des anderen erst einmal herausfinden. Erst dann käme die Frage: »Sind Sie bereit, mir in diesem Preis entgegenzukommen?« – »Ja, wir haben allerdings auch unsere Vorschriften und das kann ich nicht ohne Weiteres.« – »Was könnte ich denn tun, damit Sie mir entgegenkommen?«

Man sucht also im Grunde genommen nach einem Deal – und merkt dann häufig plötzlich, dass der andere auch seinen Spaß hat, weil er nicht zum Verlierer gemacht werden soll: Seine Position wird respektiert und deshalb kann er weiterreden. Man muss seine Position kennen und schauen, wie man ihm entgegenkommen kann, damit er ebenfalls entgegenkommen kann. Dafür braucht man Geduld und eine spielerische Haltung. Manchmal geht es nicht sofort, aber man kann ja wiederkommen.

> Man kann auch ganz direkt sagen: »Ich möchte gerne mit Ihnen verhandeln. Da hinten habe ich einen Tisch gesehen, könnte ich mich da vielleicht mit meiner Begleitung hinsetzen?« – »Der ist leider reserviert.« – »Sehen Sie eine Möglichkeit, dass wir dort hinten sitzen – weil wir dann in Ruhe miteinander sprechen können – und der Mensch, der den Tisch reserviert hat, bekommt einen angemessenen anderen schönen Tisch?« Es soll eine Bindung entstehen, die dafür sorgt, dass zwei Menschen das Bedürfnis des anderen eigentlich gerne erfüllen möchten. Das ist die Voraussetzung für eine gemeinsame Lösung, die beide zufriedenstellt. Es geht darum, Ideen zu produzieren und nicht in Machtspielchen zu geraten, mit »ja, aber ...« zu argumentieren. Wenn die eine Idee nicht funktioniert, funktioniert vielleicht die nächste. Im Beispiel von eben: »Ich bin bereit, mich hier hinzusetzen. Wenn der

> Tisch dort hinten frei wird: Würden Sie mir Bescheid sagen, dass wir uns dann dort hinsetzen können? Dort haben wir mehr Ruhe, verstehen Sie?«

Es gilt, dass man einfach nicht zu schnell aufgibt, sondern diesen kreativen Prozess weiterfördert und nicht anfängt, im Gewinner-Verlierer-Muster zu argumentieren.

Das kann man im Alltag immer wieder üben. Verhandeln ist eine Herausforderung und macht Spaß. Verhandeln kann man lernen. Und Verhandeln ist immer dann erfolgreich, wenn man sich nicht auf ein Machtspiel einlässt.

10.6 Verhandeln: Eine Haltung – und ihre Grenzen

Es dürfte deutlich geworden sein: Verhandeln ist keine einfache Form der Problem- und der Konfliktlösung. Das Prinzip des Verhandelns beruht auf der Philosophie des Gebens und Nehmens, des Gewinns für beide Seiten. Mit ihr ist die innere Haltung verbunden, den anderen in seinen Interessen, in seinen Bedürfnissen zu respektieren und auf Augenhöhe immer wieder einen Ausgleich zu suchen. Insofern ist Verhandeln auch kein rein ›technisches‹ Instrument im Werkzeugkasten einer Führungskraft, sondern neben einer Schlüsselfähigkeit auch eine Arbeitshaltung und eine Arbeitsmethode. Verhandeln ist ein Weg *und* eine innere Haltung. Verhandeln erfordert Freude, Mut, Fantasie, Ausdauer, Geduld und viel Übung. Und Gelegenheiten zum Üben gibt es jeden Tag, nicht nur bei der Arbeit. Wer gelernt hat, wie man erfolgreich verhandelt, ist erfolgreich und kann fast alles erreichen.

Dennoch – eines muss zum Ende dieses Kapitels über Verhandlungen auch gesagt werden: Die Vorteile eines Dialogs mit dem Ziel, einen Interessenausgleich zu finden, setzen nicht grundlegende oder förmlich Geschäftsprozesse außer Kraft.

Führungskraft und Mitarbeiter können über alles Mögliche verhandeln. Es kann aber auch die Situation entstehen, in der die Führungskraft – und zwar in ihrer Verantwortung für das Unternehmen – allein entscheiden muss. Schließlich kann sie nicht zum Nachteil des Unternehmens verhandeln.

Ein Konflikt sollte zu einem Ergebnis führen, das dem Unternehmen dienlich ist. Droht das Gegenteil, dann ist die Führungskraft verpflichtet, in ihrer Verantwortung eine Entscheidung zu treffen. Der Mitarbeiter seinerseits hat einen Arbeitsvertrag, den er erfüllen muss. Am Ende gibt es Geschäftsgrundlagen und geltende Prinzipien. Alle Beteiligten sind gebunden an Verträge und an Rollen. Verhandeln ist zwar eine Schlüsselfähigkeit für Führungskräfte, die oft zu guten Lösungen führt. Manchmal muss eine Führungskraft aber auch sagen: »Stopp, das machen wir jetzt so.« Verhandeln bedeutet nicht ›weiche Welle‹.

Führungskräfte fürchten sich manchmal davor, sich mit einer klaren Entscheidung unbeliebt zu machen. Davor, dass Mitarbeiter sich über sie ärgern. Beides muss man in Kauf nehmen. Übrigens macht man dabei häufig die Erfahrung, dass klare Entscheidungen sehr respektiert werden und Herumeiern eher Verdruss auslöst. Man hört häufig: »Unseren Chef kriegen Sie nicht dazu, mal Position zu beziehen. Einfach mal zu sagen: Das geht, das geht nicht.« – »Der Chef eiert immer herum und will es allen recht machen.« Wie wohltuend ist es da manchmal, von jemandem einfach zu hören: »Ja« – »Nein« – »geht« – »geht nicht« – »Ich stehe dafür, dass ...«.

Führungskräfte dürfen jedenfalls ihre vertragliche Verpflichtung – das, wofür sie eigentlich da sind und bezahlt werden – nicht in Verhandlungen preisgeben. Sie können in Verhandlungen immer nur so weit gehen, wie ihr Auftrag und ihre Aufgabe das zulassen. Trotzdem müssen sie auch verhandeln können – denn es führt zu keinen guten Ergebnissen, wenn sie Dinge immer nur anordnen. In Verhandlungen zeigt sich, ob es vielleicht noch andere, bessere, überraschende Lösungen, aber vielleicht auch neue Ziele gibt, die sie bisher noch nicht gesehen haben. Verhandlungen schaffen tragfähigere Lösungen als einsame Entscheidungen. Deswegen lohnt sich Verhandeln in der Regel.

11 Veränderungen in komplexen Systemen

Welche Führungskraft kennt nicht dieses Gefühl: Die Dinge laufen nicht so, wie sie laufen sollen – und man möchte einfach mal hingehen und Ordnung schaffen. Denn eigentlich liegt die Lösung doch auf der Hand. Eigentlich müssten alle nur das tun, wofür sie da sind, und die Sache würde laufen

Zu den großen Enttäuschungen im Leben einer Führungskraft gehört, dass das nicht so einfach geht. Die Regel ist: Jede Veränderung ist zäh, mühsam, schmerzhaft und langwierig.

Warum ist das so? Wir arbeiten in den meisten Organisationen in komplexen Systemen, in denen man Dinge nicht so einfach ändern kann. Die Regeln des Systems verhindern, dass die Wunschmethoden oder die Lieblingsinterventionen einer Führungskraft greifen und unmittelbar die gewollte Wirkung haben. Wenn Führungskräfte zu verstehen beginnen, dass das Zusammenspiel der Mechanismen eines Systems ihre Bemühungen immer wieder zunichtemacht, dann reagieren sie mitunter entmutigt und resignieren.

Was sie jetzt brauchen, ist ein tieferes Verständnis der inneren Mechanismen komplexer Organisationen – aus dem heraus sie eine Arbeitsweise entwickeln können, die auf ein System in seiner Gesamtheit tatsächlich und zielgerichtet einwirkt. Ein solcher, systemischer Ansatz erfordert eine andere Weise, über komplexe Organisationen nachzudenken, und er resultiert in einer anderen Art, in solchen Organisationen zu handeln. Er ist gleichzeitig mit dem Versprechen verbunden: Wenn es überhaupt geht, dann geht es so!

11.1 Eigenschaften komplexer Systeme

Ein komplexes System ist nicht einfach nur kompliziert – etwa, weil man auf seinem Organigramm eine verschachtelte Landkarte sieht. Ein komplexes System zeichnet sich dadurch aus, dass es sich durch seine vielfältigen Beziehungen und Abhängigkeiten dynamisch und in gewisser Weise unberechenbar verhält. Einige seiner wichtigsten Merkmale beschreibt Senge (1996) in seinem Standardwerk »Die fünfte Disziplin« über systemisches Denken und Handeln:

- **Ein komplexes System ist vernetzt.** Jede einzelne Aktion in einem Bereich wirkt auch in anderen Bereichen. Die Auswirkungen sind dabei zeitlich nicht synchron und es kann auch Rückwärtsbewegungen geben.
- **Ein komplexes System ist unüberschaubar.** Die Grenzen des Systems sind eher

willkürlich definiert. Sie gelten nicht in Hinsicht auf Beziehungen und Wechselwirkungen.

- **Ein komplexes System ist intransparent.** Einige Informationen sind schnell und genau verfügbar. Andere Informationen sind prinzipiell überhaupt nicht verfügbar oder können allenfalls nachträglich und unvollständig erschlossen werden.
- **Die prinzipiell verfügbare Information kann in einem komplexen System nicht in Echtzeit verarbeitet werden.** Was an einer Stelle geschieht, kommt an einer anderen nur verzögert, verfälscht oder in Bruchstücken an (»Stille Post«).
- **Komplexe Systeme sind eigendynamisch.** Das System verändert sich selber und aus sich heraus ständig, auch ohne Einwirkung von außen – einfach, weil seine Teile miteinander interagieren.
- **Komplexe Systeme sind nicht streng determiniert.** Reaktionen und andere Handlungen (die wiederum auch Reaktionen sein können) erfolgen nach Wahrscheinlichkeiten. Das komplexe System ist ständig instabil. Veränderungen können plötzlich und nicht vorhersehbar sein und Brüche im Wirkungsverlauf verursachen.

All das sind keine guten Nachrichten für Führungskräfte, deren Denken von Kategorien wie »Input/Output« oder »Ursache/Wirkung« bestimmt wird. Es ist allerdings die zutreffende Beschreibung einer unsicheren und unkomfortablen Realität – der man als Führungskraft, außer mit Ruhe und Übersicht nur mit einem Mittel beikommen kann: mit systemischem Denken und Handeln.

11.2 Ursache und Wirkung

Das wohl wichtigste Merkmal von komplexen Systemen ist, dass Ursache und Wirkung räumlich und zeitlich nicht nahe beieinanderliegen. Mit Ursache meinen wir das Zusammenwirken im System, das die Symptome hervorbringt. Mit Wirkung meinen wir die augenfälligen Symptome, die in der Regel auf ein tieferes Problem hinweisen.

Sehr oft herrscht ein fundamentales Missverhältnis zwischen der Realität in komplexen Systemen und der Art und Weise, wie wir über diese Realität denken. Das landläufige, mechanische Verständnis ist: Wenn ich eine Ursache identifiziert habe und sie abstelle, dann hat das eine absehbare und kalkulierbare Wirkung. Tritt diese nicht sofort ein, so das gängige Verständnis weiter, dann liegt das möglicherweise im Charakter des Problems, am Widerstand von Beteiligten oder an anderen widrigen Umständen, die es zu bekämpfen gilt.

Dies ist ein Irrtum, der leider weit verbreitet ist: Denn in komplexen Systemen liegen die Ursachen für unsere Schwierigkeiten weder in unlösbaren Problemen noch in bösen Widersachern. Zu komplexen Systemen besteht eben keine enge räumliche und zeitliche Verbindung zwischen Ursache und Wirkung.

Für unser Handeln bedeutet das: Da wir die Bedingungen des Systems, in dem wir handeln, nicht ohne Weiteres verändern können, ist unsere einzige Option, in Bezug auf diese Zustände möglichst realistisch und adäquat zu handeln. Nur so können wir die Wirkung erzielen, die wir uns wünschen. Was wäre also »realistisch« und »adäquat«? Uns darüber bewusst zu sein, dass der einzig mögliche Hebel – und insofern auch die einzige Ursache für unsere Schwierigkeiten, die wir beeinflussen können – allein bei uns selbst und in unserem eigenen Handeln liegt. Diese Realität anzuerkennen, fällt vielen Menschen schwer.

11.3 Wirksame Interventionen und Paradoxien im System

Wenn wir an unserem eigenen Handeln ansetzen, müssen wir uns die Frage stellen: Welche Art von Interventionen sind in einem komplexen System überhaupt wirksam? Welche gezielten Interventionen haben dann auch noch eine positive Wirkung?

Ob man schwierige Probleme bewältigen kann, hängt häufig davon ab, dass man erkennt, wo die Hebelwirkung am größten ist. Welche Veränderung führt mit einem Minimum an Aufwand und Anstrengung zu einer möglichst weitreichenden und dauerhaften Verbesserung?

Dabei stößt man schon auf ein erstes Paradoxon: Eingriffe mit der stärksten Hebelwirkung erscheinen den meisten Angehörigen des Systems als besonders fernliegend, weil sie ihren althergebrachten und geliebten Verhaltensweisen am stärksten zuwiderlaufen. Die stärkste Hebelwirkung entdeckt man also entgegen den gängigen Denkmustern. Es gibt keine Regel dafür, wie man die stärksten Hebel findet – aber es gibt Denkweisen, die das wahrscheinlicher machen. Oft ist das Einfachste gleichzeitig das Wirksamste: Ein Wort des Dankes etwa, des Trostes, der Anerkennung, des Verständnisses oder der Entschuldigung kann ungeahnte Wirkung haben. Das Einfache ist allerdings oft auch das Schwierigste.

Ebenso paradox klingt eine andere Erfahrung: Je mehr man sich anstrengt, desto schlimmer wird es. Das Systemdenken hat einen Namen für dieses Phänomen: »Kompensatorischer Rückkopplungseffekt«. Gut gemeinte Absichten lösen Reaktionen im System aus, die die Vorteile dieser Aktion zunichtemachen. Je mehr man sich ins Zeug legt oder anstrengt, Druck macht, überzeugen will oder verführt – desto größer werden die Widerstände im System. Die Therapie ist am Ende schlimmer als die Krankheit.

Schneller ist langsam – auch dies ist eine alte Geschichte: Der Igel mag langsamer sein als der Hase, aber er gewinnt den Wettlauf. Die optimale Entwicklungsrate eines Systems ist keineswegs identisch mit ihrer schnellstmöglichen Entwicklung. »Gras wächst nicht schneller, wenn man daran zieht«, sagt ein afrikanisches Sprichwort. Bei einem exzessiven Entwicklungstempo wird das System von sich aus versuchen, die Veränderung durch eine Verlangsamung zu kompensieren. Aus schnell wird dann langsam – das kann im Extremfall einen Prozess zum völligen Stillstand bringen und das Überleben der Organisation gefährden.

Große Gesten, sich anstrengen, sich beeilen – Menschen haben die Tendenz, vom Gleichen immer noch mehr zu tun, auch wenn das, was sie tun, nicht erfolgreich ist. Sie suchen den bekannten, den naheliegenden und bequemsten Ausweg – und der erweist sich zumeist als Drehtür: Kaum denkt man, draußen zu sein, ist man schon wieder drin. Je mehr man sich müht, die Lage zu verbessern, desto schlimmer wird sie.

> Diese Art – alte Muster wiederholender – Anstrengung ist wie die Geschichte vom Passanten, der auf einen Betrunkenen trifft. Dieser rutscht auf Händen und Knien unter einer Straßenlaterne herum. Der Passant bietet seine Hilfe an und stellt fest, dass der Betrunkene nach seinem Haustürschlüssel sucht. Nach einer Weile fragt er: »Wo sind Ihnen die Schlüssel denn heruntergefallen?«. Der Betrunkene antwortet: »Vor der Haustür.« – »Aber warum suchen wir dann hier?«, fragt der Passant. »Weil«, entgegnet der andere, »vor meiner Haustür kein Licht ist.«
> Für Menschen ist es bequemer und angenehmer, dort zu suchen, wo sie etwas sehen können – auf vertraute Lösungen zurückzugreifen, sich an das zu halten, was sie am besten können.

Wir sind häufig Gefangene unseres eigenen Denkens oder Gefangene des Systems. Innerhalb ein und desselben Systems produzieren alle Menschen, so verschieden sie auch sein mögen, tendenziell die gleichen Ergebnisse. Das bedeutet: Ein System verursacht und stabilisiert sein Verhalten selbst, anstatt es zukunftsfähig zu verändern. Das ist eine Anstrengung, die innerhalb des Systems eigentlich nicht vorgesehen ist.

Oft aber müssen wir gerade im Dunkeln tappen, um den Schlüssel zu finden. Jede langfristige Lösung muss die Fähigkeit des Systems verstärken, aus den nachteiligen eingeübten Mustern auszubrechen. Das kann mitunter schwierig sein, manchmal ist es jedoch auch überraschend einfach: Der Manager, der seine Personalprobleme auf einen Spezialisten abwälzt, stellt unter Umständen fest, dass seine eigentliche Schwierigkeit darin besteht, endlich die Entscheidung zu treffen, diese Last selbst zu tragen. Nachdem er sich dazu durchgerungen hat, ist es hauptsächlich eine Frage von Zeit und Engagement, ob er lernt, erfolgreich mit Menschen umzugehen – anstatt sich abhängig zu machen von einem Spezialisten, dabei seine persönliche Autorität aufs Spiel zu setzen und seine Arbeitsbeziehungen verkommen zu lassen.

11.4 Entweder - oder?

Wir sind daran gewöhnt, in Alternativen zu denken: Entweder nach rechts oder nach links. Entweder Plan A oder Plan B. Das Denken in den Kategorien »entweder - oder« wird der Realität komplexer Systemen allerdings nicht gerecht. Es gibt immer noch mindestens eine andere Lösung.

Wir können - entgegen der landläufigen Auffassung - den Kuchen essen und können ihn behalten. Es geht nur nicht gleichzeitig: Viele Hersteller waren jahrelang davon überzeugt, dass sie sich zwischen niedrigen Kosten und hoher Qualität entscheiden müssten. Produkte mit hoher Qualität sind teurer in der Herstellung, so dachten sie. Es kam den Herstellern nicht in den Sinn, dass es Möglichkeiten gibt, steigende Qualität und sinkende Kosten auf lange Sicht zu verbinden. Sie zogen beispielsweise nicht in Betracht, dass man durch grundsätzliche Verbesserungen der Arbeitsverfahren, durch technische Methoden und durch eine bessere Kommunikation zwischen den handelnden Personen eine Reihe von positiven Effekten erzielen könnte - etwa: Reparaturen und Kundenbeschwerden verringern, Garantiekosten senken, die Loyalität der Kunden erhöhen, die Kosten für Werbung und Verkaufsförderung senken. Sie erkannten nicht, dass sie beides haben können - wenn sie nur bereit wären, auf das eine (die positiven Effekte) zu warten, während sie das andere (die Verbesserung ihrer Verfahren) tun. Möglicherweise verbessert sich die Qualität bei allerdings steigenden Kosten rasch - und es dauert eben eine Weile, bis sie vom ganzen Ausmaß der Kostenreduzierung und der verbesserten Qualität ihrer Produkte nachhaltig profitierten.

> Die Sufis haben dazu eine schöne Geschichte: Drei Blinde stoßen auf einen Elefanten. Der Erste hält das Ohr in der Hand, der Zweite den Rüssel und der Dritte umschlingt ein Vorderbein. Jeder tut seine Entdeckung in lebhaften Worten kund. Der Erste glaubte, das Ohr sei ein Teppich. Der Zweite glaubte, der Rüssel sei ein Schlauch. Der Dritte glaubt, das Vorderbein sei eine Säule.
> Gibt es einen Unterschied zwischen diesen drei Blinden und dem Produktionsmarketing oder der Entwicklungsabteilung in vielen Unternehmen? Jeder meint, genau zu wissen, unter welchen Problemen die Firma leidet - und sieht doch nur einen Ausschnitt oder eine Lösung. Die Sufi-Geschichte endet bezeichnenderweise mit dem Satz: »So wie diese Männer zu ihrem Wissen kommen, werden sie nie begreifen, was ein Elefant ist.«

Das Denken in den Kategorien »entweder« und »oder« ist Kennzeichen einer Strategie, die davon ausgeht, dass man, wenn man einen Elefanten in zwei Hälften teilt, zwei kleine Elefanten bekommt. Ein lebendes System ist aber eine Einheit, dessen Wesen und Verhalten nur im Ganzen betrachtet und gesteuert werden kann. Komplexe Organisationen sind solche Systeme. Will man in ihnen schwierige Probleme verstehen und lösen, dann muss man das System, das diese Probleme hervorgebracht hat, auch im Ganzen betrachten.

11.5 Die Bedeutung von Beziehung und Interaktion im System

Zum Ganzen gehört in komplexen Organisationen, dass man auch die Interaktion von wichtigen Systembestandteilen untersucht. Viele Probleme kann man nur so tatsächlich verstehen.

Es gibt Probleme, bei denen wichtige Kräfte des Systems nur innerhalb eines bestimmten, abgrenzbaren funktionalen Bereichs auftauchen. Es gibt wieder andere Probleme, bei denen das Kräftespiel z. B. eines gesamten Wirtschaftszweiges berücksichtigt werden muss. Das Schlüsselprinzip, das sogenannte »Prinzip der Systemgrenze«, besagt, dass man immer diejenigen Interaktionen untersuchen muss, die für das konkrete Problem am wichtigsten sind – und zwar ohne Rücksicht auf gesteckte Organisationsgrenzen. Der Funktions- oder Interaktionszusammenhang kann also sehr klein oder sehr groß sein.

Es ist nicht leicht, dieses Prinzip praktisch anzuwenden – also die Systemgrenze zutreffend zu erkennen und zu definieren. Organisationen sind darauf angelegt, ihre Mitglieder von der Erkenntnis wichtiger Interaktionen abzuhalten. Wie der Begriff »Abteilung« bereits ausdrückt, verhindert die interne Aufspaltung in strikt voneinander getrennte Bereiche schon von der Struktur her, dass man Grenzen zwischen Entwicklung, Produktion und Marketing überschreitet, abteilungsübergreifende Erkundungen anstellt oder sich gegenseitig berät. Es ist ein tiefes Wissen der Organisation: Die schlechtesten Menschen arbeiten immer in der Nachbarabteilung.

Insofern ist niemals irgendjemand an irgendetwas selbst schuld. Stattdessen neigen wir dazu, äußere Umstände für unsere Probleme verantwortlich zu machen. Jemand anderes hat uns das angetan: die Konkurrenten, die Presse, die Launen des Marktes, die Regierung und nicht zuletzt die Feinde im eigenen System. Das systemische Denken dagegen geht davon aus, dass es kein voneinander zu trennendes Drinnen und Draußen gibt. Wir und die Ursache unseres Problems sind Teile desselben Systems. Die Lösung des einen sind die Probleme des anderen – und umgekehrt.

Häufig merkt man in derart strukturierten Organisationen nicht, dass eine bestimmte Lösung an einer Stelle die Probleme nur in einen anderen Teil des gleichen Systems verlagert – denn diejenigen Personen, die das erste Problem gelöst haben, sind nicht dieselben, die das neue Problem jetzt erben. Wahrscheinlich erfahren sie nicht einmal davon. Bei dieser Art von »un-systemischen« Veränderungsprozessen kann systemweit nichts gewonnen werden, weil sich Vorteile und Nachteile egalisieren.

Der Schlüssel zu einem systemischen Verständnis von Veränderungsprozessen ist die Betrachtung unserer Beziehungen, die wir zum »anderen« haben. Eine erfolgreiche und nachhaltige Intervention in komplexen Systemen setzt an der Interaktion zwischen den Beteiligten an. Und diese – das ist ein Grundgesetz komplexer Systeme – beginnt immer bei einem selbst.

11.6 Mythen, Irrtümer und andere Lernhindernisse

Es gibt eine ganze Reihe von Ansichten, Bildern, Mythen und Haltungen, die Führungskräfte daran hindern, sich selbst und ihr Handeln als Teil eines Systems zu verstehen bzw. ihr Handeln so zu steuern, dass sie das System positiv und nachhaltig beeinflussen. Denn darum geht es ja eigentlich beim Umgang mit Veränderungen in komplexen Organisation: Das Gesamtsystem in einen besseren Zustand zu bringen.

Im Folgenden werden einige wichtige **Lernhindernisse** in Bezug auf systemisches Denken und Handeln in komplexen Organisationen beschrieben:

- **»Wenn ich das für richtig halte, dann musst du das auch so sehen.«** – »Ich bin du« ist eine Verknüpfung, die jede echte Lösung auf dem Verhandlungsweg verhindert. Stattdessen sollte es heißen: »Ich bin ich« und »Du bist du« – und: »Wir sind aufeinander angewiesen«. Deshalb führen wir Dialoge, deshalb verhandeln wir über unsere Konflikte und deshalb können wir am Ende kooperieren. Weder denke ich für dich, noch fühle ich an deiner Stelle. Ich entscheide nicht für dich. Ich spreche und handle nicht für dich. Es gibt eine gegenseitige Abhängigkeit zwischen Partnern und es gibt gleichzeitig ihre gewollte und notwendige Selbstständigkeit.
- **»Ich bin meine berufliche Position.«** – Eine Verwechslung zwischen Funktion und persönlicher Identität kommt häufig vor. Sie schränkt die Handlungsoptionen einer Führungskraft ein und verbindet diese stark mit ihren persönlichen Mustern. Stattdessen sollte es heißen: »Ich bin loyal meinem Arbeitsplatz gegenüber, engagiere mich für meine betriebliche Position, spiele meine beruflichen Rollen – verwechsle meine berufliche Stellung aber nicht mit meiner persönlichen Identität.«
- **»Wir sind ein Team.«** – Ausnahmen bestätigen die Regel, aber die Regel ist: Management-Teams, die gemeinsam komplexe funktionsübergreifende Probleme lö-

sen, sind häufig nur ein Mythos. Oft bewahren sie nur den Anschein eines Teams, das zusammenarbeitet: Unstimmigkeiten werden übertüncht. Vorbehalte werden nicht öffentlich. Gemeinsame Entscheidungen sind verwässerte Kompromisse, die keinem wehtun. Hinter den Kulissen verbringen Teams von Führungskräften (und auch Teams von Nicht-Führungskräften) viel Zeit mit Revierkämpfen und damit, alles zu vermeiden, was sie persönlich ins Hintertreffen oder in ein schlechtes Licht bringt. Bei Routine funktioniert ein solches Team recht gut – bei Belastung brechen die meisten Management-Teams auseinander. Der Teamgeist geht zum Teufel. Das Mittel dagegen: Team-Entwicklungsprozesse, in denen Beziehungen auch in Friedenszeiten geklärt werden, Vorbehalte ausgeräumt werden und eine Kultur der vorbehaltlosen Kommunikation und des kontinuierlichen Feedbacks entsteht.

- **»Der Feind ist – da draußen, da oben, da unten.«** Die Schuldigen für ein Problem woanders zu suchen, ist im Grunde genommen ein Nebenprodukt der Identifikation der Person mit dem eigenen Arbeitsplatz. »Angriff (auf andere) ist die beste Verteidigung« ist eine »un-systemische« Weltsicht: Man ist nicht in der Lage, sich selbst auch als einen Teil des Ganzen zu sehen, der durch Tun oder durch Unterlassen dazu beigetragen hat, dass ein Problem für alle Beteiligten entstanden ist. Echte aktive Problemlösungen dagegen entstehen dann, wenn man erkennt, wie man selbst zu diesem Problem beiträgt. Man lernt, mit anderen gemeinsam Konflikte und Probleme zu lösen.
- **»Aus Erfahrung wird man klug.«** – Das mag für ein einzelnes Menschenleben gelten: Wir lernen am meisten aus direkter Erfahrung. Wir probieren alle Schlüssel am Schlüsselbund durch, bis wir den gefunden haben, der in das Türschloss passt. Aber was geschieht, wenn wir die Folgen unseres Handelns nicht mehr erkennen können? Was passiert, wenn sich unser Verhalten erst in der Zukunft auswirkt oder nur in einem entfernten Teil des Systems? Das Dilemma von Menschen in komplexen Systemen ist: Wir könnten am meisten aus Erfahrungen lernen, aber wir erfahren häufig nicht, wie sich unsere Entscheidungen auswirken. Dass komplexe Systeme aus Erfahrung lernen, ist eine Illusion.
- **»Es ist etwas passiert.«** – Oft beherrscht die Fixierung auf bestimmte Ereignisse die Gespräche über unserer Zukunft. Mit Ereignissen werden Ergebnisse erklärt. Zum Beispiel: »Der Mitarbeiter erledigt seine Arbeit nicht mehr, weil er innerlich gekündigt hat.« Solche Erklärungen mögen wahr sein, sie lenken aber unsere Aufmerksamkeit von den langfristigen Veränderungsmustern ab, die hinter den Ereignissen stehen. Sie verhindern, dass die Ursache der Bedrohungen für eine Organisation verstanden wird, die in der Regel nicht von plötzlichen Ereignissen ausgeht, sondern von schleichenden Prozessen. Unser Wahrnehmungsapparat ist auf plötzliche Veränderungen eingestellt, nicht auf langsam wachsende Bedrohungen – wie beim berühmten Frosch: Wenn ein Frosch in heißes Wasser gerät, wird er sofort versuchen, herauszuklettern. Springt er in Wasser mit einer Temperatur von 20 Grad, fühlt er sich

wohl. Steigt die Wassertemperatur allmählich auf 30 Grad, 40 Grad und mehr, wird der Frosch immer apathischer – bis er unfähig ist, aus dem Topf herauszuklettern. Obwohl ihn nichts daran hindert, sich zu retten, bleibt er sitzen und stirbt. Ereignisse sind als Erklärungsmuster verführerisch – langfristige Veränderungen in der Regel aber viel wichtiger, nur leider schwieriger zu entdecken und in ihrer Wirkung wahrzunehmen. Keine Veränderung kann also in einem System durchaus große Wirkung haben – oft allerdings eine negative, weil das System unmerklich und unaufhaltsam in die Dysfunktionalität gleitet.

11.7 Veränderung oder Transformation?

Bis hierher war die Rede von den inneren Mechanismen komplexer Organisationen, die man verstehen muss, wenn man als Führungskraft in einer solchen Organisation wirksam handeln will. Im Folgenden geht es um die daraus resultierende Arbeitsweise, die es versteht, wie man auf ein System in seiner Gesamtheit einwirkt.

Zunächst einige Überlegungen zum Charakter von Veränderungen:

Veränderung ist nicht dasselbe wie Transformation. Um es mit einem einfachen Bild zu sagen: Wenn ich ein rohes Ei anmale, verändere ich es. Es ist aber immer noch ein intaktes Ei, von dem ich die Farbe im Zweifelsfall auch wieder entfernen kann. Das ist Veränderung. Wenn ich ein Ei zerschlage und brate, ist es immer noch ein Ei – es wird aber niemals mehr ein rohes Ei werden oder so aussehen. Das ist Transformation. Eine Veränderung ist äußerlich und kann rückgängig gemacht werden – eine Transformation ist eine tiefergehende Veränderung, die nicht rückgängig gemacht werden kann. Das Ei wird nie mehr ein Ei sein.

Warum ist dieser Unterschied von Bedeutung?

Vom Umstellen der Schreibtische bis zu einer neuen Aufgabenverteilung in einer Abteilung gibt es alle möglichen Veränderungen in einer Organisation, die aber keine Auswirkungen auf das Gesamtsystem haben müssen. Die Transformation einer Organisation hingegen schafft einen neuen Zustand, der nicht wieder rückgängig zu machen ist. Wegen ihrer Tiefe und ihrer Nachhaltigkeit hat sie in der Regel eine Auswirkung im Gesamtsystem.

Transformationen erfordern von der Führungskraft eine andere Denkweise, eine andere Form des Handelns – eben einen systemischen Ansatz in ihrer Arbeit.

Wir leben in den Zeiten der globalen Digitalisierung – also in Zeiten großer struktureller Veränderungen, die zu einer neuen Qualität von Systemen führen oder führen können. Die rasant beschleunigten Veränderungen im System »Welt« erhöhen die Notwendigkeit – anstelle von bloßer Weiterentwicklung der vorhandenen Strukturen und Prozesse – von tatsächlichen Veränderungen in vielen seiner Subsysteme. Transformationen werden häufiger und geschehen schneller. Die Lebensdauer – oder, wenn man so will: die Halbwertszeit – von Organisationen sinkt drastisch. In immer mehr Fällen kann nichts mehr so bleiben, wie es einmal war. Es geht ans Eingemachte.

Alle Beteiligten mögen den Wunsch verspüren, Veränderungen – gar tiefgreifende Transformationen – zu vermeiden. Dieser Wunsch ist verständlich, seine Erfüllung ist aber eine Illusion.

> Um es zunächst mit einem Bild zu beschreiben: Jeder einzelne Mensch durchläuft in seinem Leben eine Reihe von Transformationen – vom Säugling zum Kind, vom Kind zum pubertierenden Jugendlichen, vom Jugendlichen zum Erwachsenen, vom erwachsenen Menschen zum alten Menschen.
> Nehmen wir die letzte Lebensphase des Systems »Mensch«: Die Beweglichkeit nimmt ab, bestimmte, bisher selbstverständliche Dinge kann man nicht mehr selbstverständlich ausführen, man wird vorsichtiger, man konzentriert sich mehr, man wird behutsamer und langsamer. Viele erleben in dieser Phase eine innere Rebellion: Es löst Furcht und Verzweiflung aus, dass man bestimmte Fähigkeiten nicht mehr zur Verfügung hat, dass man sich von lieben Gewohnheiten trennen muss. Plötzlich ist man auf die Hilfe anderer Menschen angewiesen. Besonders Männer werden in dieser Phase depressiv und aggressiv. Es ist für sie eine besondere Herausforderung, sich von ihrem früheren Leben zu verabschieden und zu trauern – stattdessen lehnen sie sich gegen das Unvermeidliche auf. In der sich vollziehenden Transformation ist es die Aufgabe, zu trauern, Abschied zu nehmen und sich neue Ziele zu setzen: Die jetzigen Fähigkeiten zu erhalten, zu verbessern und möglichst lange zu bewahren – also zu lernen, mit der Veränderung zu leben und im besten Fall das Leben weiter zu genießen.
> Ist diese unerfreuliche Veränderung vermeidbar? Hat die Rebellion dagegen eine Aussicht auf Erfolg? Nein, natürlich nicht.

Was für einzelne Menschen gilt, gilt auch für Gruppen von Menschen und für ihre Systeme. Auch Organisationen haben einen Lebenszyklus, der immer wieder Transformationen erfordert, damit sich das System an die sich ständig verändernden Umstände anpassen und überleben kann. Gute Führungskräfte verstehen die Unausweichlichkeit von Veränderungen und gehen mit ihnen produktiv um. Sie wissen, wie eine Organisation an einer Transformation verzweifeln kann – aggressiv reagiert oder depressiv wird

–, und sie wissen, was sie tun können, damit sie gelingt: Worauf besonders Rücksicht zu nehmen ist, was abwehrende und vielleicht auch aggressive Verhaltensweisen bedeuten können und wie wichtig die Bindung an neue Ziele ist.

Transformationen sind für alle Beteiligten eine große Herausforderung. Führungskräfte müssen ihre Rolle verändern – das heißt, sie werden, zusätzlich zu ihrer Führungsaufgabe, Projekt- und Prozessmanager. Sie unterstützen das System bei der Entwicklung der Prozessziele und bei der Organisation des Prozessverlaufs. Sie arbeiten an der Entwicklung der Teams, neuer Organisationsstrukturen und angemessener Funktionsabläufe.

Transformationen sind heikel, denn sie schwächen vorhandene Abläufe und ihre Protagonisten – und das mit der bloßen Aussicht, dass das System danach als Ganzes besser funktionieren wird. Das ist heikel und oft ungewollt. Solche Veränderungen innerhalb des Systems und aus dem System selbst heraus sind anspruchsvoll – deshalb sollte bei Transformationsprozessen die Hilfe von außenstehenden Beratern, die keine eigenen Interessen im System haben, in Anspruch genommen werden.

Wir brauchen bei einer Transformation die Bereitschaft, genau zu untersuchen, wie die verschiedenen Teile der betrieblichen Organisation sich wechselseitig beeinflussen. Wir werden ständig daran erinnert, dass das Ganze mehr ist als die Summe seiner Einzelteile. Systemdenken integriert in einem Veränderungsprozess alle Einzelaspekte des Systems, verknüpft sie neu und fügt sie neu zusammen. Es entsteht etwas strukturell anderes.

11.8 Veränderungsdruck und -bereitschaft

Warum soll sich eine Organisation auf eine solche Reise der Unsicherheit und der Schmerzen einlassen? Es gehört zu den Charakteristika von komplexen Systemen, dass sie nur sehr schwer die Notwendigkeit erkennen können, Ziele zu formulieren, die außerhalb des Üblichen und Gewohnten liegen. Was muss also geschehen, damit sie sich auf die eigene Transformation einlassen?

In der Regel kommen die Impulse von außen, aus einer Umwelt, die sich verändert und neue Anforderungen an die Organisation stellt. Zum Beispiel verändert sich der Markt und verlangt andere Produkte. Eine Organisation kann sich daran orientieren und sich entsprechend verändern – oder sie wird ihre Kunden verlieren und untergehen.

Hier kommt das Bild vom Frosch wieder ins Spiel: Jede Organisation – auch eine, die in einem sich verändernden Markt lebt – hat zunächst das Gefühl, dass die Temperatur allenfalls allmählich steigt. Marktveränderungen kommen selten – wenn auch in Zeiten der Digitalisierung häufiger – als schockartige Ereignisse. Die Organisation wiegt sich also in der Illusion, dass schon wie bisher mit graduellen Anpassungen alles gut gehen werde. Oder, wie es ein geflügeltes Wort weiß: »Dieses Internet wird schon wieder weggehen.« Ohne spürbare Temperatursprünge ist der Veränderungsdruck gering. Darüber verliert die Organisation kostbare Zeit, die ihr später vielleicht fehlen wird, um rechtzeitig die Kurve in den veränderten Markt zu bekommen. Der ist dann schon von agilen Newcomern besetzt, die nicht die Last von traditionellen Strukturen und Prozessen mit sich herumtragen.

Wie kann eine Organisation also den Frosch-Thermostat abschalten? Dies ist die Aufgabe der für die Strategie Verantwortlichen, also der Führungskräfte. Sie wissen, im besten Fall, was auf dem Markt geschieht und was die Zukunft erfordert. Ihre Aufgabe ist es, rechtzeitig die Wahrnehmung der Temperatur zu verändern – dem Frosch klarzumachen, dass es demnächst ungemütlich und auf Dauer lebensbedrohlich wird, wenn er jetzt nicht aus dem angenehm warmen Wasser steigt.

Die Notwendigkeit einer Transformation muss zuerst zu einer Überzeugung der jeweiligen Führungskraft werden. Erst dann kann sie damit die Menschen in einer Organisation dafür gewinnen, diese Überzeugung zu übernehmen: Beobachtung, Statistik, neue Kundenbedürfnisse, neue Produkte und neue Konkurrenten im Markt – es ist eine lange Reise der Überzeugungsarbeit, bis eine Organisation neue Ziele plausibel findet und sie sich am Ende auch zu eigen macht. Der Kittel muss brennen – oder wie es im heutigen Change-Management heißt: Am Anfang einer Transformation steht immer eine ›burning platform‹ (zu diesem Konzept vgl. Kotter 2011).

11.9 Die Phasen von Veränderungen

Ist die Bereitschaft schließlich da, beginnt der eigentliche Weg der Veränderung. Typischerweise durchlaufen solche Prozesse verschiedene Phasen:

1. Die Phase der **Vorahnung** ist bereits in vollem Gange: Jeder nimmt wahr, dass sich eine Veränderung anbahnt. Es wird öffentlich darüber gesprochen, Gerüchte gehen um, leichte Unruhe und Turbulenzen sind zu verspüren. Alles Ungewohnte wird als bedrohliche Störung empfunden. Sorge um die Zukunft des Arbeitsplatzes – eine angemessene Reaktion auf eventuelle Risiken – macht sich breit. Die persönliche Zukunft ist ungewiss. Möglichkeiten der Einflussnahme können noch nicht abgeschätzt werden.
2. Dann kommt der **Schock**: Ein zuständiges Gremium – die Chefetage, der Aufsichtsrat

– entschließt sich zur öffentlichen Bekanntmachung des Veränderungsvorhabens. Alle sind erschrocken. Hoffnungen und Befürchtungen sind auf einen Schlag präsent. Die Betroffenen fühlen sich durch den Schrecken wie gelähmt. Niemand ist zu diesem Zeitpunkt fähig, sich auf vielversprechende Zukunftsvisionen einzulassen.

3. Auf den ersten Schreck folgt die **Abwehr**, die Beharrung, der Versuch, den gegenwärtigen Zustand aufrechtzuerhalten (Homöostase). Angesichts der Ängste um das Unternehmen, aber auch um den eigenen Arbeitsplatz versuchen die Betroffenen, Sicherheit zu gewinnen: Das Ausmaß der notwendigen Veränderung wird verleugnet. Es kann sogar zu einer kurzfristigen Steigerung der Produktivität kommen: »Seht her, es geht doch! Wir brauchen keine Veränderung.«
4. Aus der Abwehr formieren sich **Widerstand und Ärger**: Jeder glaubt zu wissen, was in dieser Situation das Beste und das Richtige ist. Die Schuld an der aktuellen Misere wird anderen zugeschrieben. Die Notwendigkeit der eigenen Veränderung wird nicht akzeptiert, vor allem dann, wenn der Wandel nach einer veränderten Haltung und nach einer neuen Rolle verlangt, die dieser Situation adäquat sind.
5. Zu den Emotionen Angst und Ärger kommen erste **Abschiedsschmerzen**: Man muss Abschied nehmen von lieben Gewohnheiten, vielleicht auch von Räumen, von gewohnten Arbeitsplätzen. Es entsteht so etwas wie eine **rationale Akzeptanz** des Wandels – man kann es auch Frustration nennen. Die Abwehr ist erfolglos geblieben, die Veränderung wird unausweichlich kommen.
6. Die Betroffenen haben jetzt die **Einsicht**, dass sich generell etwas ändern muss. Eine tiefgreifende emotionale Auseinandersetzung mit den Erfordernissen des persönlichen Wandels hat aber noch nicht stattgefunden. Ansätze zur Problemlösungen sind vornehmlich von dem Wunsch nach rascher Beendigung der unangenehmen Situation geprägt. Es wird schon einmal an unbedeutenden Stellen etwas getan: Man verändert etwas, aber es ist eigentlich mehr von demselben. Das bringt nicht den erwarteten Erfolg – sondern nur zusätzliche Frustration.
7. Mit der Zeit kommt dann auch so etwas wie eine **emotionale Akzeptanz**. Sie ist verbunden mit Trauer und Abschied: Allen ist klar, dass es gibt keinen Weg zurück gibt. Wenn das klar ist, kann die Trauer einsetzen. Der emotionale Tiefpunkt ist erreicht, das Tal der Tränen wird durchschritten. Das gesamte Handlungsrepertoire ist ausgeschöpft. Man hat alles versucht. Mit Trauergefühlen wird sich vom Alten verabschiedet. Gedanken kreisen um das Verlorene, man fühlt sich niedergeschlagen, bedrückt und entmutigt. Trauer ist eine Emotion an der Schwelle zwischen Vergangenem und einer Neuorientierung – sie hat eine zentrale Funktion im Veränderungsprozess. Hier erreicht und durchläuft die Systemleistung ihre verlustreichste Strecke.
8. Erst nach einer Phase der **Trauer** wird der Weg frei für eine grundlegende Neuausrichtung. Man klammert sich nicht mehr an Vergangenes. Öffnung, Neugier, sogar Enthusiasmus für einen erweiterten Erfahrungshorizont erwachen. Haltungen und Rollen werden neu definiert, sie werden erprobt, führen zu ersten Erfolgserlebnis-

sen. Nach anfänglichem Enthusiasmus baut sich mit der Zeit auch die nötige Distanz auf, um die Ziele realistisch anzugehen. Es kann Rückschläge geben, die als Rückmeldungen mit hohem Informationswert anzusehen sind und die einen Zugewinn an Erfahrung sichern. Lernprozesse werden dadurch stabilisiert. Sie führen Schritt für Schritt zu einem Niveau der Produktivität, das schon auf dem Ausgangsniveau liegt – vor allem aber zu Produkten und Arbeitsweisen, die der neuen Situation angemessen sind, auf welche die Organisation reagieren musste.

9. Schließlich die Phase von **Integration und Selbstvertrauen**: Durch kontinuierliche Lernerfolge wird das gesamte Wahrnehmungs- und Handlungsspektrum erweitert. Die Mehrung der Wahlmöglichkeiten führt zur Bereicherung des Erlebens und des Handelns. Das verstärkt das gewonnene Selbstvertrauen der Mitarbeiter. Die Systemleistung steigt deutlich über das Niveau, das vor dem Veränderungsprozess vorhanden war. Denn das genau war ja das Ziel. Die Muster des erfolgreichen Umgangs mit Veränderungen werden in Form einer Strategie für den Wandel in anderen Unternehmensbereichen generalisiert.

Diese typischen Phasen von Transformationsprozessen ähneln denen von Trennungen (s. Kap. 7.6, Zyklus von Bindung und Trennung): zuerst Protest, verbunden mit Leugnen und Widerstand, dann Trauer über den Verlust und den Abschied, irgendwann eine zunächst nur rationale Akzeptanz und erst am Ende des Prozesses auch eine emotionale Akzeptanz, die einen Aufbruch zu neuen Zielen möglich macht.

Natürlich ist ein solcher Prozess niemals linear: Phasen überlagern einander, es gibt Rückfälle in frühere Phasen und die am Prozess Beteiligten sind unterschiedlich schnell unterwegs. Oft sind die Techniker schneller an einer Veränderung interessiert als Menschen in Abteilungen, die für Verwaltung oder inhaltliche Arbeit zuständig sind und die sich mental stärker mit dem Althergebrachten identifizieren. In komplexen Organisationen, in denen die Landschaft zerklüftet ist, in denen organisatorische Einheiten voneinander abhängen und sich untereinander beeinflussen, kann es von Mensch zu Mensch oder von Gruppe zu Gruppe sehr unterschiedliche Reaktionen auf laufende Veränderungen geben.

Diese Heterogenität und Ungleichzeitigkeit zu managen, ist eine zusätzliche anspruchsvolle Anforderung an die Prozessverantwortlichen. Eine brauchbare Landkarte durch die Phasen der Transformation – also nicht nur zu erleben, was gerade passiert, sondern es zu wissen – ist eine große Hilfe. Darüber hinaus braucht es aber auch viel Intuition, Fingerspitzengefühl und vor allem Geduld.

Einfacher und schneller sind echte Veränderungen nicht zu haben. Es gibt keine Abkürzung, die eine Schneise vom Problem zur Lösung schlägt. Alle Windungen und Verirrungen haben ihre Berechtigung und ihre Funktion – denn sie sind es, die durch die Zeiten des Abschieds und der Trauer hindurch am Ende zu einer Bindung an einen neuen Zustand führen. Nicht zu vergessen: Ein neuer Zustand war das Ziel, weil er das Überleben der Organisation in einer veränderten Umwelt sichert. Der Preis ist vielleicht hoch – der Gewinn ist allerdings noch viel höher.

11.10 Die Führungskraft als systemischer Begleiter

Der magische Glaube, den viele Führungskräfte über lange Zeit kultiviert haben – »Ich will – also wird es geschehen« – ist so häufig gescheitert, dass er als Rezept nicht mehr taugt. Wer so handelt, pflegt nur noch seine Illusionen – mehr nicht. Um eine komplexe Organisation, die jeder Veränderung zunächst einmal Hemmnisse entgegensetzt, dennoch erfolgreich auf neue Ziele auszurichten, bedarf es einer anderen, einer systemischen Haltung. Eine Führungskraft sollte sich also zunächst vor Augen führen, wie komplexe Organisationen funktionieren, welche Schwierigkeiten und Hemmnisse sich ergeben, wenn man Veränderungen aktiv betreiben will und welche Möglichkeiten sie hat, den Veränderungsprozess im System zu steuern.

Im Prozess nimmt die Führungskraft dann (wie übrigens auch ein Berater) die Haltung eine Hebamme ein – bildlich gesprochen: Sie ist nicht der Erzeuger des Babys. Sie muss das Baby auch nicht gebären. Ebenso wenig muss sie es großziehen. All das müssen diejenigen leisten, die in der Organisation den Großteil der täglichen Arbeit tun. Die Führungskraft hat als Geburtshelferin aber viel Wissen über die gesamte Organisation und über ihr Umfeld (Markt, Branche, best practices) beizutragen, sie kennt die Abläufe genau und sie weiß, wo sie intervenieren muss. Ihre Rolle ist es, auf die Zielsetzung zu achten, nämlich darauf, dass das Baby gesund auf die Welt kommt und die Mutter keinen Schaden nimmt. Und ihre Rolle ist es außerdem, den Prozess so zu organisieren, dass alle, die daran beteiligt sind, mitwirken und das ihre dazu beitragen, dass er am Ende gut gelingt. Für den Prozess zu sorgen und die Beteiligung der anderen einzufordern – das ist die Rolle einer Führungskraft im Veränderungsprozess.

11.11 Notwendige Voraussetzungen für den Erfolg von Veränderungen

11.11.1 Die Vision als Motor

Eine notwendige Bedingung gelingender Veränderung ist, dass alle Beteiligten sich in dieselbe Richtung bewegen (wollen). Zur Orientierung von Menschen spielen Bilder eine große Rolle. Für die Verständigung auf eine gemeinsame Richtung braucht es daher unbedingt gemeinsame Bilder (s. a. Kap. 14.3), an die sich die Beteiligten binden können. Es gehört zu den Aufgaben einer Führungskraft in einem Transformationsprozess, für solche gemeinsamen Bilder zu sorgen. Auch wenn das Wort abgegriffen ist: Am Anfang eines Transformationsprozesses steht eine Vision!

Gerade in Zeiten von hohem Veränderungsdruck müssen Führungskräfte eine Vorstellung von einer (besseren) Zukunft – eine Vision – für die Organisation entwickeln, ein Bild davon, in welche Richtung die Dinge sich verändern sollen: neue Produkte, eine verbesserte Qualität, leichtere Arbeitsprozesse, mehr Zustimmung bei den Kunden, eine stärkere Marktposition, ein höherer Gewinn und mehr Sicherheit für die Beschäftigten ... Die Vision sagt: »Dies ist der bessere Zustand, den wir gemeinsam in der Zukunft erreichen werden.« Ohne eine solche Vorstellung in den Köpfen der Beteiligten sind Veränderungen nicht möglich. Alle brauchen gute Gründe, warum sie die Mühe des Wandels auf sich nehmen sollen, und sie müssen vor allem wissen, in welche Richtung sie ihre Anstrengungen lenken sollen.

Ein solches Bild der Zukunft kann nicht eine einzelne Person allein entwickeln. Dafür braucht sie Informationen, Beiträge, Impulse aus der ganzen Organisation. Tragfähige gemeinsame Visionen entstehen nur durch die Integration unterschiedlicher Perspektiven eines Systems.

Alle Beteiligten müssen sich dabei im Klaren darüber sein, dass eine Vision nicht auf Anhieb und in einem Zug zu erreichen ist. Sie wird auf dem Weg der Transformation auf zahlreiche Hindernisse treffen und auf starke beharrende Kräfte. Es wird Momente geben, in denen man sich von der erhofften besseren Zukunft verzagt wieder abwenden will, weil die Hindernisse zu groß erscheinen. Auf dem Weg wird es außerdem neue Erkenntnisse und Entwicklungen geben: Eine Vision, die man möglicherweise jahrelang vor sich hergetragen hat, kann ihren Glanz und ihre Wirksamkeit verlieren. Auch Visionen müssen in einem iterativen Prozess immer wieder neu betrachtet und möglicherweise revidiert werden.

Eine Vision bedarf also der ständigen Pflege und Aktualisierung durch die Führungskräfte, die sich mit dem Prozess der Transformation befassen. Sonst wird sie nicht wirksam bleiben. Eine Vision ist kein Fünfjahresplan, den man abarbeiten kann, sondern eher ein Fixstern, dessen Position immer wieder neu zu bestimmen ist.

Um die Vision herum formen und leiten die Führungskräfte den Veränderungsprozess. Im Folgenden findet ein kurzer Gang durch ein erfolgversprechendes Veränderungsmanagement statt: Worauf achten? Was tun? Was lassen?

11.11.2 Worauf achten?

Der Erfolg eines Transformationsprozesses hat neben der Haltung der Führungskräfte und einer belastbaren Vision noch einige andere notwendige Voraussetzungen. Auf sie sollte eine Führungskraft achten:

- In Transformationsprozessen gibt es **keine Tabubereiche** oder **Tabuthemen**. Alles kann diskutiert werden. Die Gefahr ist sonst groß, dass wichtige Themen außen vor bleiben und die Veränderung an einem Teil der Notwendigkeiten vorbeigeht.
- Alle Beteiligten und Betroffenen werden frühzeitig in Projekt-, Arbeits- und Steuerungsgruppen einbezogen. Eine **breite Beteiligung** ist die Voraussetzung für einen vollständigen Prozess, der nachhaltige Ergebnisse liefert. Die vermeintliche Abkürzung einer eingeschränkten Beteiligung erweist sich in der Regel – wenn sich erst einmal der Widerstand formiert hat – als ein Umweg, der viel Zeit kostet.
- **Vorhandene Bindungen** werden **respektiert** und funktionierende Teams werden im Laufe des Prozesses möglichst nicht getrennt, sondern im Gegenteil wird ihre Dynamik für den Prozess genutzt.
- Die **Vermittlung von Sinn und Notwendigkeit** der Veränderung ist ein zentraler Teil des Prozesses. Immer wieder müssen die Vorteile und die Chancen für die Beteiligten dargestellt werden – aber, in aller gebotenen Offenheit, auch die möglichen Verluste.
- Möglichst konkret muss ein **Bild der künftigen Verhältnisse** entstehen, vor allem
  - der neuen Zuständigkeiten,
  - der künftigen inneren Strukturen,
  - der Neubesetzung von Führungspositionen,
  - der sich intern wie gegenüber den Kunden bietenden Möglichkeiten,
  - der neuen Chancen für qualifizierten Mitarbeiter,
  - eines neuen Wir-Gefühls.

  An solche Bilder können sich die Beteiligten binden.
- Zu einem guten Veränderungsprozess gehört schließlich auch der **faire Umgang** mit möglichen Verlierern.

11.11.3 Was tun, was besser lassen?

Genauso wie notwendige Voraussetzungen für einen Erfolg gibt es in einem Veränderungsprozess auch drohende Fallen und Gefährdungen. Was sollte man möglichst vermeiden – was sollte man stattdessen tun?

Wenn eine Führungskraft in einer komplexen Organisation – also in einem von Menschen bestimmten System – große und nachhaltige Veränderungen will, dann handelt sie sich mit einigen typischen, häufig auftretenden Handlungsmuster unnötige Probleme ein.

Überprüfen Sie im Folgenden, welche dieser Muster Sie kennen, und sehen Sie, *wie Sie Ihr eigenes Verhalten im Transformationsprozess steuern:*

- Sie versäumen, den Zustand nach einer Veränderung immer wieder eingehend plastisch und attraktiv auszumalen. Niemand hat ein **Bild von der Zukunft**, an dem er sich orientieren kann.
  - *Entwerfen Sie vor der Transformation eine Vision, aber auch immer wieder im Lauf des Prozesses, so dass die Beteiligten sich an positive Bilder binden können. Denken Sie an den Bau einer Kathedrale: Irgendwann werden die Türme stehen und die Glasfenster leuchten. Diese Vorstellung hilft beim Bau der Fundamente und dem Behauen der Steine.*
- Sie wiegeln sich abzeichnende **Verluste und Nachteile** für die Betroffenen ab und machen unrealistische Versprechungen.
  - *Wenn die Transformation schmerzhafte Struktur- oder persönliche Veränderungen beinhaltet, die schon zu Beginn klar sind, dann zögern Sie nicht, diese schnell und menschlich wertschätzend durchzuführen.*
- Sie lassen keine professionell **ethische Haltung** im Prozess erkennen. Ihre Mitarbeiter empfinden schmerzhafte Maßnahmen als persönliche Willkür, die sie nicht verstehen können.
  - *Bauen Sie die Haltung auf, wie ein Chirurg – nämlich ausschließlich heilend – zu verletzen. Kommunizieren Sie das auch offen und für die Betroffenen wertschätzend.*
- Sie bedrohen unter dem Druck der Lage mit **autoritären Reden und Handlungen** unnötig die Systemautonomie und produziert damit Trotz.
  - *Rüsten Sie verbal ab – niemand braucht in ohnehin heiklen und aufgewühlten Situationen auch noch starke Worte. Halten Sie sich Ihre Rolle vor Augen: Sie sind als Führungskraft ein Geburtshelfer – Sie helfen anderen Teile des Systems, ihre Aufgaben im Transformationsprozess zu erfüllen.*
- Sie versuchen, der Konfrontation, der Skepsis und den Risiken mit **Überredungstaktiken** auszuweichen.
  - *Anstatt zu überreden – lassen Sie diejenigen, die Ängste und Bedenken haben, diese formulieren. Darin sind für den Prozess wichtige Informationen enthalten. Bearbeiten Sie diese Themen zusammen mit den Beteiligten und suchen Sie, wenn möglich, für alle tragbare Lösungen, anstatt Skepsis und Risiken wegzureden.*
- Sie tendieren zum **heroischen Alleingänger** und verzichten auf ein stützendes reflektierendes Veränderungsteam.
  - *Scharen Sie ein Team um sich, das kompetent ist und Sie im Veränderungsprozess auch emotional stützt.*
  - *Arbeiten Sie in der Organisationsentwicklung mit internen und externen Moderatoren zusammen, zu denen Sie echtes Vertrauen haben. Diese werden Ihnen helfen, die unterschiedlichen Rollen im Transformationsprozess zu klären und auch durchzuhalten. Sie selbst haben nur eine Rolle unter vielen!*

- Sie vermeiden **Verantwortung**, indem Sie Mitarbeitern nicht delegierbare Entscheidungen aufbürden.
  - *Es gibt Entscheidungen, die sind Chefsache, weil sie auf einer anderen Ebene unter Gleichrangigen nicht getroffen werden können. Erkennen Sie, welche Themen unter Gleichrangigen ausgehandelt werden können und an welcher Stelle Entscheidungen von oben getroffen werden müssen. Diese Entscheidungen sind Ihre Verantwortung. Da Sie nicht alles sehen können: Ermutigen Sie Ihre nächste Arbeitsebene ausdrücklich, unlösbare Fragen zur Entscheidung nach oben zu eskalieren.*
- Sie verknüpfen innerlich ein mögliches Scheitern mit Ihrem **Wert als Person**: »Ich bin doch kein Versager!«
  - *Suchen Sie immer wieder eine gesunde Distanz zum Prozess, ja selbst zum gewünschten Ergebnis. Nur so bewahren Sie sich selbst und fördern bei anderen eine spielerische Haltung. Vieles kann man nur durch Ausprobieren herausfinden.*
- Sie werden **aus Angst unbeweglich** und unfähig, Ihren einmal gefassten Plan neuen Gegebenheiten anzupassen.
  - *Verabschieden Sie sich von der Idee, dass ein solcher Prozess überraschungsfrei verlaufen kann, wenn man nur alles vorher genau genug analysiert. Seien Sie offen für Überraschungen – oft stecken in Überraschungen die besten Erkenntnisse.*
  - *Lösen Sie sich davon, den Verlauf nach Wunsch genau beeinflussen zu wollen. Überlassen Sie sich dem kurvenreichen Weg – solange Sie nur die Richtung kennen (Kathedrale, s. o.!).*
- Sie **schotten sich** von der brodelnden Basis **ab** und verlieren damit Ihre Intuition für einen guten nächsten Schritt.
  - *Bleiben Sie in Kontakt mit den Betroffenen. Suchen Sie immer wieder neue Bindung zu ihnen, gerade, wenn es turbulent wird. Und das wird es. Wenn Sie das nicht mitkriegen, treffen Sie falsche Entscheidungen.*
- Sie inszenieren ohne Bewusstheit **persönliche unerledigte Konflikte** und verlieren damit Ihren Realitätsbezug – ein typisches Anzeichen von Stress.
  - *Vergewissern Sie sich gerade in schwierigen und stressigen Momenten der Hilfe eines externen Supervisors. Sie brauchen eine ständige Reflektion Ihres eigenen Verhaltens und eine gesunde Distanz zu Ihren eigenen Mustern. Nur so können Sie Ihre – möglicherweise zerstörerischen – Impulse im Sinne des Prozesses steuern.*
  - *Halten Sie sich körperlich fit und ausgeschlafen. Im Stress leidet Ihre Intuition, die Sie bei großen Veränderungsprozessen am nötigsten brauchen.*
- Sie machen die **alten Werte und Erfahrungen** schlecht und werten diejenigen ab, die sich mit ihnen identifizieren.
  - *Zeigen Sie Wertschätzung für das Vergangene und das bisher von der Organisation Erreichte. In der Regel war das meiste gut – zu seiner Zeit.*
- Sie äußern zu wenig Anerkennung, Unterstützung und Verständnis beim **Abschiednehmen** von der alten Identität.

  - *Wo immer möglich, erklären Sie, wie ganz besonders das richtige Verständnis der alten Werte und Traditionen den Veränderungsprozess heute erforderlich macht.*
- Sie unterschätzen den Bedarf (den eigenen und den anderer) an **Zeit** und Energie für die Transformation. Das schafft auf der Strecke einen Druck und eine Hast, die der Qualität des Prozesses schaden. Es verbreiten sich Fahrigkeit und Unsicherheit.
  - *Bauen Sie ein Zeitraster auf, in dem Sie Meetings und Workshops mit allen voraussichtlich wichtigen Personen bereits Monate im Voraus mit hoher Priorität planen. Definieren Sie Etappen und Themen – aber bleiben Sie beweglich, diese nach Bedarf auch abzuändern. Die richtige Mischung aus (grober) Vorplanung und Flexibilität nach Anforderung schafft Ruhe und Sicherheit für alle Beteiligten.*
  - *Planen Sie doppelt so viel Zeit ein, wie Sie anfangs für nötig hielten.*

Und vergessen Sie am Ende – oder auch beim Erreichen von Etappenzielen auf keinen Fall eines: zu feiern!

Wie können wir uns belohnen? Wie können wir feiern, was wir erreicht haben (s. a. Kap. 13.9)? Die eigenen Erfolge zu feiern, ist in vielen Betrieben verlorengegangen. Dabei ist Feiern wichtig: Nicht nur, um einen Schlusspunkt, das Erreichen eines Ziels zu markieren – und damit den Prozess zu einem runden Ende zu bringen. Feiern ist vor allem eine Bestätigung und eine Festigung der eigenen Identität als Organisation: »Was wir gemacht haben, hat sich gelohnt. Wir können stolz darauf sein, dass wir das erreicht haben. Das sind wir!«

Veränderungen sind zäh, mühsam, schmerzhaft und langwierig – aber sie sind möglich, wenn man die inneren Gesetze von Systemen kennt, sie beachtet und für die Dynamik von Veränderungen nutzt. Auch komplexe Systeme sind in der Lage, sich planvoll zu transformieren, um ihre Zukunft zu sichern. Immer zu beachten dabei ist: Die Alternative ist der Untergang. Wer die inneren Mechanismen komplexer Organisationen versteht und seine Arbeitsweise darauf ausrichtet, kann auch ein System wirkungsvoll verändern. Das Versprechen gilt: Wenn es überhaupt geht, dann geht es so!

12 Sicherheit in unsicheren Zeiten

Das eigene Verhalten zu steuern, ist eine wichtige Herausforderung. Wer kennt das nicht: Wie oft ist man in Gefahr, etwas zu sagen, das man sich nicht überlegt hat und das einem später leidtun wird? Etwas, das zerstörerisch wirkt? Das passiert uns so leicht, weil im Zusammenleben mit anderen Menschen immer wieder heikle und schmerzhafte Punkte bei uns berührt werden. Sie haben ihren Ursprung oft in unserer frühen Vergangenheit. Werden diese Punkte angetriggert, ist es plötzlich sehr schwer, Selbstdisziplin zu wahren und nachzudenken, bevor man anfängt zu reagieren. Hinter einem solchen Impuls der Gegenwehr lauert eine archaische Lust – die Lust zu töten, zu verletzen, zu zerstören. Diese unheimliche Kraft ist aus erlittenem Schmerz und aus Leid geboren. Das macht sie so machtvoll und so zerstörerisch.

Wir sind im Zusammensein mit anderen Menschen also ständig in der Gefahr des unüberlegten, destruktiven Handelns – von uns selbst oder von anderen. Weder im Privaten noch im Beruf gibt es wirkliche Sicherheit und Stabilität. Stets leben wir in instabilen Verhältnissen, in denen wir unsere eigenen Impulse steuern und mit den Impulsen anderer klarkommen müssen.

12.1 Instabilität ist die Normalität, nicht die Ausnahme

Der eine Grund für die immerwährende Instabilität in Organisationen ist schlicht, dass wir dort mit Menschen zusammenarbeiten. Systeme, in denen Menschen miteinander arbeiten, sind immer instabil. Selbst das System Familie, in dem die Rollen klar verteilt sind – Mama, Papa, Kind 1, Kind 2 usw. – ist ständig in Bewegung. Von Tag zu Tag variiert jeder seine Rolle, weil er mit dem falschen Bein aufgestanden ist, gestresst ist oder krank wird – es gibt tausend Gründe. Wenn schon in einer so klaren Situation wie in einer Familie ständig unsichere Verhältnissen herrschen – um wie viel mehr dann in einer Firma, in der sich Menschen nicht nur jeden Tag unterschiedlich verhalten, sondern in der auch die Rollen immer wieder klärungsbedürftig sind! Unter Menschen ist alles ständig in Bewegung, wie bei einem Mobile.

Hinzu kommt, dass wir in einer extrem instabilen Zeit leben: Zum Beginn des 21. Jahrhunderts ist das Tempo der Veränderung durch die gegenwärtigen technologischen Sprünge und die immer enger werdende globale Vernetzung extrem hoch. Mussten sich die Menschen in Europa schon seit der Industriellen Revolution ständig auf neue Verhältnisse und Umstände einrichten – was in erheblichen Maße Gesellschaften und Menschen unter Veränderungsdruck und -stress gesetzt und eine Unzahl von Konflikten verursacht hat –, so ist der Wind der Veränderung mit der sich beschleunigenden Digitalisierung und Globalisierung noch einmal sehr viel schärfer geworden. Inzwischen reicht er in fast jeden Winkel der Erde. Der Wind fährt ins Mobile, verheddert die Schnüre, verhakt die Einzelteile – von außen kommt ein starker Veränderungsdruck.

Instabilität, sowohl von innen als auch von außen, in der Organisation, im Zusammenleben und -arbeiten von Menschen ist also der Normalfall.

12.2 Sicherheit in der Unsicherheit

Die Wirtschaft wird sich in den kommenden Jahren weiter verändern. Führungskräfte müssen sich darauf vorbereiten. Technologien werden miteinander verschmelzen, sie werden die Grenzen der physischen und der psychischen, der menschlichen und der Maschinenwelt durchbrechen. Unsere Art, zu leben und zu arbeiten, wird sich dadurch grundlegend verändern. Berufliche Gewohnheiten und eingeübte Verhaltensweisen werden erschüttert.

Die Ansprüche an Führungskräfte, speziell an junge Führungskräfte, steigen: Wie können sie Sicherheit in der Unsicherheit finden und anderen Sicherheit in der Unsicherheit geben? Das Thema »Selbststeuerung« ist in den letzten zehn Jahren zunehmend stärker in den Fokus von Coaching und Weiterbildung von Führungskräften gerückt – denn nur wer in der Lage ist, sich selbst zu führen und seine psychomentalen Kräfte zu entwickeln und zu pflegen, der meistert auch die Ansprüche, die an ihn oder sie gestellt werden, und steht dabei stabil im Instabilen.

Es geht also in Zeiten der wachsenden Unsicherheit immer mehr auch um die Kunst, sich selbst zu führen und zu steuern – um dadurch überhaupt erst fähig zu werden, auch anderen Sicherheit in der Unsicherheit zu geben. Denn genau das macht eine gute Führungskraft aus: anderen für ihre Arbeit eine sichere Basis zu schaffen.

Wie kann eine Führungskraft in Zeiten wachsender Instabilität für Stabilität in ihrer Organisation sorgen? Der Weg dorthin beginnt, wie so oft, bei einem selbst.

Die Kunst besteht darin, sich in der permanenten Unsicherheit zu bewähren und zu behaupten, trotz äußerer Unsicherheit innere Sicherheit zu gewinnen. Es gibt kein Rezept dafür, diese Kunst zu erlernen. Jeder muss die für ihn individuell passenden Modelle und Möglichkeiten finden, um unter diesen Bedingungen die Orientierung zu behalten und sich selbst zu steuern. Das aus einer solchen inneren Einstellung und den erlebten Reaktionsmöglichkeiten erwachsende Gefühl ist die Grundlage, um mit Druck, Ungewissheit,

Unvorhersehbarkeit, Unklarheit oder Veränderung angstfreier und damit der Situation möglichst angemessen umzugehen. Die sich mit der Zeit entwickelnde innere Widerstandskraft, die sogenannte Resilienz, ermöglicht einem selbst Halt und ist Ermutigung, um die psychischen und körperlichen Belastungen gut zu meistern.

Es gibt dem Leben Richtung und Halt, wenn man um die Notwendigkeit kritisch abwägender Selbstführung weiß und für die eigene, persönliche Stabilität angemessen viel tut. Dies strahlt auch auf das Verhalten bei Führungs- und Entwicklungsaufgaben oder bei Entscheidungen aus.

12.3 Die eigenen Impulse steuern

Führungskräfte sollten sich dabei auf ihre aus dem reflektierenden Umgang mit sich selbst erwachsende persönliche Überzeugungskraft verlassen. Ihr persönliches Format, ihre Autorität sind viel entscheidender als erlernte Führungstechniken.

Die persönliche Überzeugungskraft gewinnt umso mehr an Stärke, je weniger Führungskräfte aus der eigenen Verunsicherung heraus – also situativ, affektiv und impulsiv gesteuert – handeln. Wer aus sich heraus überzeugender und glaubwürdiger führen will, der darf sich nicht zu vorschnellen Reaktionen verleiten lassen. Aus dem Impuls heraus zu reagieren, birgt immer die Gefahr, sich aus dem Affekt heraus von zwangsläufig eingeengten, aus der eigenen Vergangenheit vorstrukturierten Denk- und Verhaltensmustern steuern zu lassen. Das heißt, man steuert nicht selbst, sondern wird von den eigenen Dämonen gesteuert. Es ist eine Form von passiver Steuerung, also im Grunde ein Steuerungsverlust.

Sich selbst und andere einigermaßen stabil zu führen, verlangt – in Bezug auf sich selbst wie auf die äußeren Umstände – sowohl Distanz als auch Engagement. Es setzt eine gewisse Selbstüberwindung und Anstrengung voraus, um jenseits der eigenen Impulse zu überlegen, wie man in der jeweiligen Situation angemessen, gut und respektvoll reagieren kann und soll, um eine Lösung herbeizuführen.

Dieses Können kommt nicht von allein: Um die häufig destruktive Energie, die einem Impuls zugrundeliegt, gegenüber sich selbst, gegenüber anderen und in den sich bietenden Umständen durch Bewusstheit umzuwandeln in problemlösende positive Energie, braucht man kontinuierliche Weiterbildung, Supervision, Coaching und manchmal auch therapeutische Intervention.

Impulse haben ihren Ursprung in frühen Erfahrungen und tiefsitzenden Mustern. Ein Beispiel: Eine Führungskraft berichtet seinem Coach, dass er immer wieder unbeherrscht aggressiv reagiere, wenn er von jemandem der Unwahrheit oder gar der Lügen bezichtigt werde. Auf Nachfragen erzählt er, dass seine Eltern ihm oft nicht geglaubt hätten, auch, wenn er die Wahrheit gesagt habe. Diese schmerzhafte, tiefsitzende und herabsetzende Erfahrung erlebt er als Erwachsener im Alltag immer noch und immer wieder. Insbesondere, wenn sein Chef ihm sagt, dass er ihm etwas nicht glaube. Sein Ziel im Coaching war, diese zerstörerische Energie seines Impulses gegenüber der Kränkung durch seinen Chef in den Griff zu bekommen. Der Coach versicherte ihm, dass er um seiner selber willen lernen könne, zu denken, bevor er reagiere – eine Pause einzuschalten, das Gespräch vielleicht zu vertagen und ein neues Gespräch zu suchen. Um aus dem Impuls herauszukommen und ihr Denken zu aktivieren, brauchte diese Person einfach Zeit – mal eine Minute, mal aber auch einen Tag.

Diese Erfahrung kennt so gut wie jeder Mensch: Wenn eine tiefsitzende, schmerzhafte Stelle stimuliert wird – dann ist sehr viel innere Widerstandskraft erforderlich, um den entstehenden Impuls zu steuern, statt kopflos zu reagieren und damit einen schwer zu reparierenden Schaden in Kauf zu nehmen.

12.4 Sich selbst führen, um andere zu führen

Das Üben der individuellen Impulssteuerung gehört in Seminaren für Führungskräfte zu den häufigsten Coaching-Übungen überhaupt. Häufig hört man dann dort Aussagen wie: »Aber ich muss doch meine Wut herauslassen!« – »Man muss doch seinen Ärger auch mal äußern dürfen!« Meist bedeutet dies nichts anderes als unreflektierte und destruktive Äußerung von Ärger und Wut. Bewusst gesteuerte Äußerungen von Ärger und Wut, die nicht zerstören, sondern zu einer Lösung beitragen, gehören für viele Menschen zu ihren Entwicklungszielen: An die Stelle von unterbewusst gesteuerten, praktisch passiven Äußerungen treten dann bewusst eingesetzte, respektvolle Äußerungen von Wut und Ärger. Unreflektierte Äußerungen von Wut und Ärger sind besonders risikoreich in eskalierenden Konflikten und noch verschärft in Situationen vor anderen Menschen. In solchen Momenten ist es die Aufgabe, einen Augenblick innezuhalten und erst dann zu reagieren.

In einem Bild ausgedrückt: Ein Impuls wird von einem Reiz ausgelöst und schießt unkontrollierbar nach oben, drängt nach außen. Er folgt meist früh geprägten Mustern, die unter Stress anspringen. Es gibt keine Möglichkeit, diesen Impuls ungeschehen zu machen, aber es ist möglich, ihn aufzuhalten und – kürzer oder länger – darüber nachzudenken, ob und wie man ihn weiterleiten will. Nachdenken bedeutet innehalten. Dies bei eigenen Impulsen zu können, ist eine extrem nützliche Fähigkeit. Von gefühlsgesteuerten, leidenschaftlichen Menschen ist das viel verlangt – aber es ist ein großer Gewinn für professionell gutes Verhalten.

> Eine Führungskraft berichtet von einem schweren Konflikt in seinem Führungsteam, mit einem seiner leitenden Mitarbeiter. Beide hatten völlig unterschiedliche Vorstellungen, wie sie mit einer bestimmten Situation umgehen wollten. Die Führungskraft stand als Chef vor der Entscheidung, in den Verantwortungsbereich seines Mitarbeiters hineinzuregieren, um ein strategisches Ziel des Unternehmens zu erreichen – es waren also auch Machtfragen mit im Spiel: »Darf ich ihm hineinregieren?« – »Muss er mich hineinregieren lassen?« Es war für beide eine sehr heikle und auch emotional besetzte Situation. Wie steuert man in einer solchen Lage die eigenen Impulse, um zu vermeiden, dass ein Machtkampf eskaliert?
> Am wirkungsvollsten ist eine gute Vorbereitung auf ein solches Gespräch: »Was sind meine Ziele?« – »Wie will ich sie rüberbringen?« – »Wie kann ich auch in dieser schwierigen Situation die persönliche Bindung aufrechterhalten?« Wenn man vorher lange genug nachgedacht hat, hat man die Chance, auch eine solche heikle Führungssituation gut zu steuern. Wenn die eine Seite ihre Impulse steuert – so die Erfahrung – dann verhält sich die andere Seite genauso. Zur Eskalation kommt es meistens, weil eine Seite eskaliert und die andere sich dann entsprechend verhält. Wenn man von Anfang an deeskaliert, dann lässt man der anderen Seite ebenfalls die Möglichkeit dazu. So hat man die Chance, eine Lösung zu finden.
> Erfahrungsgemäß sieht diese nicht genauso aus, wie man sie sich am Anfang vorgestellt hat. Es gibt immer auch Punkte, an denen man nachgeben sollte – entweder, weil man sich sagt: »Das ist die bessere Idee, da kann ich gut mitgehen« oder aus der Erkenntnis: »Das ist ein Nebenschauplatz. Das ist nicht so wichtig. Da kann ich auch nachgeben.« Es zahlt sich nicht aus, bei komplexen Fragen mit Anweisungen zu arbeiten: »Das wird jetzt so gemacht!« Besser ist es, zu verhandeln. Das geht aber nur mit Deeskalation – nicht bei impulsiver Eskalation.

Impulssteuerung zu lernen, lohnt sich für Menschen in Organisationen nicht nur zwischen den Hierarchie-Ebenen, sondern auch auf der gleichen Ebene. Dazu gehört, sich auf Konfliktsituationen vorzubereiten: zu wissen, was man will, aber gleichzeitig verhandlungsbereit und reaktiv zu sein. Je heikler, je spannungsgeladener, je emotionaler eine Situation ist, desto wichtiger ist es, die eigenen Impulse im Griff zu behalten.

Gute Selbstführung als eine wichtige Voraussetzung zur Führung anderer Menschen bedeutet dabei viel mehr als nur eine angemessene Selbst- und Fremdwahrnehmung und einen guten Umgang mit aufkommenden Impulsen. Es gilt, mit der Zeit verschiedene wichtige Fähigkeiten und Eigenschaften zu erwerben, die einen erst zu einer guten Führungskraft machen:

- Persönliche Autorität (Kap. 2.6),
- einen geeigneten Führungsstil zur Lösung von Problemen und Konflikten (Kap. 8) und zum Treffen von Entscheidungen, die dann auch von anderen akzeptiert werden,
- Ziele zu formulieren, die positiv realistisch und dem Ziel des Betriebs dienlich sind (Kap. 13.7),
- den Mitarbeitern – gerade in schwierigen Situationen – Orientierung und Sinn zu vermitteln (Kap. 11.9 bis 11.11),
- ihnen zu ermöglichen, in ihrer Führungskraft eine sichere Basis zu finden, also angstfrei mit ihr umzugehen (s. u.),
- Ärger von Mitarbeitern zu akzeptieren und trotzdem die Bindung aufrechtzuerhalten – nach dem Motto: »Es ist zwar sehr ärgerlich für mich, was Sie sagen, ich möchte trotzdem mit Ihnen überlegen, wie wir das jetzt lösen können« (Kap. 7.3 ff.),
- und schließlich die Fähigkeit, mit Hilfe von Dialogen eine Lösung zu finden (Kap. 9).

All das gehört zum Repertoire einer guten Führungskraft, die andere führt, indem sie ihnen trotz unsicherer und instabiler Verhältnisse eine sichere Basis bieten kann.

Gute Führungskräfte sind ihren Mitarbeitern eine sichere Basis: Sie sorgen dafür, dass gemeinsame Ziele definiert und vereinbart werden und dass sich alle Beteiligten für diese Ziele einsetzen. Die Voraussetzung dafür ist ein Menschenbild, in dem Verständnis, Vertrauen, Offenheit und Ehrlichkeit eine große Rolle spielen.

Eine fürsorgliche und wertschätzende Haltung von Führungskräften ist allerdings bei Weitem nicht selbstverständlich. Sie ist von der Persönlichkeit der Führungskraft abhängig: Viele Menschen, vielleicht die meisten, haben zu Hause in ihren Familien erlebt, dass sie eine fürsorgliche Mutter hatten und einen fürsorglichen Vater. Sie hatten also gute Vorbilder. Vielleicht haben sie auch Lehrer erlebt, die sehr fürsorglich mit ihnen als Schüler umgegangen sind. Andere hatten eine schlechte Kinderstube in Bezug auf solche Erfahrungen von Fürsorglichkeit. Nicht, weil ihre Eltern böse waren – sie konnten es aus vielerlei Gründen nicht anders.

Die Fähigkeit zu Fürsorge – diese Ressource ist in allen Menschen vorhanden. Manchmal muss sie nur wieder geweckt werden. Dafür ist es wichtig, sich selbst gegenüber fürsorglich zu sein: Ich bin auch mein eigener Chef und habe ebenfalls eine Verantwortung für mich selbst. Und ich bin der Chef meiner Mitarbeiter und will alles tun, damit wir unsere Ziele erreichen, damit sie eine Identifizierung mit ihrer eigenen Arbeit erleben, damit sie möglichst zufrieden sind und ihre Motivation von innen heraus spüren. Menschen, die nur durch Anreize von außen motiviert werden, sind schnell frustrierbar. Gute Führungskräfte setzen Anreize, schaffen sichere Rahmenbedingungen – und überlassen den Rest ihren Mitarbeitern. Denn sie wissen: Diese sind erwachsene Menschen, sie tragen die Verantwortung für ihr eigenes Denken, für ihr Fühlen und für ihr Verhalten selbst und sie wollen grundsätzlich ihr Bestes geben.

Den Wert von Sicherheit kann man nicht hoch genug veranschlagen.

> Eine Mitarbeiterin, die noch nicht lange im Unternehmen ist, sagt in größerer Runde und eher beiläufig: »Das ist es ja, was mir hier so gut gefällt: Dass man hier alles sagen kann.« Es war nicht als Kompliment gemeint – war aber in Wahrheit ein großes Kompliment für die verantwortliche Führungskraft. Denn genau darum geht es beim Thema »Sicherheit«: Natürlich kann man in keiner Kultur ›alles‹ sagen; dies war nicht wörtlich zu nehmen. Aber man kann im besten Fall ohne Angst abweichende Meinungen, Missfallen oder Kritik äußern. Wenn das vorherrschende Klima so ist, dann gehen die Mitarbeiter auf einer sicheren Basis ihrer Arbeit nach.

Eine solche Kultur ist nicht immer völlig, aber wenigstens weitgehend angstfrei. Dafür zu sorgen ist die Rolle einer Führungskraft. Und zwar nicht nur bestimmten Werten und Haltungen zuliebe, sondern vor allem, weil es zu besseren Arbeitsergebnissen führt, wenn alle entspannt ihr Bestes geben können und sich nicht ängstlich zurückhalten.

Natürlich gibt es auch das Gegenteil: Es gab Situationen, in denen Chefs nicht für Sicherheit sorgen, sondern es zulassen, dass Beteiligte ›mit gezücktem Messer‹ übereinander herfallen, dass gebrüllt und gepöbelt wird. Am Ende sind sie es vielleicht sogar selbst, die auf diese Art verbal gewalttätig werden. Dann aber tun sie ihre Arbeit nicht richtig – denn es ist eine der wichtigsten Aufgaben einer guten Führungskraft in den strukturell ohnehin unsicheren Verhältnissen einer Organisation, für die Sicherheit ihrer Mitarbeiter und für eine sichere Basis der Arbeit zu sorgen.

12.5 Die eigenen Muster kennen

Was kann helfen, die Eigensteuerung zu verbessern? Am Anfang steht eine einfache, aber wichtige Erkenntnis: Menschen sind und verhalten sich unterschiedlich.

> Ein interessanter Versuch: Zeigen Sie mehreren Menschen in Ihrem unmittelbaren Team das gleiche Bild – sagen wir, einen Blick über einen Strand aufs Meer. Fragen Sie die Personen, was sie auf diesem Bild sehen. Sie werden erstaunt sein, wie unterschiedlich die Antworten ausfallen: »Was für ein schöner Sonnenuntergang«,

> wird der eine sagen. Und der andere: »Am Strand gibt es einige Steine.« Das liegt daran, dass Menschen – selbst, wenn sie aus derselben Kultur kommen, das gleiche Geschlecht haben, einen ähnlichen Job und noch ein halbes Dutzend weiterer gemeinsamer Merkmale – völlig unterschiedlich sind, wenn es um Wahrnehmungs- und Reaktionsmuster geht.

Es gibt Modelle und Theorien, die versuchen, diese Vielfalt zu typisieren. Ganz gleich, welches Verfahren man dafür nutzt und zu welchen »Typen« man die Unterschiedlichkeit clustert – es bleibt eine große Bandbreite von Wahrnehmungen und Verhaltensweisen.

> Eine Kommune sucht einen Busfahrer, um im innerstädtischen Bereich Personenbusse zu fahren. Nach welchen Mustern sucht man da? In Untersuchungen wurden bei Busfahrern zwei verschiedene Muster festgestellt: Der eine Busfahrer sieht genau hin, achtet auf viele Einzelheiten. Der andere Busfahrer hat eher einen groben Überblick, schaut auf die Gesamtsituation. Im Ergebnis sind diejenigen mit dem Überblick die besseren Busfahrer, nicht diejenigen mit dem Blick auf die Einzelheiten.

Diese persönlichen Muster sind nicht per se gut oder schlecht, sondern für bestimmte Tätigkeit eben besser geeignet oder nicht so gut geeignet. Es ist also nützlich, die eigenen Muster in Bezug auf eine Aufgabe oder eine Anforderung zu kennen.

Bei jedem von uns springen fortlaufend solche Muster und Impulse an, die uns angeboren oder im Laufe unseres Lebens geprägt worden sind. Konfrontiert mit der gleichen Situation reagieren Menschen unterschiedlich, je nach ihren eigenen Mustern. Je größer der Stress, desto stärker der Rückgriff auf alte Muster – z. B. aus der frühen Kindheit, aus der Zeit, in der viele Überlebensstrategien des kleinen Kindes gegenüber den stärkeren Erwachsenen geprägt wurden. Im extremen Stress wird auch auf solche zurückgegriffen, welche die Geschichte der Menschen in unser Stammhirn eingraviert hat: Angriff oder Flucht, sich totstellen oder töten, sich unterwerfen oder standhalten. Die eigenen Muster und Reaktionsweisen bei sich selbst zu kennen, ist die Voraussetzungen dafür, dass man die eigenen Impulse steuern kann.

Wenn mein Gegenüber bei mir etwas Bestimmtes auslöst, dann sollte ich wissen: »Aha, jetzt wird dieser Knopf gedrückt. Da springt bei mir immer eine Urangst an, eine Uraggression oder eine Urkränkung – und ich bin darauf geprägt, wenn dieser Punkt berührt wird, sofort etwas zu unternehmen, sozusagen sofort entweder die Waffe zu zücken oder den Rückzug anzutreten.« Dieses Wissen gibt einem im besten Fall unterschiedliche Handlungsoptionen für diesen Moment an die Hand – mithin ein höheres Maß an Freiheit und Autonomie.

Knöpfe werden mitunter auch absichtlich gedrückt, um eine bestimmte Wirkung zu erzielen. Dann zu wissen: »Es gibt dieses Muster, hier habe ich eine Empfindlichkeit – ich bin ihr aber nicht ausgeliefert, sondern kann sie steuern«, das ist eine sehr wichtige und sehr befreiende Erkenntnis.

Fast so wichtig ist das Wissen um die unveränderlichen Reaktionsmuster meines Gegenübers. Noch besser ist es, ich kenne seine empfindlichen Punkte oder habe zumindest eine Ahnung davon. Manchmal hat man es natürlich auch mit sehr problematischen Mustern zu tun. Es gibt Führungskräfte, die sind so sehr gefürchtet, dass niemand freiwillig ihr Zimmer betritt, um mit ihnen zu reden. Sie verbreiten Angst und Schrecken. Dafür gibt es keine Entschuldigung – persönliche Muster sind jedenfalls keine.

> Hier hat wiederum deren Chef eine Verantwortung als zuständige Führungskraft: Leitungsverträge werden oft auf Zeit vergeben. Hat jemand im Unternehmen einen derart verheerenden Ruf, dann muss der Zeitpunkt der Vertragsverlängerung dazu genutzt werden, um ein solches Verhalten zur Sprache zu bringen: »Wir verlängern Ihren Vertrag nur, wenn Sie Ihr Verhalten ändern.« Oder: »Wir bieten Ihnen dieses Mal nur eine verkürzte Laufzeit an. Wir möchten sehen, dass Sie in dieser Zeit Ihr Verhalten ändern, das an diesen und jenen Stellen auffällig war. Nur dann wird Ihr Vertrag als Führungskraft weitergehen.« Das falsche Verhalten der Führungskraft sollte so etwas wie eine natürliche Folge haben: »Ich kann Ihren Vertrag nicht einfach verlängern, wenn Sie Ihren Job nicht richtig machen.«
> In bestimmten Situationen muss man mit solchen Sanktionen drohen. Viele Menschen haben gelernt, sich nur zu verändern, wenn sie sich bedroht fühlen. Der Alkoholgefährdete hört nur auf zu trinken, wenn man ihn sonst hinauswirft. »Ich werde Sie nicht weiter beschäftigen, wenn Sie nicht künftig das und das tun« – das hat Bedrohungscharakter. »Wollen Sie mich bedrohen?« – »Ja.« – »Das können Sie doch nicht tun!« – »Doch. Entscheiden Sie sich.« Es kommt dann sehr schnell der Satz: »Ich lasse mir doch von Ihnen nicht drohen!« – »Doch. Ich drohe Ihnen. Mit Arbeitsplatzverlust, wenn Sie Ihr Verhalten nicht ändern.«

Manche schwierige Menschen nehmen ihre Führungskraft erst als Autorität wahr, wenn es in entscheidenden Momenten auch bedrohlich für sie wird. Vor allem aber stehen dann die berechtigten Interessen der Organisation – in diesem Fall an einer Kultur der Sicherheit – auf dem Spiel. Da dies nicht geschehen darf, muss eine Führungskraft im Notfall auch zum Mittel der Drohung greifen. Eine solche Drohung darf aber nicht impulsgesteuert sein! Man muss sich vorher genau überlegen, wann und warum man dieses Mittel einsetzt. Und mit wem man es zu tun hat.

Zu wissen, dass Menschen unterschiedliche Muster haben, hilft dabei, nicht immer wieder auf die eigenen oder die Impulse anderer hereinzufallen. Im Ergebnis wird auf diese Weise destruktives Verhalten vermieden und es gelingt besser, konstruktiv zusammenzuarbeiten oder zusammenzuleben. Egal, was die Beteiligten mitbringen – entscheidend ist, dass sie das, was sie haben, für die Situation produktiv machen können.

Menschen werden je nach Prägung auf Reize unterschiedlich anspringen. Was an dem einen völlig vorbeigeht, das bringt den anderen unter die Decke. Und umgekehrt. Das gilt natürlich auch für Partnerschaften: Es kann fatal sein, wenn zwei Menschen in einer Partnerschaft zusammenleben, in der ihre jeweiligen Muster destruktiv aufeinander reagieren. Erstaunlicherweise ist das eher selten, weil wir uns auf eine unterbewusste Weise einen adäquaten Partner suchen – sodass wir auf eine (manchmal sogar dysfunktionale) Weise gut miteinander funktionieren. Untersucht man Ehepaare, dann kann man schnell feststellen, wer welcher Grundposition oder welchem Typus zuneigt: Ist er oder sie eher unsicher veranlagt oder übertrieben sicher? Es kann sehr gut harmonieren, wenn jeder die typische Grundposition des anderen kennt und das Paar statt mehr oder weniger destruktiver Verhaltensweisen kreative Lösungen findet. Es kann aber auch zu permanenten Konflikten führen. Darum ist es auch in Partnerschaften nützlich, sich der eigenen Muster und der Muster des anderen bewusst zu sein – vielleicht verbunden mit der Bitte: »Achte darauf, dass du bestimmte Knöpfe bei mir nicht drückst«.

12.6 Die fünf »Antreiber«

Unter den Impulsen – früh geprägten Mustern – haben fünf »Antreiber« oder »Stressoren« eine große Bedeutung für das Führungsverhalten:

- »Streng dich an!«
- »Mach es allen Recht!«
- »Sei stark!«
- »Sei perfekt!«
- »Beeil dich!«

Stress und Bedrohung entstehen dann, wenn diese Anweisungen – Sätze, die jeder kennt – zusammen mit dem Wort »immer« auftreten: Du musst dich immer anstrengen. Du musst es allen immer Recht machen. Du musst immer stark sein. Du musst immer perfekt sein. Du musst dich immer beeilen.

Die Verbindung zwischen dem Wort »immer« und einer unbewussten Anweisung stammt aus der frühen Lebenszeit eines Menschen, als er jünger als zehn Jahre war und noch nicht gelernt hatte, situationsbezogen realistisch zu denken.

Es kann richtig und angemessen sein, sich in bestimmten Situationen anzustrengen. Sich *immer* anzustrengen ist unmenschlich und führt zur Selbstzerstörung. Es kann passen, es bestimmten Personen in bestimmten Situationen Recht zu machen – wie seinem Partner zum Geburtstag eine Freude zu machen. Es seinem Partner *immer* Recht zu machen, kann nicht funktionieren. Es kann richtig sein, sich in bestimmten Situationen zu beeilen, z. B., weil man sonst die Straßenbahn verpasst. Aber es gibt keinen realistischen Grund dafür, sich etwa beim Essen zu beeilen, das sollte man genießen können. Wer sich beim Essen *immer* beeilt, kommt damit nicht in Kontakt, schmeckt es eigentlich gar nicht. Sich *immer* zu beeilen, verhindert Kontakt, auch zu anderen Menschen, verhindert Bindung und Nähe – man geht dann an allem und jedem vorbei, ohne sich einzulassen.

Wenn sich ein Antreiber mit »immer« verbindet, dann wird daraus eine Bedrohung: Wir folgen diesem Antreiber andauernd, anstatt situationsspezifisch – über Reflexion und Denken – zu konkreten Äußerungen und Verhalten kommen. Ob die so empfundene Situation tatsächlich existiert oder ob sie nur fantasiert wird, weiß man nicht bzw. erst dann, wenn man sich seiner Antreiber bewusstgeworden ist.

Die Antreiber verursachen Stress, aber sie wirken auch vor allem unter Stress, wenn wir nicht die Ruhe haben, erst einmal nachzudenken.

Wir alle haben empfindliche Stellen in unserer Seele, die sogar sehr empfindlich, sehr schmerzhaft oder gar traumatisiert sein können. Sendet jemand von außen auf diese empfindlichen Stellen einen Reiz, dann reagieren wir mit impulsivem Handeln, impulsiven Aussagen – und beides geht, das zeigt die Erfahrung, meistens schief.

Man sollte also seine stärksten Antreiber und empfindlichen Stellen möglichst gut kennen, um nicht sofort auf einen Impuls zu reagieren. Stattdessen lohnt es sich, das eigene Verhalten zu reflektieren, erst einmal kurz nachzudenken oder vielleicht auch bis zum nächsten Tag zu warten, um das Gespräch dann fortzusetzen. »Einmal darüber schlafen ...« war schon immer ein guter Rat.

12.7 Der Wert von Impulsen

Damit kein Missverständnis entsteht: Dass es einen hohen Wert hat, seine Impulse zu steuern, bedeutet nicht, dass Impulse etwas Schlechtes wären. Im Gegenteil: Sie sind etwas sehr Wichtiges.

Ein Impuls hat die Funktion, Kräfte freizusetzen – die sich allerdings destruktiv auswirken können, wenn sie unreflektiert und damit passiv bleiben. Konstruktiv genutzt helfen

Impulse, Berge zu versetzen. An ihren Impulsen lernt man Menschen kennen. Es ist gut zu wissen, an welcher Stelle der andere überempfindlich ist. Dann passt man dort auf. Impulse haben insofern auch eine Schutzfunktion. Ein Impuls ist ein Signal: »Bitte Vorsicht. Das ist gefährlich, wenn du das tust.«

Nicht der Impuls selbst ist die Herausforderung, sondern seine Umwandlung in positive Energie!

Wir sollten dabei negative Impulse, die aus Kränkungen und Verletzungen resultieren, nicht verwechseln mit Spontaneität. Spontaneität ist eine freie, natürliche Reaktionsweise wie beispielsweise Freude, Hilfsbereitschaft und Zuneigung, die menschliches Zusammenleben glücklich und befriedigend gestaltet.

Unterdrückt man *zu viele* Impulse, dann speichert das Gehirn dies als Kränkung, was auf Dauer verheerende Folgen für einen Menschen haben kann. Denn was das Gehirn speichert, muss wieder aufgelöst werden. Man klebt sozusagen negative Rabattmarken. Wenn man erst einmal genügend Rabattmarken, also Ärger angesammelt hat, dann ist das Rabattmarkenheft voll – und bei der nächsten Gelegenheit wird abgerechnet. Das trifft dann leicht den Falschen.

Dem bewussten Umgang mit Impulsen liegt die Überzeugung zugrunde, dass bei aller Unterschiedlichkeit von Menschen gemeinsame Lösungen möglich sind. Dazu gehört eine innere Widerstandskraft: Ich halte daran fest, auch wenn Ärger im Spiel ist, dass es gemeinsame Ziele gibt und wir sie gemeinsam erreichen können.

Für solche Situationen gibt es einen wichtigen Regelsatz: »Trenne zwischen Mensch und Problem« (s. a. Kap. 10.2.2). Menschen sind so, wie sie sind, in Ordnung, mit all ihren Prägungen und destruktiven Mustern. Das Problem ist das Problem – nicht der Mensch. Der Mensch kann kein Problem sein, denn ihn kann ich ja nicht »lösen«, es sei denn, man wollte ihn beseitigen. Das kann nur zu Mord und Totschlag führen. Man muss in Situationen der Unterschiedlichkeit, der Impulse, des Ärgers nach und nach die Fähigkeit erlernen, zu sagen: »Das hier ist ein problematisches Verhalten. Hier ist aber auch ein Mensch, den ich trotz allem respektvoll behandeln muss. Obwohl sein Verhalten unangemessen oder unanständig ist. Das Verhalten ist das Problem«. Diese Trennung von Mensch und Problemen ist der Schlüssel für jede gemeinsame Lösung.

> Woran kann man erkennen, ob es einem gerade gelingt, zwischen Mensch und Problem zu trennen? Zum Beispiel an der Verwendung der Ich-Form: »Ich habe beobachtet, dass Sie das und das gemacht haben. Und darüber habe ich mich nun wirklich sehr geärgert, weil es nun schon ein wiederholter Fall war ...« ist etwas völ-

> lig anderes, als zu sagen: »Sie sind ein Idiot. Jetzt habe ich Ihnen das so oft gesagt und Sie haben es immer noch nicht kapiert.« Wir sollten lernen, die Du-Form zu vermeiden, die einen direkten Angriff impliziert, sondern stattdessen so formulieren, dass man selbst die Verantwortung übernimmt für das Beobachten eines bestimmten Verhaltens. Hilfreich ist es auch, ein Ziel zu formulieren, das aus der Situation entstehen soll: »Ich möchte, dass Sie sich in Zukunft in einer vergleichbaren Situation so und so verhalten.«

Gute Führungskräfte sollten sich ihrer Impulse und der darunterliegenden Muster bewusst sein. Sie sollten sich auch bewusst sein, dass andere Leute ebenfalls ein Recht auf ihre eigenen Muster haben. Beides ist nicht immer einfach. In ihrem Fortbildungsprogramm sollten sie deshalb – bei allem, was sie handwerklich lernen und praktizieren – immer auch die Entwicklung ihrer Persönlichkeit im Auge haben.

13 Führen ist Handwerk: Ein Werkzeugkasten für Führungskräfte

In den bisherigen Kapiteln haben wir anhand verschiedener Themenfelder und mit vielen Beispielen beschrieben, was »gut führen« bedeutet und worauf Führungskräfte achten sollten. Es ist hoffentlich deutlich geworden, dass Führen keine »Technik« ist, die man einmal erlernt und dann quasi automatisiert anwenden kann. Führen bedeutet lebenslange Reflektion.

In jeder Situation braucht gute Führungsarbeit gedankliche Vorbereitung. Noch nach Jahrzehnten der Erfahrung muss selbst eine gute Führungskraft immer noch an ihr grundlegendes Handwerkszeug denken: Kontakt herstellen. Aus einer Bindung heraus führen. Nicht kämpfen und diskutieren, sondern in den Dialog gehen. Dialogblockaden erkennen und überwinden. Mensch und Problem voneinander trennen.

Das eigene Verhalten ist in diesem Sinn zu steuern. All das gelingt in der Regel nicht unbedingt spontan. Bevor man in eine Situation hineinstolpert, sollte man deshalb kurz innehalten: »Moment mal, ich muss mir erst einmal Gedanken machen...«

Den Gebrauch der folgenden Instrumente muss man erlernen, sein Leben lang üben und sich – gerade in schwierigen Situationen und unter Stress – immer wieder vor das innere Auge führen.

13.1 Auf gleiche Augenhöhe achten

Wie begegnen wir in einer Situation anderen Menschen? Begegnen wir uns als Erwachsene und auf Augenhöhe? Fühle ich mich unterlegenen, schaue nach oben und versuche, mich anzupassen? Oder fühle ich mich in einer Position der Überlegenheit und sehe mein Gegenüber unter mir?

Wie man in einer bestimmten Situation einer anderen Person gegenübertritt, das wird auf beiden Seiten von den früh gelernten Rollen »Eltern« und »Kind« beeinflusst. Es lohnt sich deshalb, im Umgang mit anderen zu reflektieren, was gerade in diesem Moment passiert – in meinen Gefühlen, in meinen Gedanken und in meinem Verhalten: Folge ich unreflektiert irgendeiner Autorität oder Glaubenssätzen aus meiner Vergangenheit, obwohl sie in der gegenwärtigen Situation gar keine Rechtfertigung haben? Den eigenen Zustand nicht zu reflektieren, führt häufig zu unangemessenem Verhalten: Man verhält sich übertrieben kritisch, gleich einem strengen, erziehenden Elternteil. Oder übertrieben fürsorglich, indem man andere bemuttert oder bevatert, anstatt der Person ihre Selbstverantwortung zu belassen. Vielleicht verhält man sich auch übertrieben angepasst, weil man sich klein und unterlegen fühlt, obwohl die Situation im Hier und Jetzt dies gar nicht erfordert.

Solche Zustände können im Gespräch zwischen Führungskräften und Mitarbeitern – ebenso wie zwischen Gleichrangigen – eine starke Wirkung haben: Bin ich eine Art väterliches oder mütterliches Wesen, das Anweisungen gibt und von dem solche erwartet werden – oder sprechen wir miteinander auf Augenhöhe, indem ich Vorschläge mache und die anderen nach ihren Ideen frage? Eine Bewusstheit darüber ist für das richtige Verhalten in Führungssituationen wichtig. Es kann sein, das die Situation ein hierarchisches Verhalten oder ein Vorangehen der Führungskraft erfordert. Es kann aber auch sein, dass ein Dialog auf Augenhöhe gerade angemessen und zielführend ist. Mit diesen Unterschieden in Gesprächssituationen bewusst umzugehen, ist ein machtvolles Führungsinstrument.

In hierarchisch strukturierten Organisationen ist der Umgang miteinander immer komplex. Auch, wenn alle Beteiligten bereit und in der Lage sind, auf Augenhöhe miteinander umzugehen, bestehen die hierarchischen Unterschiede faktisch weiter. Wir können zwar auf Augenhöhe miteinander reden, aber im Hinterkopf wissen alle: Wenn es schwierig wird, dann ist plötzlich auch die Hierarchie wieder da. Dann wird die verantwortliche Führungskraft eine Entscheidung treffen und die anderen werden ihr folgen müssen. Sie tun das allerdings lieber, wenn ihre Ideen vorher gehört wurden und am Ende die Frage steht: »Ich muss jetzt diese Entscheidung treffen, seid ihr bereit, sie zu akzeptieren?« Das schafft gleiche Augenhöhe trotz Hierarchie.

13.2 Die Bedeutung einer Gesprächseröffnung erkennen

Oft sagt der erste Satz schon fast alles. In aller Regel werden nämlich zu Beginn von Gesprächen, Besprechungen oder Dialogen Dinge unterbewusst – weder bewusst noch vorbereitet – gesagt, die Aufschluss über die tatsächliche Haltung oder Interessenlage des Gesprächspartners geben. Diese Initial- oder Eingangstransaktionen geben erste Hinweise auf den Verlauf und das Ergebnis eines Dialogs oder eines Gesprächs. Deshalb ist es sehr hilfreich, dem ersten Satz oder den ersten Sätzen genau zuzuhören: Was hat er da gesagt?

Es ist überraschend, wenn man einmal anfängt, darauf zu achten. Es ist beispielsweise ein großer Unterschied, ob jemand sagt: »Ich will mal versuchen ...« oder ob er sagt: »Ich werde ...«. Man kann daran die Haltung der Person zu dem Gespräch oder zu einem bestimmten Thema ablesen. Dies wiederum ist für den weiteren Verlauf des Gesprächs von Bedeutung.

Man kann das trainieren: nicht so lange zuzuhören, bis die Person zu Ende geredet hat, sondern darauf zu achten, was sie zu Beginn des Gesprächs gesagt hat und darüber nachzudenken, was sie damit wohl gemeint hat. Und genau an dieser Stelle kann man einhaken und nachfragen. Aus der Aufmerksamkeit für die Gesprächseröffnung entstehen wirkungsvolle Gesprächsansätze und im Verlauf des Gesprächs auch Handlungsoptionen, die am tatsächlichen Zustand des Gegenübers anknüpfen.

Auf die ersten Sätze – die Eingangstransaktion – zu achten, ist also ein wichtiges Lernthema für Führungskräfte. Sie können sich damit häufig sehr viel Zeit und sehr viel unsinniges Gerede ersparen. »Darf ich Sie mal eben unterbrechen? Wenn Sie sagen ›Ich will mal versuchen‹, heißt das, ich kann mich auch darauf verlassen, dass Sie es dann auch wirklich tun werden?« Oder: »Also, ich habe eben gehört, dass Sie das und das versuchen wollen. Bedeutet das, dass Sie es auch wirklich tun?« Denn dann wird es spannend: Höre ich jetzt ein klares »Ja« oder bleibt es bei vagen und schwammigen Begriffen? Niemand wird es genau wie im Folgenden aussprechen, aber hören kann man es doch: »Ja, eigentlich hätte ich schon Lust, das und das zu tun. Eigentlich schon. Aber wirklich tun will ich es wahrscheinlich nicht oder nur unter ganz bestimmten Umständen.«

Die Eingangstransaktion kann man dann auf eine sehr fürsorgliche Weise konfrontieren, um zu klären, unter welchen Umständen ein Handeln tatsächlich möglich ist. Denn das Ziel eines Gesprächs ist es, herauszufinden, was der Gesprächspartner tatsächlich will und was er bereit ist, zu tun.

13.3 Vom Problem zur Lösung gelangen

Ein großer Teil der Zusammenarbeit in Organisationen besteht darin, Lösungen für irgendetwas zu finden. Wo eine Lösung gesucht wird, gibt es zunächst einmal eine Ausgangsfrage oder eine Aufgabe. Diese hat häufig einen Namen: »Problem«.

Das Wort »Problem« wird inflationär benutzt. Alles ist ein Problem: Es ist kühl geworden – ein Problem. Es ist heute neblig – ein Problem. Auch wenn es allenfalls ein Problem für den Segler ist, der keine Navigationsinstrumente besitzt. Dass es jetzt kühler ist als im Hochsommer, ist ebenfalls kein wirkliches Problem. Das Wort Problem wird epidemisch benutzt, weil man dadurch eine erhöhte Aufmerksamkeit bei anderen erzeugen kann. Es verleiht einem Thema Nachdruck. Ein Problem ist negativ und schafft Drama.

Nun gibt es natürlich auch Probleme, die wirklich schmerzhaft sind. Für solche müssen Führungskräfte als Mitmenschen und als Kollegen Empathie aufbringen und diese auch äußern: »Dafür habe ich Verständnis.« – »Das tut mir auch leid.« – »Ich bin traurig, dass das und das passiert ist.« Auf tatsächliche Probleme sollte man immer empathisch und verständnisvoll reagieren.

Allerdings geht es ja gerade darum, aus dem Problem herauszufinden. Ein Problem will gelöst werden. Man sollte daher zwar empathisch sein – dann aber auch schauen: Wie könnte eine Lösung aussehen? Was könnte man jetzt tun? Was möchte man erreichen? Gibt es eine Idee, wie man aus dem Problem herauskommt?

Es geht darum, über Probleme zukunftsorientiert miteinander zu sprechen. Dabei ist die Erforschung von Ursachen möglichst zu vermeiden, denn die meisten Probleme haben keine eindeutige, singuläre Ursache. Es hilft nicht, in der Physik zu suchen – wo die Ursache doch vielleicht in der Biologie liegt. Im sozialen, zwischenmenschlichen Bereich gibt es diese *eine* Ursache ohnehin nicht. Wir sind in Systemen zu Hause, wo es für ein Problem zahlreiche Ursachen geben kann. Jeder Mensch ist selbst schon ein System: »Was denke ich?« – »Was fühle ich gerade?« – »Wie geht es mir damit?« Diese Fragen allein für sich selbst zu beantworten, ist schon schwierig genug. Die Versuchung ist stets groß, nach Ursachen zu forschen – man sollte lernen, darauf zu verzichten.

Es geht also darum, zunächst das Problem zu beschreiben, es zu analysieren, auch Verständnis für das Problem einer anderen Person zu zeigen – sich dann aber vom Problemraum hinein in den Lösungsraum zu bewegen. Dies macht man, indem man eine Zielsetzung oder das erwünschte Ergebnis formuliert: »Was könnte denn für Sie eine gute Lösung sein?« Schließlich stellt sich die Frage: »Gut – und wie kommen wir jetzt dahin?«

Vom Problemraum in den Lösungsraum zu kommen, ist gar nicht so einfach, denn es gibt viele Menschen, die ihre Probleme lieben. Die einen möchten sie nicht loslassen, weil sie süchtig nach Empathie sind: Habe ich ein Problem, darf ich Empathie erwarten. Wenn diese Erwartung enttäuscht wird, nährt dies erst recht den Wunsch nach mehr Empathie. Bei anderen geht es noch weiter: Auch, wenn Probleme zu tatsächlichem Leiden führen, können sich Menschen darin regelrecht einrichten und wohlfühlen. Sie leiden ›gerne‹ und zeigen ihre leidvollen Erfahrungen immer wieder vor, weil sie damit erhöhte Zuwendung und Aufmerksamkeit finden. Daraus kann ein Gewöhnungseffekt entstehen: Man fängt an, sich an negative Emotionen, Gedanken oder Verhaltensweisen, an das Leid an sich zu gewöhnen. Daraus wird eine Haltung, eine zweite Haut. In beiden Fällen ist der Gewinn größer, das Problem zu behalten, als der Gewinn, das Problem zu lösen.

Wenn man eine solche Person vor sich hat, reicht es nicht, einfach nach einer Lösung zu fragen. Man muss ganz bewusst die Rollen wechseln, sich in die Rolle des anderen hineinversetzen und aus dieser heraus verstehen, dass die Situation für ihn schwierig ist, unangenehm, freudlos, bedrückend. Der andere sollte das Gefühl haben, dass ihm jemand wirklich zuhört und Verständnis für seine Situation hat. Möglicherweise ist das nicht so einfach, gerade, wenn man selbst unter Stress steht. Dass sich jemand in ihre Rolle hineinversetzt, kann der Person aber helfen, das Problem loszulassen. Dann erst kann der nächste Schritt folgen – sich auf die Frage einzulassen: Was können wir denn jetzt tun, um zu einer Lösung zu kommen?

Man braucht unbedingt Empathie, bevor man sich in den Lösungsraum bewegen kann, sonst gibt es zu viel Widerstand – besonders dann, wenn jemand fest davon überzeugt ist, dass das Problem durch andere verursacht sei. Geht man zu schnell auf einen Lösungsweg, fühlt sich der ›Eigentümer‹ des Problems nicht genügend angenommen und in seiner schwierigen Situation nicht wertgeschätzt. Erst einmal muss man daher bei ihm bleiben und auf Eile verzichten, damit es später zu einer Lösung kommen kann.

Wichtig ist: Die Lösung liegt immer in demjenigen, der das Problem hat. Auf seiner Seite, durch seine Aktivität muss das Suchen und das Finden einer Lösung geschehen. Nicht die Führungskraft oder der Berater schlagen eine Lösung vor, sondern er selbst muss eine suchen und finden. Auch Vorschläge und Ratschläge sind ›Schläge‹. Wenn sie nicht ausdrücklich erbeten wurden, werden sie in aller Regel abgelehnt. Die Führungskraft oder der Berater fragen also eher, als selbst Vorschläge zu machen.

Es gibt eine Reihe von wirkungsvollen und empfehlenswerten Interventionen, die helfen, auf Ideen zu kommen und den Lösungsraum zu betreten: »Angenommen, ich wäre ein Zauberer und könnte zaubern – wie könnte dann das Ergebnis aussehen?« Oder: »Angenommen, das Problem wäre gelöst – was wäre dann anders als heute?« Oder: »Dazu fällt Ihnen nichts ein? Gut, lassen Sie uns mal gemeinsam nachdenken ...«.

Interventionen dürfen ruhig überraschend sein. Sie sollen aktivieren und dafür sorgen, dass jemand seine Perspektive, seinen Zustand wechselt. Aktivierende Fragen lenken die Gedanken und die Gefühle in Richtung Zukunft. Man stellt sich ein mögliches, ein angenommenes Ergebnis vor, um sich vom Problem lösen zu können. Denn dieses Sich-Lösen ist häufig schwierig: Menschen finden sehr viel Bestärkung oder auch Anerkennung dafür, dass sie ein bestimmtes Problem haben. Dies hinter sich zu lassen, kostet Überwindung. Die Unterstützung der Führungskraft oder des Beraters besteht darin, den Weg dorthin zu öffnen. Mit einer neuen Haltung werden plötzlich auch neue Gedanken möglich. Wenn man sich nicht mehr im Problemraum befindet, dann findet man vielleicht am neuen Ort die Lösung.

13.4 Respektvoll konfrontieren statt kritisieren

Ein bedeutsames Handwerkszeug für Führungskräfte ist der Einsatz von Kritik. Wie kann man richtig und vor allem mit der richtigen Wirkung kritisieren, wenn Kritik doch grundsätzlich negative Assoziationen auslöst?

Um zu klären, wie man produktiv das Instrument der Kritik einsetzen kann, ersetze man »kritisieren« durch einen Begriff, den Therapeuten, Ärzte und Berater verwenden – nämlich durch »konfrontieren«. Der Duden definiert »kritisieren« als »mit einer Person oder Sache nicht einverstanden sein, weil sie bestimmten Maßstäben nicht entspricht, und dies in tadelnden Worten zum Ausdruck bringen«. Tadel enthält in der Regel – geprägt durch Erfahrungen im Elternhaus oder in der Schule – den Blick von oben nach unten. »Konfrontieren« dagegen bedeutet (wieder nach dem Duden), sich »jemandem gegenüberstellen, besonders um etwas aufzuklären, in eine Situation bringen, die zur Auseinandersetzung mit etwas [Unangenehmem] zwingt«. Beim Konfrontieren stehen sich also bildlich gesprochen zwei Personen von Angesicht zu Angesicht gegenüber und schauen einander in die Augen. Das ist eine völlig andere Haltung.

Das Wichtigste aber: Konfrontieren geschieht immer mit einem wertschätzenden Herzen. Denn auch wenn man noch so wertschätzend formuliert – was der andere zu hören bekommt, ist immer noch unangenehm. Manche Schulen bezeichnen diese Art des Gesprächs über Unangenehmes auch als ›loving confrontation‹. Mit liebendem Herzen zu konfrontieren geht sehr weit. Entscheidend ist die wertschätzende, respektvolle Haltung. Etwas nüchterner kann man auch sagen: Konfrontieren geschieht – im Unterschied zu Kritik – immer aus einer Bindung heraus. Manchen Menschen fällt das leicht, anderen nicht. Wichtig ist, sich stets der eigenen Haltung in der gegebenen Situation bewusst zu werden: Handele ich aus einer Bindung heraus oder nicht?

> Eine Situation, um die Wirkung gekonnten Konfrontierens zu beschreiben: Ein Paar sitzt in einem sehr guten Fischrestaurant auf einer deutschen Nordsee-Insel. Er hat eine Vorspeise bestellt, sie nicht. Nachdem beide auch den Hauptgang bestellt haben und der Kellner schon wieder gegangen ist, überlegt sie es sich anders: »Ach, ich glaube, ich sollte auch eine Vorspeise nehmen.« Sie rufen den Kellner und er sagt: »Meine Frau möchte auch noch eine Vorspeise haben.« Antwort: «Das hätten Sie ja auch gleich sagen können.« In der Sache ist das sicher richtig, im Ton und in der Situation – sehr gutes Restaurant, teure Dienstleistung – sicher nicht angemessen. Er sagt: »Entschuldigung, Sie haben natürlich völlig Recht. Wir hätten die zweite Vorspeise auch gleich bestellen können, wenn wir daran gedacht hätten.« Und fährt, konfrontierend, fort: »Ich fand Ihren Ton aber eben nicht sehr angemessen. Ich bitte Sie darum, doch freundlich zu bleiben.« Der Kellner entschuldigt sich

und sagt, es tue ihm leid. Fortan hat das Paar den besten Service des Restaurants, immer wieder kommt der Kellner vorbei und fragt, ob die Gäste noch Wünsche hätten. Später fragt sie ihn: »Wie hast du das denn gemacht?«

Gekonnt, aus einer Bindung heraus, sozusagen mit leichter Hand zu konfrontieren, das ist wahrscheinlich das Ergebnis langer Übung.

Vor allem ist da die Frage der eigenen Haltung: Wie kann ich es dem Kellner sagen, wie kann ich ihn wertschätzend konfrontieren? Ich möchte ihm aber auch etwas Unangenehmes sagen, denn ich muss mir ja nicht Vorwürfe gefallen lassen, bloß, weil ich mir eine Bestellung anders überlegt habe. Zuerst kommt daher in dem beschriebenen Dialog der wertschätzende Teil (»Entschuldigung, Sie haben natürlich völlig Recht.«). Damit ist eine Bindung hergestellt – und erst dann kann auch der andere Teil kommen (»Ich bitte Sie darum ...«) Denn Konfrontieren geschieht – im Unterschied zu Kritisieren – aus einer emotionalen Bindung heraus. Eventuell muss eine solche Bindung zunächst hergestellt werden: Warum dazu nicht jemandem Recht geben, wo er Recht hat? Warum nicht zunächst Verständnis äußern für den Zustand des anderen (»Sie hatten heute gewiss schon einen langen Tag ...«) oder etwas feststellen, das für alle Beteiligten stimmt (»Ja, wirklich, es ist heute viel Betrieb hier ...«)?

Nachdem eine Beziehung hergestellt ist, kommt der konfrontierende Teil: Man sagt, was man beobachtet hat (»Ich habe das und das gesehen« – »Ich habe das und das gerade gehört«) und wie das gewirkt hat (»Ich fand den Ton, den Sie verwendet haben, nicht sehr angemessen«). Man sollte also möglichst wenig bewerten, sondern ein Verhalten lediglich beschreiben und, wenn nötig und möglich, den emotionalen Aspekt – Gefühle, Gedanken – mit einer Ich-Botschaft benennen. Wenn man keine Fakten oder konkreten Verhaltensweisen beobachtet hat, kann man natürlich auch konfrontieren, indem man eine Vermutung äußert – »Ich habe den Eindruck, Sie sind im Moment nicht bei der Sache – und diese Vermutung dann überprüft: »Ist da etwas dran?« – »Könnte es sein, dass ...?« Andere konfrontierende Interventionen wären, ein eigenes Bedürfnis zu äußern: »Es wäre aber trotzdem schön, wenn ...«, oder »Ich wünsche mir trotzdem ...«.

Konfrontieren ist also – im Unterschied zu Kritisieren – nicht nur eine Übung zur persönlichen Abgrenzung, sondern zielt von vornherein darauf, das Gegenüber zur Kooperation einzuladen: Trotz der Auseinandersetzung mit etwas Unangenehmem können wir uns gut vertragen, nicht nur während des Essens als Kellner und Gast, sondern ebenfalls in vielen beruflichen Situationen. Wer gekonnt konfrontiert, erreicht mehr und verbessert seine berufliche Lebensqualität.

13.5 Regeln für Feedback

Ein weiteres wichtiges Führungsinstrument ist Feedback. In vielen Unternehmenskulturen findet Feedback vor allem in Form von Kritik und von oben nach unten statt. Wenn Kritik, Vorwürfe und Anklagen durch wertschätzendes Konfrontieren ersetzt werden, ist schon viel gewonnen. Hinzukommen sollte als regelmäßig eingesetztes Instrument die Rückmeldung über Hierarchie-Ebenen hinweg, also durchaus in beide Richtungen.

Der Unterschied zwischen einer (häufig) unangemessenen Kritik und einer Rückmeldung ist, dass Feedback auf einer Vereinbarung beruht und grundsätzlich sowohl positive Aspekte beinhaltet als kritische.

Viele Betriebe haben Regeln für Feedback:

- Unter welchen Umständen gibt es Feedback (z. B. in Jahresgesprächen oder nach Abschluss eines Projekts)?
- Wer ist berechtigt, Feedback zu geben – nur die Führungskraft oder auch der Mitarbeiter (wenn z. B. Führungskräfte ungern Feedback hören wollen)?
- Wann ist es problematisch, Feedback zu geben (z. B. direkt in turbulenten oder unübersichtlichen Situationen)?

Um ein produktives und ggf. auch beiderseitiges Feedback zu geben, müssen zunächst derartige Vereinbarungen zwischen allen Beteiligten getroffen werden.

In vielen Betrieben wird gegen Feedback-Regeln allerdings auch andauernd verstoßen. Es wird z. B. spontan Feedback gegeben, was oft eher der Charakter von Kritik bekommt: »Darf ich mal was Kritisches sagen?« Oder das Gespräch gerät auf das Gleis von »Ja, aber ...«: »Ich finde das und das nicht in Ordnung« – »Ja, aber aus den und den Gründen geht es nicht anders ...« – und alle denken: »Ach komm, es hat keinen Zweck, wir sagen jetzt lieber nichts.« In der Regel problematisch ist Feedback, wenn es in größerer Runde stattfindet. Dann ist die Gefahr von Gesichtsverlust und Verletzungen besonders groß.

Selten und ein Ausweis für die Qualität einer Führungskraft ist es, wenn Feedback auch von unten nach oben gegeben werden darf. Es gibt nicht viele Führungskräfte, die bereit sind, sich kritische Punkte zu ihrer eigenen Arbeit anzuhören und diese zusammen mit ihren Mitarbeitern zu reflektieren. Es zeigt die Stärke von Führungskräften, wenn sie mit Kritik an sich selbst und mit Feedback zu ihrer Arbeit gut umgehen können. Und es zeigt die Stärke von Mitarbeitern, wenn sie sich trauen, einer Führungskraft ein ehrliches Feedback zu geben. ›Coach your boss‹ ist eine gute Methode, wenn Mitarbeiter Verantwortung in der eigenen Rolle gegenüber ihrer Führungskraft übernehmen wollen (s. a. Kap. 8.3). Teams, in denen es möglich und vereinbart ist, sich gegenseitig über

Hierarchiegrenzen hinweg Feedback zu geben, sind in der Regel starke und leistungsfähige Teams.

Die Voraussetzungen dafür sind Respekt und – trotz vorhandener Hierarchie-Unterschiede – Augenhöhe unter Erwachsenen. Solche Verhältnisse kommen allerdings nicht besonders häufig vor – eher in kleinen Einheiten mit flachen Hierarchien oder in Projektgruppen, wo der Projektleiter häufig kein hierarchischer Vorgesetzter ist, sondern ein qualifizierter Kollege.

Funktionierendes Feedback bedarf also – egal aus welcher Richtung es gegeben wird – sehr vieler Überlegungen. Man sollte sich nicht spontan auf die Aufforderung, Kritik zu üben, einlassen, sondern zunächst einmal darüber nachdenken: »Vorsicht, wenn jemand Feedback bei mir einfordert, will ich es überhaupt geben? Und wenn ja, wie formuliere ich es?« Feedback z. B. zukunftsbezogen zu formulieren, indem man nicht die Vergangenheit oder die Gegenwart kritisiert, sondern Wünsche für die Zukunft äußert, ist ein probates Mittel – denn mit Wünschen können auch autoritäre Führungskräfte umgehen. Mit Kritik in aller Regel eher nicht: Egal ob Chefs oder Leitende im Verein – es ist noch ein weiter Weg, bis Führungskräfte bereit sind, auf Augenhöhe mit ihren Mitarbeitern umzugehen. Deshalb sind klare Feedback-Vereinbarungen im Alltag eines Betriebs so wichtig.

13.6 Schlechte Nachrichten überbringen

Jede Führungskraft kommt irgendwann in ihrem beruflichen Leben in die Lage, dass sie Mitarbeitern schlechte Nachrichten überbringen muss. Meist sind das Nachrichten, für die sie selbst nicht die Ursache ist – Weisungen von oben, Auswirkungen des Marktes –, für die sie aber dennoch in ihrer Rolle Verantwortung übernehmen muss. Wie man sich in einer solchen Situation gut verhält, ist ein wichtiges Lernthema.

Schlechte Nachrichten gegenüber den eigenen Mitarbeitern zu vertreten, geht nicht ohne eine gute Vorbereitung. Dafür sollte man sich Zeit nehmen. Sehr viel Unmut und Widerstand wird dadurch erzeugt, dass sich eine Führungskraft vorher nicht ausreichend damit beschäftigt hat, wie sie eine solche Nachricht vertreten, kommunizieren, formulieren soll.

Es lohnt sich deshalb, schwierige Situationen vorher regelrecht zu proben – gerne mit einer vertrauten Person: »Ich muss etwas Unangenehmes mitteilen. Hör dir das mal an. Würdest du das so akzeptieren? Könnte ich das so formulieren?« Mit der Reaktion – etwa »Ja, so ist das gut« oder »Also, so hart würde ich das nicht sagen« – kann man dann weiterarbeiten. Einschneidende Ereignisse wie schlechte Nachrichten sollte man vorher also gründlich reflektieren.

In der Situation selbst ist es dann inakzeptabel, sich herauszureden: »Mein Chef will, dass ich Ihnen sage, dass ...« Die Führungskraft– gleichgültig, ob sie selbst der Ursprung der schlechten Nachricht ist oder nicht – ist dazu da, diese zu vertreten und auch umzusetzen. Das ist ihre Rolle, ob es ihr gefällt oder nicht.

Zum Auftakt des Gesprächs gilt wie stets: Bindung herstellen. »Ich habe eine unangenehme Nachricht für Sie«, so könnte z.B. das Gespräch beginnen. Damit hat man die Aufmerksamkeit und hat gleichzeitig Empathie signalisiert: »Mir ist klar, dass das jetzt nicht schön für Sie wird ...« Das ist etwas anderes, als zu signalisieren: »Alles halb so schlimm. Sie werden schon klarkommen. Stellen Sie sich bloß nicht so an.« Man kann auch eigene Gefühle mitteilen: Das eigene Zögern formulieren oder die Schwierigkeit, dieses Gespräch zu führen, weil man voraussieht, dass es für den anderen unangenehm wird: »Es fällt mir sehr schwer, Ihnen das zu sagen ...«

Dann aber: Raus mit der Sprache. Was sind die Fakten? Nach einer guten Vorbereitung, einer empathischen Haltung, der Mitteilung eigener Gefühle oder Gedanken sollte man jetzt zügig sagen, was Sache ist: »Ich muss Sie entlassen«. Oder: »Sie bekommen eine andere Aufgabe«. Oder: »Ihr Aufgabenbereich wird verkleinert«. Was auch immer es ist: Die Führungskraft muss zu dieser Wahrheit, die sie vertreten will oder muss, in ihrer Rolle mit klaren Worten stehen. Es gibt Menschen, die sind für derartige Situationen besser geeignet als andere. Sie sind stabiler und halten es anschließend auch besser aus, zuzuhören, was der andere zu sagen hat. Beim Überbringen schlechter Nachrichten kann eine Führungskraft ihre Ich-Stärke beweisen, indem sie nicht wankt und schwammig daherredet, sondern zu dem steht, was gesagt werden muss. Das ist keine leichte Aufgabe.

Ist die Botschaft überbracht, sollte eine Frage folgen: »Was sagen Sie dazu?« oder »Wie finden Sie das?« Der andere muss die Gelegenheit haben, zu reagieren, seine Gedanken und Gefühle zu äußern, sich Luft zu machen. Aufgabe der Führungskraft ist es, dabei gut zuzuhören. Das Gesagte bietet wiederum Anknüpfungspunkte für Empathie – etwa: »Mir ist klar, dass das eine sehr schlechte Nachricht für Sie ist« oder »Ich kann mir gut vorstellen, welche Bedeutung das für Sie hat«.

Gibt es eine Perspektive, dann lässt sie sich aus diesem Mitgefühl heraus entwickeln: »Ich möchte aber trotzdem mit Ihnen überlegen – nicht unbedingt jetzt gleich, aber vielleicht morgen – was wir tun können, was ich oder wir gemeinsam tun können, damit diese neue Funktion für Sie nicht nur erträglich ist, sondern vielleicht auch Spaß machen kann, mit der Zeit.« Aus einer empathischen Bindung heraus kann man Ideen produzieren, die mit der Veränderung verbunden sind und in die Zukunft weisen. Das ist heikel – denn die Lage darf auch nicht verharmlost werden. Das Mitgefühl muss aufrichtig sein und von Wertschätzung getragen, sonst geht es schief.

Wo keine Perspektive ist: Bei wirklich schlechten Nachrichten gibt es keine Lösung. Das Negative kann man nicht wegreden. Wirklich schlechte Nachrichten sollte man auf keinen Fall aus dem Stegreif überbringen. Polizisten etwa werden ausgebildet, damit sie Todesnachrichten überbringen können. Gibt es keine Perspektive, keine Lösung, dann hilft nur noch Zuhören. Zuhören besitzt eine heilende Wirkung. Die Führungskraft sollte deshalb versuchen, aktiv zuzuhören, indem sie z. B. ihre Gefühle rückmeldet: »Ich kann gut verstehen, das ist für Sie wirklich ein Schock ...« Aktives Zuhören hilft versöhnen und heilen.

Beim Überbringen schlechter Nachrichten gilt im Übrigen erneut die Maxime: Trenne Mensch und Problem. Auch beim Kommunizieren von (negativen) Veränderungen geht es darum, nicht die Person zu bewerten – selbst wenn das oft zwangsläufig so wirkt. Das Problem ist nie der Mensch: Er ist wie er ist, er verhält sich nur auf eine bestimmte Weise. Es ist nicht die Aufgabe der Organisation oder die Funktion eines Arbeitsplatzes, ihn zu verändern. Das gebietet der Respekt vor der menschlichen Würde jedes Einzelnen.

Es ist allerdings die Pflicht einer Führungskraft, die Verantwortung in ihrer Organisation trägt, dafür zu sorgen, dass Mensch und berufliche Rolle zueinander passen. Passen sie nicht, kann der Betrieb seine Ziele nicht erreichen. So sollte ein Busfahrer nicht betrunken zum Dienst erscheinen. Die Entscheidung, morgens schon Alkohol zu trinken, ist sein persönliches Verhalten, auf das möglicherweise sein persönliches Umfeld Einfluss nehmen sollte. Die Organisation hat lediglich die Pflicht, darauf zu achten, dass sein Verhalten zu seiner Rolle und zu seiner Verantwortung passt: »Das ist Ihr Verhalten, das ist Ihre Leistung – und das ist die Anforderung der Rolle. Beides passt nicht zusammen. Also können Sie die Rolle nicht weiter ausfüllen.« Das wäre die nüchterne Beschreibung der Situation, die sich einer Bewertung der Person enthält. Dass Person und Job nicht mehr passen, muss beispielsweise auch nicht am (ggf. unveränderten) Verhalten der Person liegen. Es kann auch daran liegen, dass sich die Anforderung an die Rolle aufgrund äußerer Einflüsse geändert hat: »Die Umstände haben sich geändert und Sie passen nicht mehr zu dem Job, wie er jetzt ist. Also ist eine Veränderung notwendig.«

Der Überbringer einer schlechten Nachricht sollte also ausdrücklich nicht die Person bewerten, sondern die Situation beschreiben und begründen, warum das eine mit dem anderen nicht mehr zusammenpasst.

13.7 Ziele richtig formulieren

In vielen Unternehmen wird heute nicht mehr nach Gefühl und Wellenschlag der Chefs geführt, sondern nach – quantitativen oder qualitativen – Zielen. Das Formulieren von Zielen, die am Ende auch wirklich funktionieren, ist gar nicht so einfach. Faustregel: Je aufwändiger und bürokratischer die Festlegung der Ziele, desto weniger wirksam sind sie. Deshalb ein paar **einfache Regeln für das Formulieren von wirkungsvollen Zielen:**

Wenn es um Teamziele geht, dann müssen diese widerspruchsfrei sein. Das heißt, alle Beteiligten müssen sie tatsächlich teilen und sich mit ihnen einverstanden erklären. Erst dann kann man davon ausgehen, dass sie auch wirklich umgesetzt werden. Es kann ein wenig aufwändiger sein, das Ziel so zu formulieren, dass am Ende alle mitgehen – aber das ist sehr wichtig. Viel zu häufig wird zu schnell von der Zielsetzung zur Lösung übergegangen.

Eine Zielsetzung darf dabei keine Negation enthalten, sie muss positiv formuliert sein. Das menschliche Gehirn hat Mühe, eine Negation zu denken – und schon gar nicht kann es positive Gefühle dafür produzieren. »Wir wollen einen Marktanteil von über x Prozent erreichen « ist mental etwas anderes als »Wir wollen nicht unter einen Marktanteil von unter x Prozent rutschen«. Das Gehirn bindet sich besser an positive Aussichten als an negative.

Ein Ziel muss kurz und realistisch formuliert sein, sodass man es sich einfach merken kann. Das ist häufig eine Frage des Mutes: Viele Menschen, besonders auch Führungskräfte, scheuen davor zurück, Ziele knapp und knackig zu formulieren. Sie haben (bewusst oder unbewusst) Angst davor: »Ich könnte ja später daran gemessen werden, ob ich das auch erreiche.« Eine vage Formulierung schützt davor, später kritisiert zu werden. Kurze, realistische Ziele legen alle Beteiligten fest.

Ein Ziel darf kein partikulares Ziel sein – einer Person, einer Abteilung, eines Teams – sondern es muss dem Betriebsziel dienen. Es muss also losgelöst werden von der jeweiligen spezifischen Rolle und es muss stattdessen die übergeordneten Interessen des Betriebs berücksichtigen. Ein Team will z. B. im kommenden Jahr im Interesse der Dienstplan-Abläufe in der Abteilung lieber keine Überstunden machen. Dies ist nur dann ein zulässiges Ziel, wenn es auch dem Interesse des Betriebs dient, reibungslos und in der gewollten Menge zu produzieren. Ziele sind Kaskaden von oben (strategisch) nach unten (operativ).

Ein Ziel muss mit einem Termin verbunden sein. Nur dann wird es ernsthaft verfolgt. Ein Ziel nach dem Motto »Wir werden mal sehen, wie es läuft«, ist kein Ziel. Wird der

Termin »gerissen«, muss man eben gegebenenfalls ein neues Ziel festlegen. Die Terminierung ist eine Herausforderung, das Ziel auch wirklich zu verfolgen, also ein Zeichen für Ernsthaftigkeit.

Ein Ziel – positiv, konkret, möglichst knapp formuliert – muss überprüfbar sein. Von Anfang an muss vereinbart werden, dass es auch überprüft wird. Dafür ist es hilfreich, Ziele schriftlich festzuhalten, sonst geraten sie leicht in Vergessenheit: Ein, zwei Zeilen, die man behalten kann – keine Romane, die man mühsam nachlesen muss. In vielen Unternehmen werden vereinbarte Ziele nicht nachgehalten oder regelmäßig überprüft. Das ist ein großer Führungsfehler, denn es ist gleichzeitig ein Signal an die Kultur der Organisation: »Seht her, wir vereinbaren hier zwar Ziele, aber eigentlich kommt es nicht darauf an.« Das prägt künftiges Verhalten. Bei der nächsten Zielvereinbarung sagen sich die Beteiligten: »... nicht so wichtig. Wird schon wieder in Vergessenheit geraten ...«

Deshalb an dieser Stelle noch ein paar Sätze **zur überragenden Bedeutung von Zielen:**

Ziele sind nicht nur ein Führungsinstrument, sie schaffen auch Sicherheit für die Mitarbeiter. Wenn sie richtig angewendet werden, dann sind Zielvereinbarungen beiderseitige Verpflichtung, die in unterschiedlichen Rollen erfüllt werden: Die Mitarbeiter haben die Verantwortung für das Durchführen der Arbeiten, die zu den definierten Zielen führen. Der Chef hat die Verantwortung, in seiner Rolle zur Umsetzung der Ziele beizutragen – durch passende Rahmenbedingungen, Ressourcen usw. – und eben auch dadurch, dass er die Umsetzung überprüft. Beide unterwerfen sich also dem Ziel. Genau dadurch wird Sicherheit für die Mitarbeiter geschaffen: Sie können sich auf ihren Chef verlassen, denn er hat sich ebenfalls zu dem Ziel bekannt und zeigt sich damit als sichere Basis für die Mitarbeiter. Für die Kultur eines Unternehmens und das Arbeitsklima ist eine solche Verbindlichkeit von großer Bedeutung.

Zum Schluss noch einen **Hinweis für einen möglichst wirkungsvollen Umgang mit Zielen: Anstatt bei der Vereinbarung über »Ziele« zu sprechen, sollte man besser über die »Ergebnisse« von Zielen sprechen.** Warum? Weil es leichter ist, ein Ergebnis als ein Ziel mit Emotionen zu verbinden.

Ziele sind häufig abstrakt, sodass man sich nicht leicht an sie binden kann. Sie beinhalten oft wenig Motivation. Besonders, wenn Menschen ein Ziel direkt formulieren sollen – »Was willst Du?« –, ist das für viele schwierig. Sie blockieren bei dieser Frage, denn das Wort »wollen« ist bei vielen Menschen nicht positiv besetzt. Sie haben früh gelernt, dass sie nichts zu wollen haben. Schon Kindern wird eingetrichtert, dass man etwas bekommt, nicht aber, dass man das Recht hat, etwas zu wollen.

Menschen finden es einfacher, über ein Ergebnis zu sprechen als über ein Ziel. Ein Ergebnis kann auch eine emotionale Qualität entwickeln. An ein Ergebnis, das man sich ausmalen kann, ist leichter zu glauben. Sprechen wir also über Ergebnisse und über ihre konkreten, fassbaren Vorteile: »Angenommen wir würden das und das erreichen – was für einen Vorteil hätte das für uns?« – »Was ist der Zustand, den wir uns wünschen?« – »Was können wir, vielleicht sogar gemeinsam, tun, um diesen Zustand zu erreichen?« Das Sprechen über imaginierte Ergebnisse schafft Bindung und Emotion. Ziele wirken auf diese Weise viel besser.

13.8 Ergebnisse erreichen und sichern

Wann ist ein Ergebnis ein Ergebnis? Die Welt der Büros dürfte mit vielen Tonnen nutzlosen Papiers angefüllt sein, auf dem angebliche Ergebnisse protokolliert sind. *Angebliche* Ergebnisse, weil sich niemand an sie erinnert und weil sie jedenfalls nicht dadurch Wirkung entfalten, dass sie aufgeschrieben wurden. Totes Papier.

Ein Ergebnis ist ein Ergebnis, wenn es die lebendige Übereinkunft aller Beteiligten ist. Diese Übereinkunft herzustellen und zu verankern, das ist ein Kunststück, das zum Instrumentarium einer Führungskraft gehören sollte.

»Sind Sie mit diesem Ergebnis einverstanden?« Genau genommen sollte am Ende jeder Beratung diese Frage stehen – und eine Antwort darauf auch abgewartet werden. Man kann dann nämlich einige Überraschungen erleben: Wer nicht klar »Ja« sagen kann, sondern seine Zustimmung relativiert (»Für den Moment können wir das so stehen lassen ...«) oder konditioniert (»Wenn es so kommt, wie wir glauben, dann ...«), der sagt in Wahrheit »Nein«. Das ist völlig in Ordnung. Das »Nein« sollte nur auf keinen Fall übergangen werden. Sonst ist das Ergebnis nicht viel wert.

Wer sehr gut ist in seinem Beruf, der bedankt sich für ein »Nein«: »Ich freue mich, dass Sie das sofort so klar sagen. Dann können wir nämlich weiterreden oder weiterverhandeln und müssen nicht lange kämpfen. Und ich muss nicht auf irgendetwas hoffen, das sowieso nie eintritt.« Ein »Nein« ist nicht bequem, aber es hat seine guten Seiten. So abgeklärt zu reagieren, dass man eine Abfuhr begrüßt, ist natürlich schwierig. Es erfordert viel Erfahrung und eine sehr reife Haltung. Es zeigt Stärke, wenn jemand sagen kann: »Menschenskinder, Sie sagen direkt nein ... also da weiß ich wenigstens, woran ich bin. Lassen Sie uns doch mal sehen, wie wir trotzdem irgendwie gemeinsam weiterkommen können ...« Es ist sehr wohltuend, das zu hören, und übrigens auch, das zu sagen.

Dazu gehört, dass auch Mitarbeiter lernen, dass sie »Nein« sagen dürfen und dass sie dafür keine Sanktionen zu erwarten haben. Man kann in einer Unternehmenskultur das »Nein«-Sagen, ohne im Gespräch die Bindung aufzugeben, trainieren. Es gibt hundert verschiedene Weisen »nein« zu sagen: »Ach, wissen Sie, ich tue mich da ein bisschen schwer und ich muss erst noch einmal darüber nachdenken.« – »Meine erste Reaktion ist ›ja‹, aber beim näheren Nachdenken merke ich, dass ich vielleicht doch erstmal sagen sollte, wie schwer mir das fällt.« Es gibt zahllose Möglichkeiten, eine Abgrenzung zu formulieren. Man muss nicht immer gleich »Nein« sagen – rebellisch, hart und direkt. Man kann es auch verbindlich, sehr freundlich und wertschätzend sagen. Wenn dies in einer Unternehmenskultur vorgelebt und eingeübt wird, dann können Menschen leichter mit ihren »Neins« gegenüber anderen umgehen, auch gegenüber Führungskräften. Man bekommt in einer solchen Kultur ehrlichere Rückmeldungen, mit denen man dann besser arbeiten kann.

Wenn ein Ergebnis erst einmal feststeht, dann kommt es darauf an, es zu sichern. Dafür gilt es, wenige konkrete Fragen zu beantworten und die Antwort für alle festzuhalten: »Wer?« – »Was?« – »Bis wann?« Eventuell sogar: »Wie?« Über diese Fragen muss zwischen allen Beteiligten Klarheit herrschen.

Und trotzdem sollte dann auch hier noch einmal die Frage gestellt werden: »Sind damit jetzt alle einverstanden?« Wieder kann man Überraschungen erleben: Bei komplexen Vereinbarungen stellt sich heraus, dass es immer noch keine Einigkeit gibt über das, was eben vereinbart wurde – sondern dass Beteiligte die Vereinbarung redefinieren. Dann gilt das Gleiche, wie beim »Nein« – man muss nachfragen: »Können Sie das bitte noch einmal für mich wiederholen?« – »Wollen Sie mich kontrollieren?!« – »Also, das wirkt jetzt vielleicht so, aber ich habe den Eindruck, dass wir bestimmte Dinge überhört, unterschiedlich verstanden oder vergessen haben. Darum ist es sinnvoll, dass wir alle nochmal unsere Vereinbarung überprüfen.«

Bei aller Abneigung gegenüber Protokollen, deren Papier geduldig ist: Bei komplizierten oder heiklen Vereinbarungen ist es wichtig, sich selbst Notizen zu machen oder auch die andere Seite zu bitten, sich das Ergebnis zu notieren. Manche Menschen haben beim Telefonieren immer ein Stück Papier zur Hand, um zu notieren, was sie sagen, was sie zusagen oder was sie besprochen haben. Denn was kann man nicht alles vergessen? Was hat man nicht alles unterschiedlich verstanden? Notizen, die alles zusammenfassen und die man hinterher noch einmal durchgehen kann, sind da äußerst hilfreich.

13.9 Loben und feiern

Wenn man ein gutes Ergebnis erreicht hat, wenn man eine gute Leistung sieht oder ein vorbildliches Verhalten – dann verdienen diese Lob und Anerkennung.

Zu loben und die Leistungen der Mitarbeiter ausdrücklich anzuerkennen, gehört zur Verantwortung jeder Führungskraft. Loben ist nicht ›nice to have‹, sondern eine Notwendigkeit. »Gute Arbeit!« – »Es war gut, zu sehen, wie Sie mit dem Kunden umgegangen sind, obwohl er sich beschwert hat.« – »Dafür meine Anerkennung.« Loben ist eigentlich gar nicht kompliziert. Ein explizites Lob, eine vielleicht betriebsöffentliche Anerkennung sind wichtig, weil sich diejenigen, die sich vorher im Sinne der Organisation angestrengt haben, erst dann tatsächlich gesehen und geschätzt fühlen.

Eine Führungskraft, die eine Leistung anerkennt, zeigt gleichzeitig, dass sie von der Sache etwas versteht, dass sie Einsatz und Mühe ermessen kann. Sie muss allerdings auch tatsächlich etwas davon verstehen. Sie sollte wissen oder sehen, was passiert ist, und sich kundig interessieren: »Ich habe gehört, dass Sie das und das gemacht haben. Ich kann mir vorstellen, dass das sehr kompliziert war. Aber es war sehr gut, wie Sie das gemacht haben.« Erst dann ist Anerkennung glaubwürdig und wirksam. Leichtfertiges Anerkennen oder Loben, als Floskel oder Routine, ist in aller Regel kontraproduktiv: Der Empfänger fühlt sich nicht wohl dabei. Er fühlt sich nicht ernst genommen, ist am Ende gekränkt.

Obwohl es etwas so offensichtlich Erfreuliches ist, gibt es einige Mythen und Verhaltensweisen, die Lob und Anerkennung erschweren:

Zum Beispiel die Ansicht, man solle lieber keine Anerkennung geben, sonst kämen die Leute anschließend und wollten mehr Geld. Oder sie würden überheblich und gewöhnten sich an Lob. Viele Menschen haben deshalb Vorbehalte, anderen eine positive Rückmeldung zu geben – und das, obwohl es garantiert viel mehr gute Erfahrungen mit Lob gibt als schlechte.

Interessanterweise gibt es noch mehr Menschen, die Anerkennung nicht annehmen können. Sie wehren ab und beschwichtigen: »Das ist doch nicht nötig.« – »Das müssen Sie mir doch nicht sagen.« – »... ist doch selbstverständlich.« Möglicherweise haben sie, wie fast jeder, einen Hunger nach Anerkennung und Lob, aber sie können nicht einfach »Danke« dazu sagen. Übertriebene Bescheidenheit sitzt in vielen Menschen tief und hindert sie daran, ihre Erfolge zu genießen, z. B. indem sie sich von anderen ein wenig feiern lassen. So, wie die einen lernen müssen, Anerkennung zu geben, so müssen die anderen lernen, Lob anzunehmen.

Es gibt auch indirekte Anerkennung – wenn man z. B. einen Sachverhalt lobt, für den jemand verantwortlich ist, oder eine Formulierung. Wirkungsvoller ist aber ein direktes Lob. In manchen Unternehmenskulturen, in denen man nicht gerne lobt, gibt es die furchtbare Floskel »Nicht kritisieren ist Lob genug«. Das stimmt natürlich nicht: Ein Lob sollte klar, deutlich und ausdrücklich sein.

Es ist übrigens – auch wenn das manche nicht so sehen – völlig in Ordnung, um Anerkennung zu bitten: »Ich möchte, dass Sie mal was Nettes sagen, zu dem, was wir hier erreicht haben.« – »Ich wünsche mir von Ihnen, dass Sie, wenn Sie es gut finden, dass auch sagen.«

Ähnlich umstritten ist das Eigenlob: »Eigenlob stinkt« ist eine gängige Redensart – aber natürlich ein Mythos. Es ist in Ordnung, stolz auf seine Leistung zu sein, sich selbst innerlich auf die Schulter zu klopfen und das auch zu äußern. Auf diese Weise um Lob zu ›bitten‹ gilt aber als unanständig. Kinder haben diesen Mythos übrigens häufig noch nicht übernommen und deshalb nicht das geringste Problem mit Eigenlob: »Kuck mal, was ich hier gemacht habe …« Es ist natürlich, um Anerkennung zu bitten.

Genauso sollte man allerdings Anerkennung, die man nicht haben will, weil sie nicht stimmig ist, zurückweisen: »Ich glaube, für diese Sache habe ich keine Anerkennung verdient, das ist mir leider misslungen.« – »Mir wäre es lieber, Sie würden jetzt auf das eingehen, was nicht gut gelaufen ist. Vielleicht können wir es das nächste Mal besser machen.« Nicht verdiente Anerkennung dient niemandem – nicht dem Gelobten und nicht der Firma.

Was schließlich zum Loben dazugehört ist: Feiern. Es ist wichtig – für Teams wie für Einzelne – Erfolge auch als solche zu markieren. Das muss nicht mit großem Aufwand geschehen. Auch kleine Rituale mit einem Stück Kuchen und einer Tasse Kaffee erfüllen ihren Zweck. Es geht eher um eine Geste und um eine Haltung. Feiern ist wie ein Ausrufezeichen: »Wir haben etwas geschafft!« – »Die Sache ist erfolgreich abgeschlossen!« – »Wir dürfen stolz sein.«

Vielleicht ist das Wort »feiern« auch etwas zu groß und zu pathetisch. Auf Englisch gibt es das Wort »enjoy« – »genießen« – in dem das Wort »Freude« steckt. »Lasst uns den Erfolg genießen, indem wir uns einen Moment lang gemeinsam freuen«, das ist der Sinn. Die Arbeit kann danach weitergehen.

14 Mehr als die Summe der Teile – wie gute Führung gelingt

In der Theorie ist Führen ganz einfach: Es bedeutet, die Mitarbeiterinnen und Mitarbeiter im Hinblick auf die betrieblichen Ziele zu einer Bestleistung zu bringen. Genauso wichtig wie die Ziele des Unternehmens selbst, sind – das ist unser Credo und das ist unsere Erfahrung – die Menschen. Führen fängt also an mit einem »Guten Morgen«.

Es gibt allerdings kein Rezept, nach dem gute Führung gelingt. Das Thema ist so komplex wie jede Organisation selbst. Was wir bis hierher sowohl theoretisch erklärt als auch praktisch beschrieben haben, sind einzelne Aspekte, die unserer Erfahrung nach gute Voraussetzungen für gelingende Führung sind.

Wie in allen Berufen gibt es hervorragende und gute Führungskräfte – und es gibt schlechte. Den Unterschied erkennt man im beruflichen Alltag: Bei schlechten Führungskräften besteht eine große Gefahr, dass die Mitarbeiterinnen und Mitarbeiter sich mit der Zeit erschöpfen, dass ihre Motivation und Leistung sinken oder dass sie sogar krank werden. Dann erreicht die Organisation ihre Ziele – mal besser, mal schlechter – nicht wegen, sondern trotz ihrer Führungskräfte.

Betrachtet man aber erfolgreiche Führungskräfte, dann entdeckt man einen gemeinsamen Kern von Eigenschaften, den alle teilen – selbst dann, wenn Organisationen sich aufgrund unterschiedlicher Strukturen, Prozesse und Unternehmenskulturen stark voneinander unterscheiden: Dieser Kern besteht aus einem Set von Fähigkeiten und Instrumenten – die wir versucht haben, zu beschreiben – und aus der Bereitschaft, immer wieder dazuzulernen. Vor allem aber beinhaltet er eine bestimmte Haltung zur eigenen Rolle: Gute Führungskräfte sind Menschen mit ausgeprägten sozialen Fähigkeiten, die ihre Teams mit persönlichem Einsatz führen. Sie haben ein ehrliches Interesse an ihren Mitarbeiterinnen und Mitarbeitern und sie sehen diese mit ihren vielfältigen Fähigkeiten, Bedürfnissen und individuellen Eigenarten. Wir sprechen hier deshalb bewusst von »Führungskräften« und nicht von einfachen »Managern« (Machern).

Ein Set von Fähigkeiten, die Bereitschaft, zu lernen, eine menschliche Haltung – wie könnte man all die Einzelaspekte zu einem Gesamtbild zusammenfügen? Drei Überlegungen sollen zum Schluss die Klammer bilden:

- Führung findet in verschiedenen Dimensionen statt, in denen sich Führungskräfte bewegen und die sie deshalb kennen und nutzen sollten.
- »Timing«, die Fähigkeit, den richtigen Moment zu erkennen und zu wählen, ist für ihre Arbeit eine Schlüsselfähigkeit.

- Und: Eine Führungskraft wird nur dann voll wirksam, wenn sie die Menschen in der Organisation im Innersten berührt. Dies geschieht nicht mit Fakten und Kennzahlen, sondern mit Bildern und Geschichten.

Führungskräfte, die sich sicher in den unterschiedlichen Dimensionen von Führung bewegen, die ein gutes Timing beherrschen und die Herzen ihrer Mitarbeiterinnen und Mitarbeiter erreichen – sie sind es, die aus einer Organisation mehr machen als die Summe ihrer Einzelteile.

14.1 Die drei Dimensionen von Führung

Die unterschiedlichen Dimensionen von Führung zeigt ein anschauliches Modell, das die britische Professorin Julie Hay unter dem Titel »Sailship Success« als Metapher für Führungskräfte entwickelt hat:

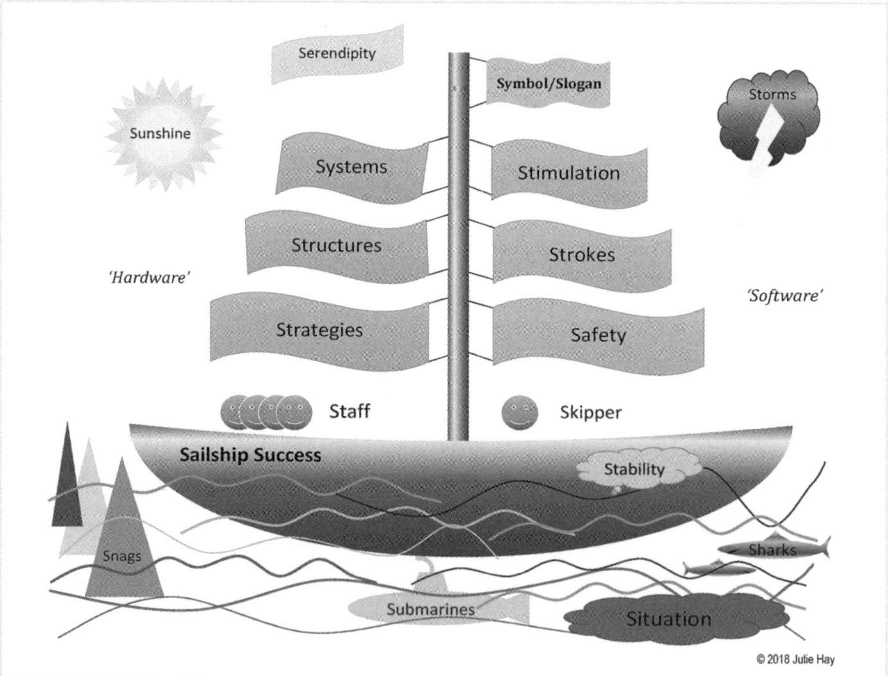

Sailship Success. (Quelle: Mit freundlicher Genehmigung von Julie Hay entnommen aus: Hay, Julie (2018): Psychological Boundaries and Psychological Bridges: A Categorisation and the Application of Transactional Analysis Concepts. In: *International Journal of Transactional Analysis Research & Practice*, 9. Jahrgang, H. 1, 52–81.)

Auf diesem Bild sind drei Dimensionen – man könnte sie auch »Räume« oder »Sphären« nennen – zu erkennen, in denen die Führungsarbeit stattfindet:

Die Segel rechts des Mastes zeigen die weichen Faktoren – die Dimension von Bindung und Beziehungen: Anreize, Zuwendung, Sicherheit. Hier geht es um die Menschen in der Organisation, um ihre Persönlichkeiten, ihre sozialen und ihre fachlichen Kompetenzen, um ihre Werte und auch um die Qualität ihrer Zusammenarbeit. Dazu gehört auch der Stil ihrer Führungskräfte: Fühlen sich die Mitarbeiterinnen und Mitarbeiter zugehörig und sicher? Bekommen sie Anerkennung und Wertschätzung für ihre Leistungen? Interessieren sich die Führungskräfte ausreichend für sie als Personen? Bekommen sie die richtigen Anreize, um ihre Arbeit gut zu bewältigen?

Auf der linken Seite des Mastes sind die harten Faktoren zu sehen – die Dimension von System, Struktur, Strategie: Hier geht es um die Organisation, ihre Ziele und ihre Notwendigkeiten. Die harten Faktoren verleihen der Organisation Stabilität. Sie sind die Antwort auf den Wettbewerb und die Anforderungen des Marktes: Welche Strategie, welche Entwicklungs- und Gestaltungsprozesse lassen das Schiff auf einem sicheren Kurs segeln?

Umgeben wird das Schiff von einer unberechenbaren Umwelt – das ist die Dimension des nicht Beeinflussbaren: Morgen passiert da draußen irgendetwas – und das wird verändern, wie wir etwas in unserer Firma tun. In der Dimension der nicht oder kaum beeinflussbaren Faktoren liegen die Dinge, die sich ständig wandeln – beispielsweise Konjunktur, Arbeitsmarktsituation, Demographie und Bildungsstand der Mitarbeiter, politische Lage oder auftretende Krisen. Die Welt draußen muss eine Führungskraft selbstverständlich ebenfalls immer im Auge behalten, will sie ihre Organisation sicher durch die Stürme und die Klippen führen.

So wichtig jede einzelne Dimension für sich genommen ist – erst ihr Zusammenwirken sorgt für den Erfolg oder den Misserfolg einer Organisation. Wird eine Dimension im Handeln einer Führungskraft vernachlässigt, kann das eine Organisation in die Krise bringen oder ihren Untergang bedeuten. Damit sich eine Organisation erfolgreich entwickeln kann, muss eine gute Führungskraft stets alle drei Dimensionen ihres Handelns im Auge haben. Dazu gehört zunächst einmal, dass sie sich der Tatsache überhaupt bewusst ist, dass es diese verschiedenen Dimensionen ihrer Arbeit gibt – dass sie also nicht blind durch ihre Arbeitstage treibt. Sie muss sich stets vor Augen halten, dass die Bindungen und Beziehungen zu den Menschen, mit denen sie arbeitet, ebenso wichtig sind wie die Ziele, die das Unternehmen erreichen will. Und sie sollte einen Blick für Veränderungen in der sie umgebenden Welt haben, um den Kurs ihres Unternehmens bestimmen zu können.

Auf diese Weise haben Führungskräfte ein vollständiges Bild ihrer Arbeit vor Augen. Sie müssen dann allerdings auch wissen, an welcher Stelle es gerade Handlungsbedarf gibt – damit die drei Dimensionen optimal zusammenwirken und das Schiff mit prallen Segeln in die richtige Richtung fährt. Dafür ist eine weitere Fähigkeit entscheidend: Den richtigen Moment zu erkennen.

14.2 Gutes Timing ist der Schlüssel!

Führungskräfte können nicht alles gleichzeitig machen. Niemand kann ständig alle Bälle in der Luft halten. Vielmehr müssen sie von Situation zu Situation immer wieder neu entscheiden, welche Dimension ihrer Arbeit ihre Aufmerksamkeit gerade besonders fordert:

- Lege ich meinen Schwerpunkt im Moment auf die Zusammenarbeit mit den Menschen, die mich umgeben? Wann muss ich mich intensiv um die Mitarbeiter und das Team kümmern, z. B., weil irgendetwas vorgefallen ist, das meine Aufmerksamkeit erfordert?
- Muss ich mich jetzt um die Ziele der Organisation kümmern, die maßgeblich für den Erfolg des Unternehmens sind? Vielleicht zeigt der Blick auf die Zahlen, dass ich jetzt etwas unternehmen sollte, um für Aufträge zu sorgen. Vielleicht sollten sich die Mitarbeiter gerade vorrangig um Aufträge kümmern. Die schönste Zusammenarbeit nützt nichts, wenn die Firma gerade pleitegeht.
- Oder sollten wir uns dringend auf neue wirtschaftliche, politische oder Umweltfaktoren einstellen? Hat sich der Markt verändert, sodass wir reagieren müssen? Gibt es neue Themen, die wir bisher übersehen haben? Müssen wir uns also verändern, damit wir auch künftige Herausforderungen erfolgreich meistern?

Eine gute Führungskraft kennt die Erfordernisse der drei Dimensionen ihrer Arbeit und behält sie alle gleichzeitig im Auge. Vor allem aber verfügt sie, da sie nicht alles gleichzeitig tun kann, über die Fähigkeit, Prioritäten zu setzen. Sie erkennt, wo gerade Handlungsbedarf ist. Das heißt: Sie muss ein Gespür dafür haben, was jetzt, in diesem Moment »dran« ist. Und sie muss sicher, schnell und klar entscheiden können. Timing ist eine Schlüsselfähigkeit für Führungskräfte.

Gutes Timing schafft Sicherheit bei den Mitarbeitenden. Sie können sich darauf verlassen, dass ihre Führungskraft auf dem Zettel hat, was jetzt gerade zu tun ist. Dass in der Organisation das in diesem Moment Richtige vorangetrieben wird. Denn natürlich gibt es auch falsches Timing: Die Organisation ist beispielsweise in einem Veränderungsprozess, alle Beteiligten gehen durch einen Zyklus von Trauer, Widerstand und Neubeginn –

und genau in diesem Moment fordert die Führungskraft: »Jetzt noch eine Veränderung« oder »... ein neues Produkt!«.

Falsches Timing kann eine Organisation zum Kippen bringen.

Ein Gespür für das richtige Timing bedeutet auch: Gute Führungskräfte brauchen eine ständige Bereitschaft, zu reagieren. Sie haben die Nase im Wind. Sie nehmen auf, was ihnen Außenstehende sagen, und sie hören auf ihre eigenen Leute. Zuhören zu können ist eine ihrer wichtigsten Fähigkeiten. »Führen« wird oft verwechselt mit andauernder Initiative, mit »nach vorne gehen«, mit dirigieren oder direktiv handeln. In Wahrheit ist es mindestens so wichtig, offene Ohren und Augen zu haben, um herauszufinden, was jetzt dran ist, und um rechtzeitig reagieren zu können. Führungskräfte, die glauben, es gehe nur darum, dass sie den anderen sagen, wo es langgeht, machen nur die Hälfte ihrer Arbeit. Die andere Hälfte ihrer Arbeit würde darin bestehen, zu verstehen, was jetzt, in diesem Moment die Notwendigkeiten sind.

Gespür für gutes Timing, Reaktionsbereitschaft – das sind Dinge, die man nur bedingt lernen kann. Ständig das vollständige Bild zu sehen und zu reflektieren, schnell und sicher Entscheidungen zu treffen – das ist in einem gewissen Maß auch ein Talent, das Menschen mitbringen. Jeder kann sich weiterentwickeln und dazulernen – aber im Grunde genommen ist Führen in dieser Komplexität nur bedingt erlernbar. Jeder, der in einer Führungsposition arbeitet, muss sich deshalb ernsthaft fragen: »Ist es wirklich mein Beruf, Menschen zu führen?«

14.3 Die Macht von Bildern und Geschichten

Gutes Timing ist keine Rechenaufgabe, sondern erfordert Intuition. Das beste Timing bleibt aber in seiner Wirkung beschränkt, wenn die Führungskraft mit dem, was sie tut, nicht die Herzen ihrer Mitarbeiterinnen und Mitarbeiter erreicht. Dies erfordert die besondere Fähigkeit, mit deren Bildern und Geschichten umzugehen.

Warum haben Bilder und Geschichten für gute Führungsarbeit eine so überragende Bedeutung?

Die Bilder in den Köpfen, die Geschichten, die eine Organisation über sich selbst erzählt – sie bestimmen in einem hohen Maß Haltung, Leistungsbereitschaft und Verhalten von Mitarbeitern. Sie wirken in Bezug auf unser Denken und Handeln viel stärker, als viele Menschen das glauben.

Wir gehen oft von der Annahme aus, dass Menschen rational handeln, also über intelligente Gedanken ihr Leben und z. B. auch ein Unternehmen steuern. Man braucht nur einen starken Willen und intelligente Lösungen, dann ist alles möglich. Das ist ein Irrtum. Der eigentliche Kurs eines Unternehmens wird im unterbewussten und informellen Bereich bestimmt – dort, wo man den Erzählungen am Lagerfeuer lauscht oder wo Bilder über die Organisation und ihre Menschen beschworen werden. Nicht die Kennzahlen führen – sie bieten allenfalls den Stoff für Geschichten von Sieg oder Niederlage. Es sind die unterbewussten Bilder und Erzählungen im Unternehmen, es ist die unsichtbare Textur der Kultur, die in den Köpfen der Mitarbeiter wirkt.

Darauf sollte eine gute Führungskraft also achten: Was wird gerade erzählt? Über unsere großen Taten? Über unsere Niederlagen? Über die Momente, in denen es uns schlecht ging? Über Auswege aus einer Krise? Zuhören, um führen zu können, ist einmal mehr wichtig, will man die Bilder und die Geschichten der eigenen Organisation – und damit ihrer Menschen – verstehen.

Wie arbeitet eine Führungskraft mit der Tatsache, dass Bilder, dass das Unterbewusste, dass die Kultur in jeder Organisation eine so große Rolle spielen? Zwei Beispiele der praktischen Nutzanwendung – illustriert an zwei Fragen: Wer passt zu uns? Wie verändern wir uns?

Immer wieder stellt sich im Alltag – etwa bei der Rekrutierung von Personal oder bei der Beurteilung von Leistungen – die Frage: Passt diese Mitarbeiterin oder dieser Mitarbeiter zu unserem Unternehmen? Eine Person mag eine hervorragende Fachkraft sein – aber passt sie auch in die Erzählung des Unternehmens?

> Eine bekannte Entwicklungshilfe-Organisation sollte einen zweiten Vorstand bekommen, der aus einer anderen Organisation der Branche kam. Die neue Person war der Ansicht, sie könnte die Kultur ihrer alten Firma auf ihre neue Firma übertragen. Sie organisierte eine Reihe von Seminaren mit den Führungskräften, arbeitete mit harten und eindeutigen Anweisungen – versuchte also im Grunde, ihre eigenen mitgebrachten Bilder und Geschichten auf die Firma, für die sie jetzt arbeitete, zu übertragen. Die Führungskräfte sträubten sich. Ihre Organisation war sehr erfolgreich. Die Führung auf der Ebene unter dem Vorstand war hervorragend und wusste, was sie tat. Sie hat sich einfach geweigert, dem neuen Vorstand zu folgen. Der Coach, der den Prozess begleitete, warnte die neue Führungskraft: »Wenn Sie so weitermachen, geht das nicht gut aus. Die Mitarbeiter lassen sich das nicht bieten. Sie sind sehr erfahren. Sie müssen ihnen ein Angebot machen, wie sie die Kultur ihrer Organisation mit ihren neuen Vorstellungen verbinden können, sonst laufen

Sie wahrscheinlich auf Dauer gegen die Wand.« So kam es dann auch – dem neuen Vorstand wurde nach einer Weile wieder gekündigt.
Was war der Fehler? Es ist ein Irrtum, zu glauben, dass man Menschen und ihre Geschichten einfach austauschen kann. Die Vorstellung, dass andere tun müssen, was man will – bloß, weil man es will –, ist eine symbiotische Verstrickung, die nicht erfolgreich sein kann, jedenfalls nicht mit erfahrenen, selbstbewussten und erfolgreichen Mitarbeitern.

Es gibt den harten, aber wahren Satz: »Culture eats strategy for breakfast«. Er bedeutet: Du magst eine Strategie haben, du willst etwas erreichen, du willst etwas verändern, du willst in eine bestimmte Richtung. Aber die Kultur der Organisation lehnt sich zurück und sagt: »Nein.« Oder fragt: »Warum?« Das hat etwas mit den vorhandenen Bildern zu tun: Die Organisation hat ein Bild von sich selbst – wie sie ist und wie sie möglicherweise auch bleiben möchte, im besten Fall auch, wie sie sich vielleicht entwickeln könnte. Die Referenz sind immer die vorhandenen Bilder und Geschichten.

Nun zu der Frage »Wie verändern wir uns?« Es ist die Aufgabe einer Führungskraft, eine Organisation nicht nur zu verwalten, sondern sie zu entwickeln, zu verändern, für die Zukunft zu gestalten. Die bestehenden Bilder sind dabei von großer Bedeutung auch für die künftige Entwicklung eines Unternehmens – und damit für jede Strategie. Denn auch Veränderungen laufen über Bilder:

- Wer oder was sind wir?
- Wofür sind wir da?
- Wo wollen wir hin?

Nur vor dem Hintergrund solch plakativer Vorstellungen können Alltagsentscheidungen in kleinen Schritten getroffen werden, die in eine neue Richtung gehen. Auch in Veränderungsprozessen kann man vorhandene Bilder und Geschichten nicht einfach austauschen. Oder, um es einfacher zu sagen: Man kann nur mit dem kochen, was da ist[7]. Das zu erkennen und zu akzeptieren, ist eine der größten Herausforderungen an die persönliche Entwicklung einer Führungskraft.

Das heißt: Wer eine Organisation steuern will, muss an die inneren Bilder, die in ihrer Kultur verankert sind, muss an ihre Geschichten anknüpfen – und kann im Grunde nur versuchen, neue Bilder, neue Geschichten mit der Zeit in sie einzufügen.

Gleichzeitig aber heißt das auch: Bilder, richtig eingesetzt, sind für Führungskräfte wir-

7 Um diesen einfachen Tatbestand rankt sich eine ganze Management-Schule – siehe z. B. Faschingbauer 2017.

kungsvolle, mächtige Instrumente. Wenn es gelingt – anknüpfend an die vorhandene Kultur – ein neues Bild der Organisation von sich selbst zu etablieren, neue Geschichten von ihren Siegen und Niederlagen zu erzählen – dann setzt sich eine Organisation kraftvoll und unaufhaltsam in Bewegung. Bilder sind wichtige und wirksame Führungsinstrumente, weil sie sich mit dem Unterbewussten der Beteiligten verbinden.

Bilder und Geschichten wirken in Bezug auf unser Denken und Handeln also viel stärker, als viele Menschen das glauben. In diesen Bildern und Geschichten findet sich die Identität einer Organisation wieder, mit ihrer Hilfe identifizieren sich die Menschen mit ihrer Organisation. Gute Führungskräfte zeichnen sich dadurch aus, dass sie kraftvolle Bilder und starke Geschichten schaffen können, die zur vorhandenen Kultur einer Organisation passen, und diese weitererzählen.

Auf diese Weise entsteht nicht nur ein gemeinsames Denken – es entsteht auch ein gemeinsames Handeln. Versammelt hinter einer miteinander geteilten betrieblichen Identität und den sie nährenden Geschichten schaffen die Menschen eine Dynamik, die erfolgreiche Organisationen auszeichnet: Sie sind plötzlich mehr als die Summe der Einzelnen und ihrer Fähigkeiten. Sie können Berge versetzten, weil sie miteinander verbunden sind und tatsächlich gemeinsam – nicht nebeneinander – handeln. Diese Dynamik in einem Team, in einer Organisation – im Wortsinn – zu entfesseln, das ist die wahre Meisterschaft einer guten Führungskraft.

14.4 Gute Führung macht Freude!

Damit wäre die Frage vom Anfang dieses Buchs beantwortet. Wir wollten herausfinden, warum gute Führungskräfte gute Führungskräfte sind: Was macht sie dazu? Welche Haltung, welches Wissen, welche Instrumente? Welche Grundregeln sollte eine Führungskraft kennen – und welche eine Mitarbeiterin oder ein Mitarbeiter?

- Wer weiß, wo er als Führungskraft oder als Mitglied eines Teams gerade unterwegs ist – in der Dimension von Bindung und Beziehungen, in der Dimension der Ziele oder im Reich der unberechenbaren Umwelt,
- wer dabei einen guten Sinn für das richtige Timing hat
- und wer mit den Bildern und den Geschichten einer Organisation gut umgehen kann und auf diese Weise die Herzen seiner Mitarbeiterinnen und Mitarbeiter, seiner Kolleginnen und Kollegen erreicht,

… der wird die sehr beglückende Erfahrung machen, dass eine Organisation sehr viel mehr sein kann als nur die Summe ihrer Einzelteile.

Es macht viel Freude, zu merken, dass ein Team anfängt, sich aus sich selbst heraus zu entwickeln und zu leben. Am Anfang hat man eine Ansammlung von Individuen. In dem Maße, in dem es einem als Chef gelingt, ein Team zu organisieren, also miteinander in Kontakt und zum Spielen zu bringen – in diesem Maße fängt ein Team an, sich zu entfalten. Mit der Zeit hat man dann nicht mehr eine Addition einzelner Fähigkeiten – sondern die unterschiedlichen Fähigkeiten Einzelner fangen an, sich miteinander zu multiplizieren. Die Leistungskurve des Teams steigt exponentiell. Vor allem aber: Die Beteiligten entwickeln ein Gefühl von großer Kraft und Unbesiegbarkeit. Das ist eine sehr beglückende Erfahrung – eine, die man jeder Führungskraft wünscht.

Alle Beteiligten sollten also diese Gesetze einer gelingenden Zusammenarbeit kennen. Denn jeder trägt an seinem Platz Verantwortung für den Erfolg – für seinen eigenen und für den der Firma. Genießt das Spiel!

Literaturverzeichnis

Berne, Eric (2001): Die Transaktions-Analyse in der Psychotherapie. Eine systematische Individual- und Sozial-Psychiatrie. Paderborn.

Bowlby, John (1988): A secure base. Parent-child attachment and healthy human development. London.

Faschingbauer, Michael (2017): Effectuation: Wie erfolgreiche Unternehmer denken, entscheiden und handeln, Stuttgart.

Hay, Julie (2018): Psychological Boundaries and Psychological Bridges: A Categorisation and the Application of Transactional Analysis Concepts. In: *International Journal of Transactional Analysis Research & Practice,* 9. Jg., H. 1, 52–81.

Kohlrieser, George (2008): Gefangen am runden Tisch: Klarheit schaffen, entschlossen verhandeln, Leistung freisetzen. Dt. von Almuth Braun. Weinheim.

Kohlrieser, George (1998): Unveröffentlichte Unterlagen zum Seminar »Konflikt-Management und Verhandeln«, Institut Dr. Mautsch, Köln, 12.–15.10.1998.

Kohlrieser, George/Goldsworthy, Susan/Coombe Duncan (2012): Care to dare. Unleashing astonishing potential through secure base leadership. San Francisco.

Kotter, John P. (2011): Leading Change. Wie Sie Ihr Unternehmen in acht Schritten erfolgreich verändern. München.

Malik, Fredmund (2000): Führen, Leisten, Leben. Wirksames Management für eine neue Zeit. München.

Miller, William R./Rollnick, Stephen (2004): Motivierende Gesprächsführung. Freiburg i. Br.

Senge, Peter M. (1996): Die fünfte Disziplin: Kunst und Praxis der lernenden Organisation. Dt. von Maren Klostermann u. Hans Freundl. Stuttgart.

Sprenger, Reinhard K. (2012): Radikal führen. Frankfurt am Main; New York.

Sprenger, Reinhard K. (2014): Mythos Motivation. Wege aus einer Sackgasse. Frankfurt am Main.

Stewart, Ian/Joines, Vann/Rautenberg, Werner (2000): Die Transaktionsanalyse. Eine Einführung. Freiburg i. Br.

Schmid, Bernd (1994): Wo ist der Wind, wenn er nicht weht? Professionalität & Transaktionsanalyse aus systemischer Sicht. Paderborn.

Schulz von Thun, Friedemann (1982): Miteinander reden. Störungen und Klärungen. Reinbek.

Veith, Thorsten/Schmid, Bernd (Hrsg.) (2014): Systemische Organisationsentwicklung. Change und Organisationskultur gemeinsam gestalten. Stuttgart.

Stichwortverzeichnis

Über die Autoren

Friedrich Mautsch
Quelle: Heike Scherholz

Dr. Friedrich Mautsch hat über 40 Jahre lang mit seinem Kölner »Institut Dr. Mautsch« Führungskräfte aus allen Bereichen von Industrie, Wirtschaft und Verwaltung beraten. Als er sein Unternehmen vor mehr als vier Jahrzehnten gründete, war der vorherrschende Führungsstil noch der Kasernenhof-Ton. Als Kind der Nachkriegszeit ist er der Überzeugung, dass es wichtig ist, die Führungswelt in den Betrieben besser zu machen. In seiner Beratungstätigkeit für Industrie-Unternehmen, öffentliche Arbeitgeber, Dienstleister und Medien hat er immer wieder festgestellt, wozu gute Fachleute imstande sind, wenn sie gute Führungskräfte haben. Friedrich Mautsch hat 45 Jahre lang als Berater und Coach gearbeitet (Lehrtransaktionsanalytiker und Lehrsupervisor der DGTA, EATA, ITAA und Senior Coach DBVC) für Führungskräfte und Manager in Deutschland, im europäischen Ausland und in den USA (Esalen Institute, Kalifornien). Von Haus aus ist er Diplom-Volkswirt und promovierter Soziologe.
E-Mail: info@mautsch.de

Jan Metzger
Quelle: Radio Bremen,
Foto: F. T. Koch

Jan Metzger ist Journalist und arbeitet seit mehr als zwei Jahrzehnten als Führungskraft im öffentlich-rechtlichen Rundfunk. Seit 2009 ist er Intendant von Radio Bremen. Er kam als junger Journalist in erste Führungsverantwortung. Als Reporter und Korrespondent aus der ganzen Welt zu berichten, hatte er beim Hessischen Rundfunk gelernt. Aber Teams führen? Ein Medienunternehmen weiterentwickeln? Inhaltliche und technologische Veränderungsprozessen managen? Mit seinem ersten Management-Job begann er deshalb eine berufsbegleitende Ausbildung als Coach und Berater. Er kann als Insider berichten, wie Führungsarbeit in komplexen Organisationen und in einer sich rasch verändernden Branche gelingt. Ursprünglich hat er Geschichte, Politik und Soziologie studiert. Als Journalist war er Reporter, Redakteur, Moderator, Auslands-Korrespondent der ARD und Redaktionsleiter des ZDF-heute-journals. Als Intendant von Radio Bremen beschäftigt er sich intensiv mit den Herausforderungen des Medienwandels und ist einer der digitalen Köpfe der ARD.
E-Mail: metzgerbremen@t-online.de